Patologia de estruturas

Fabricio Longhi Bolina
Bernardo Fonseca Tutikian
Paulo Helene

1ª reimpressão 2020 | 2ª reimpressão 2022

Grafia atualizada conforme o Acordo Ortográfico da Língua Portuguesa de 1990, em vigor no Brasil desde 2009.

CAPA E PROJETO GRÁFICO Malu Vallim
FOTO CAPA Ciclovia Tim Maia (Agência Brasil Fotografias)
PREPARAÇÃO DE FIGURAS Victor Azevedo
DIAGRAMAÇÃO Luciana Di Iorio
PREPARAÇÃO DE TEXTOS Natália Pinheiro Soares
REVISÃO DE TEXTOS Ana Paula Ribeiro
IMPRESSÃO E ACABAMENTO BMF gráfica

Dados Internacionais de Catalogação na Publicação (CIP)
(Câmara Brasileira do Livro, SP, Brasil)

Bolina, Fabrício Longhi
Patologia de estruturas / Fabrício Longhi Bolina, Bernardo Fonseca Tutikian, Paulo Roberto do Lago Helene. -- São Paulo : Oficina de Textos, 2019.

Bibliografia.
ISBN 978-85-7975-339-8

1. Concreto - Deterioração 2. Concreto - Manutenção e reparos 3. Construção de concreto 4. Estruturas de concreto 5. Estruturas de concreto armado I. Tutikian, Bernardo Fonseca. II. Helene, Paulo Roberto do Lago. III. Título.

19-29900 CDD-624.1834

Índices para catálogo sistemático:
1. Estruturas de concreto : Patologia : Engenharia 624.1834

Cibele Maria Dias - Bibliotecária - CRB-8/9427

Rua Cubatão, 798
CEP 04013-003 São Paulo Brasil
tel. (11) 3085-7933
www.ofitexto.com.br e-mail: atend@ofitexto.com.br

PREFÁCIO

Este livro é resultado de vários anos de discussões, troca de experiências, conversas e registros. É inegável que a área de Patologia das Construções carecia de um livro que viesse a orientar os profissionais quanto aos conceitos básicos dessa importante área de conhecimento, que discutisse o problema das estruturas de concreto armado e que abordasse, de modo inédito, as estruturas de aço e madeira. Como sabemos, algumas das manifestações patológicas podem ter origem no projeto, isto é, na concepção da estrutura. Todavia, muitas vezes o projeto não consegue antever as condições de exposição às quais a estrutura pode ser submetida, nem especificar os materiais adequados às condições do ambiente, nem mesmo compreender como a estrutura envelhecerá. Essa necessidade de equilíbrio e o desafio de integrar profissionais com diferentes experiências e atuações – seja na área de projeto ou de materiais – foram fundamentais para escrever este livro e tornaram-se a motivação principal do documento que apresentamos. Tentamos explorar ao máximo os mecanismos de dano que as estruturas podem sofrer.

Dividimos o livro em quatro capítulos:

- Cap. 1 – Patologia das construções;
- Cap. 2 – Patologia das estruturas de concreto;
- Cap. 3 – Patologia das estruturas metálicas;
- Cap. 4 – Patologia das estruturas de madeira.

No Cap. 1, apresentamos os conceitos para o estudo da Patologia das Construções, e nos demais capítulos abordamos as especificidades de dano, manifestação e recuperação de cada uma dessas estruturas. Estamos cientes de que o assunto não se esgota aqui, mas esse passo era necessário. Nossas edificações estão envelhecendo e precisamos capacitar estudantes, técnicos, engenheiros e arquitetos (entre outros) para atuar, dentro de suas atribuições, nesse mercado. Consideramos que essa é a nossa pequena contribuição para um futuro próximo que certamente necessitará de profissionais aptos para reimplantar as condições mínimas de segurança e funcionalidade a essas estruturas.

Os autores

SUMÁRIO

[As figuras com o símbolo ◪ são apresentadas em versão colorida entre as páginas 292 e 309.]

1 PATOLOGIA DAS CONSTRUÇÕES

1.1 Considerações iniciais

Patologia é a ciência que estuda a origem, os mecanismos, os sintomas e a natureza das doenças. O termo provém das palavras gregas *pathos* (sofrimento, doença) e *logia* (ciência, estudo), cujo significado é "estudo das doenças". Assim, essa ciência pode ser compreendida como o estudo do desvio daquilo que é admitido como a condição normal ou esperada de algo, ou seja, uma anormalidade, que conflita com a integridade ou o comportamento habitual do elemento. Nesse estudo, estabelecem-se os termos e descrevem-se os processos de evolução, os mecanismos dos fenômenos deletérios e os sintomas de descaracterização do elemento, investigando e classificando as causas, origens e sintomas do dano ou da doença incidente sobre um corpo ou matéria. Para tanto, esse estudo apoia-se em inspeções ou exames para a compreensão e/ou remediação do defeito notado. Trata-se, portanto, de uma área do conhecimento que visa entender qual é a doença instalada, para que esta possa ser curada definitiva e corretamente.

O termo *patologia* é historicamente conhecido como sendo atrelado à ciência médica; todavia, há várias décadas, também tem sido empregado em outras áreas do conhecimento, como a de obras civis, sempre atrelado ao estudo das doenças e danos de algo ou alguém.

Dessa forma, a *patologia das construções* é a ciência que procura, de forma sistêmica, estudar os defeitos incidentes nos materiais construtivos, componentes e elementos ou na edificação como um todo, buscando diagnosticar as origens e compreender os mecanismos de deflagração e de evolução do processo patológico, além das suas formas de manifestação. Por outro lado, os problemas nem sempre são identificados de forma imediata e interpretados de modo legível e evidente. É necessário adotar, em alguns casos, processos e sequências de inspeções cuidadosas e bem definidas, fundamentados em análises apoiadas em ensaios de diferentes tipos para se chegar a uma conclusão fidedigna e verdadeira que promova a remediação mais adequada à imperfeição instalada. A patologia das construções também estabelece a definição e o procedimento de técnicas, métodos, ensaios e processos de avaliação e análise das anomalias. Logo, pode-se dizer que a patologia das construções é o estudo dos aspectos inerentes às "doenças" das edificações (Fig. 1.1). No entanto, cabe destacar que o envelhecimento natural não é um problema patológico. Envelhecer dignamente é um processo natural e desejado para as edificações.

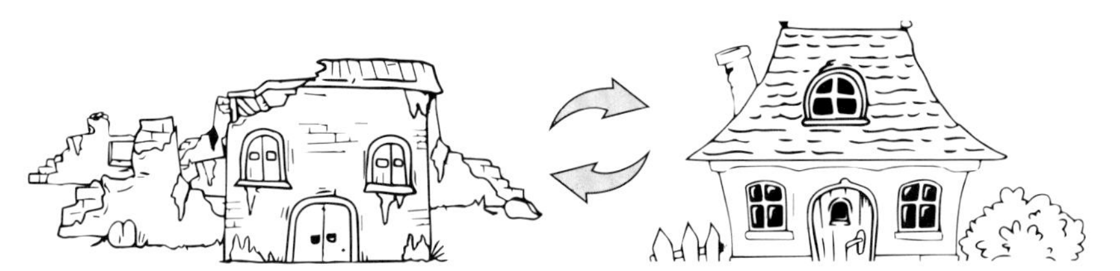

Fig. 1.1 *Patologia das edificações, o estudo das "doenças", falhas e erros em edificações que objetiva a sua remediação adequada*

Por outro lado, a correta interpretação da anomalia instalada no sistema nem sempre promoverá o sucesso da intervenção. É necessário conhecer as alternativas de recuperação mais adequadas para cada tipo de defeito. Uma medida corretiva inadequada pode, além de não estancar o processo patológico, potencializá-lo, tornando a intervenção onerosa ou, como em muitos casos, maquiando os problemas instalados.

As anomalias, deficiências ou "doenças" que se observam superficialmente nos elementos são chamadas de *manifestações patológicas*. Uma manifestação patológica é tudo aquilo que se vê, se observa e se apresenta como indicativo de um problema. Como exemplo, podem-se citar fissuras, manchamentos de superfície, mudança de coloração, desintegração, deformações e flechas excessivas, quebras, escorrimentos ou desplacamentos.

Há profissionais que se referem ao estudo da patologia das construções de forma equivocada. Muito frequentemente, observa-se o uso do termo patologia como sinônimo de manifestação patológica e, ainda, empregado no plural. A patologia é uma ciência, como matemática, geologia, meteorologia ou medicina; por ciência, do latim *scientia*, que significa conhecimento ou saber, designa-se o campo de conhecimento adquirido. A palavra *patologia* remonta à área de conhecimento que estuda a explicação das origens, fatores e mecanismos de degradação dos materiais e sistemas construtivos, permitindo estudar corretamente a forma de remediá-los. Assim, por tratar-se de um único campo de estudo, não há o plural da palavra. Por exemplo, uma fissura é uma manifestação patológica, portanto, não pode ser referida como uma patologia.

Na patologia das construções, há diversos conceitos e termos empregados. Para introduzir o estudo, pode-se correlacionar a patologia das construções com a patologia na área médica, que é mais frequente no cotidiano, como exposto no Quadro 1.1. Além da descrição elementar dos termos, é possível compreender a severidade de cada dano nos exemplos.

Quadro 1.1 Termos gerais do estudo da patologia das construções e exemplos

Termos	Definição	Patologia das construções	Patologia médica
Manifestação patológica	São os problemas visíveis ou observáveis, indicativos de falhas do comportamento normal	Fissuras, trincas, manchamentos, deformações, mofo	Dor de cabeça, enjoo, tontura
Fenômeno	É a raiz do problema, na qual se deve focar para a solução	Corrosão, eflorescência, recalque	Câncer, depressão
Inspeção	É o *check-up*, quando o patólogo ou médico avalia o seu paciente, aprovando a condição ou solicitando novos exames ou ensaios	Avaliar a estrutura regularmente ou quando houver um fato extraordinário de interesse	Avaliar a pessoa para saber a condição atual de saúde
Anamnese	É o estudo dos antecedentes; nessa etapa, deve-se escutar dos usuários e pacientes o que estão sentindo	Conversa com síndico e moradores antigos, análise de projeto, verificação do estado dos prédios vizinhos	Análise de histórico do paciente e dos familiares, verificação de exames anteriores
Ensaios não destrutivos	São ensaios/exames que não danificam o paciente	Esclerometria, pacometria, ultrassom	Medição de pressão e febre, ultrassom
Ensaios semidestrutivos	São ensaios/exames que causam pequeno dano ao paciente	Extração de corpos de prova, *pull-out*	Biópsia, exame de sangue
Diagnóstico	É a explicitação e o esclarecimento das origens, mecanismo, sintomas e agentes causadores do fenômeno ou problema patológico	Corrosão, eflorescência, recalque	Câncer, depressão

Quadro 1.1 (continuação)

Termos	Definição	Patologia das construções	Patologia médica
Profilaxia	São as medidas preventivas para que o problema não ocorra	Manter cobrimento correto das armaduras, fazer uso adequado da construção, manter a pintura da fachada íntegra	Escovar os dentes cinco vezes ao dia, manter uma alimentação saudável, praticar exercícios
Prognóstico	É a análise da progressão da enfermidade, se nada for feito para erradicá-la	Aumento da fissuração, deformação excessiva, colapso	Perda da visão, expansão do câncer para outros órgãos, morte
Terapia	São as medidas para neutralizar o fenômeno, devolvendo o desempenho ou a qualidade de vida ao paciente. É o estudo das intervenções corretivas viáveis	Refazer elemento corroído com proteção da armadura, retirar sobrecarga, reforçar estrutura	Quimioterapia, remédios, praticar esportes

Os conceitos expostos nessa seção serão melhor desenvolvidos na seção 1.3.

1.1.1 Ciclo de vida das edificações

O surgimento de uma manifestação patológica em uma edificação pode provir de inúmeros fatores e de diversas fontes, produzidos por meio de causas simples ou combinadas. Esses problemas são originados por alguma falha ocorrida em uma das etapas do ciclo de vida da edificação. Essas etapas são: planejamento, projeto executivo, fabricação fora do canteiro, execução e uso, conforme destaca a Fig. 1.2, sendo as quatro primeiras remetidas à fase de produção e a última, à fase de uso e operação de uma edificação.

A fase de produção ocorre em um curto período de tempo, se comparada à fase de uso. Apesar do pequeno período, a qualidade e acuidade nela incorporada repercute diretamente no desempenho da edificação ao longo de toda a sua vida útil. No caso das estruturas de concreto, por exemplo, a retirada precoce ou inadequada do sistema de escoramento pode submeter a laje a uma flecha inicial não prevista em projeto, o que pode trazer consequências negativas a médio e longo prazo, como o aumento da entrada de agentes agressivos no elemento através das fissuras. Para Helene (2007), cerca de 90% das origens dos problemas diagnosticados na etapa de uso é consequência de processos originados ou incorporados na fase de produção da edificação.

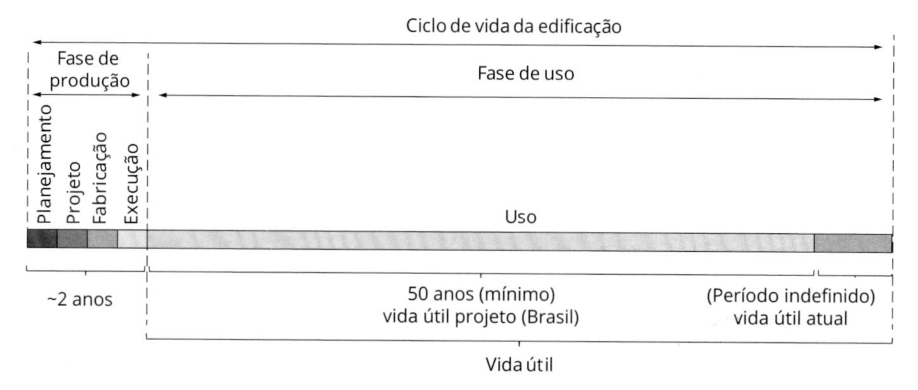

Fig. 1.2 *Etapas de produção e uso das obras civis*

A seguir, exemplificam-se as manifestações patológicas originadas nas etapas de planejamento, projeto, fabricação, execução e uso.

Na fase de produção, há diversos exemplos de *planejamento* ineficiente: um canteiro de obras inadequado ou um estoque excessivo e desnecessário de materiais, os quais podem vir a se deteriorar antes da execução. É possível citar também chapas perfiladas de aço (*steel deck*, usadas em lajes mistas) paradas na obra, o que as deixa vulneráveis ao tempo. Já na fase de *projeto executivo*, alguns problemas podem ser originados pela falta de análise crítica do projetista da estrutura, ao depender excessivamente de resultados apresentados por programas computacionais (Fig. 1.3), que devem ser encarados como uma ferramenta auxiliar de trabalho, e não substituir o intelecto do profissional. Na fase de *fabricação*, o concreto inadequado (Fig. 1.4) ou uma esquadria que não tem a sua estanqueidade garantida podem gerar consequências indesejáveis em diferentes momentos da vida útil de uma edificação. A fase de *execução*, no caso de estruturas de concreto, pode deflagrar problemas produzidos por lançamento, adensamento ou cura deficientes ou malconduzidos. Nas estruturas de aço, problemas na fase de execução podem provir de parafusos instalados de modo distinto do especificado, soldas mal elaboradas, pinturas falhas, entre outros exemplos.

Outro importante conceito no estudo da patologia das construções é o de vida útil, que será retomado na seção 1.2.1. Há uma estreita correlação entre esse conceito e as diferentes etapas do ciclo de vida de uma edificação: o profissional responsável pelas etapas da fase de produção da edificação deve obedecer às normas regulamentadoras pertinentes e zelar por um processo de qualidade que vise cumprir com a vida útil requerida.

No Brasil, o desempenho estabelecido em projeto para os sistemas deve ser preservado durante o período de uso da edificação por, no mínimo, 50 anos, no caso de edificações convencionais. Os manuais de projeto de pontes do Departamento

Nacional de Infraestrutura de Transportes (DNIT) especificam que esse período deve ser de cem anos para alguns dos sistemas (DNIT, 2010). Nas edificações habitacionais, esse período de tempo é dado pela *NBR 15575: edificações habitacionais – desempenho* (ABNT, 2013d), que o define como *vida útil de projeto* (VUP).

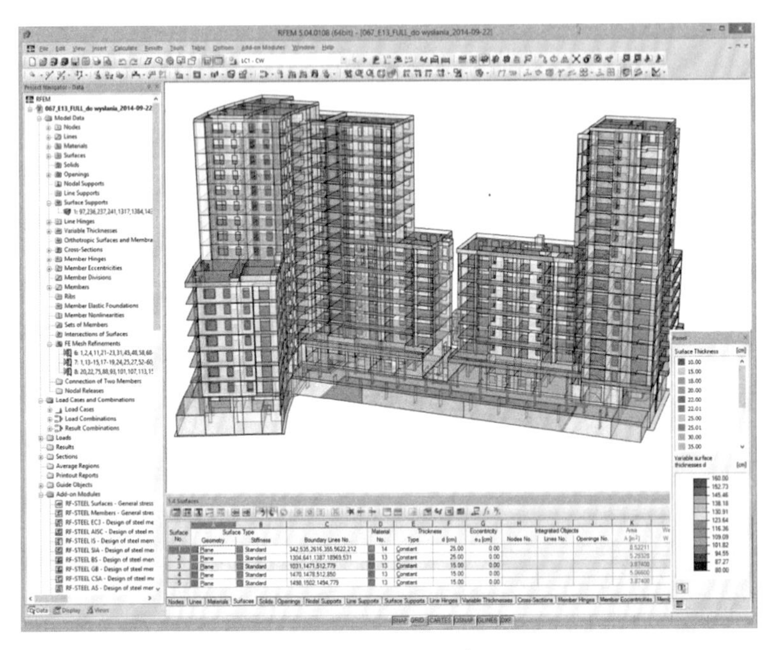

Fig. 1.3 *Projeto estrutural assistido por computador*
Fonte: <http://www.dlubal.com>.

Fig. 1.4 *Concreto de baixa trabalhabilidade*

A VUP não significa o período no qual a edificação poderá ser utilizada ou permanecerá íntegra. É um período temporal teórico mínimo, em que se espera que sejam atendidos os requisitos de desempenho estabelecidos no projeto. Esses requisitos, dependendo da qualidade incorporada à fase de produção ou dos cuidados produzidos na fase de uso, devem ser satisfeitos por um período de tempo igual ou maior do que esse mínimo exigido por norma.

A NBR 15575 também apresenta o conceito de vida útil residual (VUR) e estabelece seus valores mínimos. Por vida útil residual entende-se o período de tempo decorrido desde uma inspeção qualquer à construção até a data estabelecida para a VUP, no qual a edificação segue atendendo aos requisitos mínimos de desempenho consentidos na etapa de projeto, como mostrado na Fig. 1.2.

No entanto, a VUP só será alcançada se os sistemas tiverem um acompanhamento contínuo durante a fase de uso, seja para preservar a integridade da obra, seja para corrigir, por meio da manutenção da obra, os problemas inesperados ou não previstos devidos a processos naturais ou induzidos. Para tal, é necessário um monitoramento da edificação e dos seus sistemas, o que requer um frequente estado de observação durante a sua vida útil, em intervalos de tempo definidos pelo projeto.

A discussão sobre a *manutenção das construções* se faz necessária e é um tema abordado em paralelo no estudo da patologia das construções. Trata-se de um conjunto de atividades ou medidas a serem realizadas com o objetivo de preservar, conservar ou remediar a integridade ou estado funcional da edificação e suas partes. Para tanto, é necessário entender como os processos de deterioração ocorrem, evoluem e se manifestam. Antever o que vai acontecer e corrigir o problema adequadamente são ações fundamentais para se evitar desastres ou gastos desnecessários de recuperação ou reconstrução, como ocorre nos casos de elementos em estágios avançados de deterioração.

A NBR 5674: *manutenção de edificações – requisitos para o sistema de gestão de manutenção* (ABNT, 2012a) define inspeção como a avaliação das condições e/ou do estado de integridade da edificação e suas partes, propondo medidas que orientem os profissionais a essa atividade. Já a manutenção, conforme definida pela NBR 15575, visa conservar ou recuperar o estado de integridade inicial dos sistemas, assegurando as necessidades, o conforto e a segurança dos usuários das edificações e garantindo o desempenho destas e dos seus sistemas. A NBR 5674 também define os processos e o controle da documentação que complementam essas atividades, sendo uma norma direcionada aos proprietários e síndicos.

O programa de manutenção deve ser rotineiro e produzido por um profissional tecnicamente habilitado, cabendo aos proprietários e ao profissional contratado cumprir o disposto no manual de uso e manutenção, elaborado com base na *NBR 14037: manual de uso, operação e manutenção* (ABNT, 2014b). O manual deve ser entregue aos proprietários no ato da compra e/ou recebimento da unidade, ou então repassado, se porventura o bem for vendido ou alugado. O uso e a manutenção adequados ao longo da vida útil da edificação permitem que os requisitos de desempenho dos sistemas constituintes sejam preservados. Havendo a necessidade de reformas, a *NBR 16280: reforma em edificações – sistema de gestão de reformas* (ABNT, 2014c) define os parâmetros que devem ser atendidos nessa atividade, sobretudo atrelados à gestão do serviço, em que se discutem diretrizes e condições contratuais e de acompanhamento da atividade. A Fig. 1.5 correlaciona esse conjunto de normas.

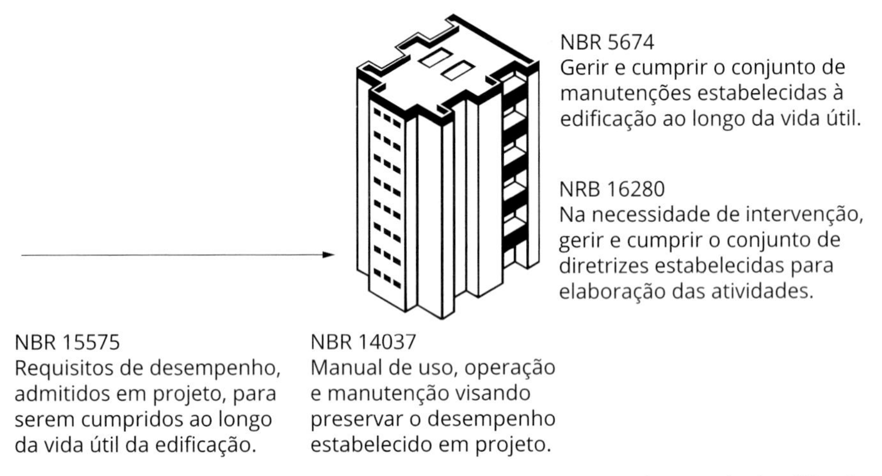

Fig. 1.5 *Correlação entre normas usadas para implantar e preservar o desempenho da edificação*

Souza e Ripper (1998) explicam que os problemas deflagrados durante o ciclo de vida da edificação podem ser diversos, causados tanto por envelhecimento natural dos materiais quanto por acidentes ocorridos durante o seu uso. Além disso, as ações dos profissionais e técnicos envolvidos na concepção podem induzir a formação de problemas, seja por falhas de projeto e execução, seja por escolha dos materiais empregados em obra. Isso reforça a necessidade de avaliar cada problema com precisão e prudência. Quanto maior a acuidade na avaliação de um processo patológico instalado, maior será a confiança do profissional na recomendação da medida corretiva e, portanto, no sucesso da intervenção.

Cabe ao *patólogo* essa tarefa. O patólogo é o profissional responsável por trabalhos técnicos que envolvem os estudos e as atividades para identificar, justificar, diagnosticar e prognosticar um problema patológico ou até mesmo realizar uma inspeção rotineira preventiva. No Brasil, a prática da atividade de patólogo é atribuição do arquiteto ou engenheiro civil, conforme Lei nº 5.194, de 24 de dezembro de 1966. Nesse cenário, cursos de pós-graduação em Patologia das Construções começam a ser oferecidos no setor, bem como cursos de qualificação de inspetores, principalmente na área de estruturas, refletindo o esforço de determinadas universidades e entidades em formar e inserir no mercado profissionais com essa capacitação. Entretanto, as leis e regulamentações disponíveis para exercer a atividade no Brasil, ao contrário do que ocorre em outros países, não fazem restrição quanto à necessidade de especialização profissional para a elaboração de serviços dessa natureza, embora haja uma corrente que está trabalhando para isso, criando uma tendência. Essa luta, todavia, esbarra no diminuto número de cursos desse cunho oferecidos no Brasil, bem como na escassez de instituições que contenham, na estrutura curricular dos cursos de formação em arquitetura ou engenharia, a disciplina de Patologia das Construções.

Para identificar o problema, é necessário que o patólogo faça uma inspeção predial. Também chamada de *check-up* predial, a inspeção consiste na avaliação técnica do estado de conformidade e integridade da edificação, tomando como base os aspectos e critérios de desempenho, vida útil, segurança, estado de conservação, manutenção, utilização e operação, empregando equipamentos e técnicas adequadas para tanto. O produto final de uma inspeção é um *laudo técnico* ou *relatório técnico*, fornecido pelo profissional habilitado.

Em relação às definições constantes das normas brasileiras, uma questão sempre debatida é a diferenciação entre o que é um laudo e o que é um parecer técnico. Em decorrência das prescrições contidas no Código de Processo Civil, apenas o perito judicial produz um laudo, enquanto os assistentes técnicos e consultores elaboram pareceres técnicos, muitas vezes denominados laudo complementar:

- *Laudo*: peça na qual o perito, profissional habilitado, relata o que observou e dá as suas conclusões ou avalia, fundamentadamente, o valor de coisas ou direitos.
- *Parecer técnico*: opinião, conselho ou esclarecimento técnico emitido por um profissional legalmente habilitado sobre assunto da sua especialidade.
- *Relatório técnico*: peça na qual não há a necessidade do profissional de se posicionar criticamente, apenas de relatar o observado, ensaiado e analisado.

1.1.2 Inspeção estrutural

A inspeção predial produzida por um profissional capacitado define o estado de segurança dos usuários da edificação e pode evitar desastres. Por meio da frequência, locação e magnitude das inconformidades constatadas na inspeção, conclui-se qual a medida preventiva ou corretiva a ser providenciada.

No dia 24 de abril de 2013, o edifício comercial Rana Plaza (Fig. 1.6), em Bangladesh, colapsou, causando a morte de 1.138 pessoas (Desabamento..., 2013). Segundo os investigadores do caso, na semana anterior ao sinistro, alguns usuários relataram a existência de "rachaduras" no sistema estrutural da edificação, além de uma série de estalos. Uma inspeção predial eficiente foi realizada por um profissional capacitado, mas os proprietários não atenderam às recomendações do engenheiro de que a construção deveria ser evacuada e obrigaram todos a trabalhar. Caso tivessem ouvido o profissional, esse infortúnio poderia ter sido evitado.

Fig. 1.6 *Colapso do prédio comercial Rana Plaza, em Bangladesh*
Fonte: Rijans (CC BY-SA 2.0, https://flic.kr/p/eiAGWr).

No Brasil, um caso semelhante foi o do edifício Liberdade, construído em 1940, que desabou na noite de 25 de janeiro de 2012, no centro da cidade do Rio de Janeiro. Na Fig. 1.7, é possível identificar as alterações que a edificação sofreu ao longo dos anos, sendo percebidas a ampliação dos últimos pavimentos e a instalação de aberturas nas paredes, possivelmente para as esquadrias. As alterações de carregamento causaram uma sobrecarga no sistema estrutural, provavelmente não admitida em projeto, e podem ter contribuído para a ocorrência do colapso. As aberturas podem ter diminuído a estabilidade global da edificação para ações de vento e o próprio carregamento não simétrico, causando uma torção no prédio. Caberia ao profissional habilitado, em uma inspeção predial rotineira, identificar essas alterações de uso e indicar as medidas cabíveis.

Há também exemplos bem-sucedidos que servem de inspiração, como o da cidade de Hong Kong, que estabelece um sistema obrigatório de inspeção predial (Mandatory Building Inspection Scheme – MBIS), exigido pela lei municipal. O sistema prescreve que os proprietários de edifícios com mais de 30 anos (exceto edifícios residenciais que não ultrapassem três andares) são obrigados a nomear um inspetor registrado (*registred inspector* – RI) para realizar essa atividade. Quando se fizer necessário um reparo, os proprietários devem nomear

Fig. 1.7 *Destaque para as alterações de uso sofridas pelo edifício Liberdade ao longo dos anos*

Fonte: Cobreap (2013).

um empreiteiro registrado para executar a obra, sempre com a supervisão do RI. A Fig. 1.8 apresenta uma campanha publicitária da cidade, destacando a importância da inspeção preventiva para proteger a edificação do surgimento de problemas que possam comprometer a integridade da edificação e a segurança da população.

Em Singapura, a inspeção possui foco na segurança estrutural, com as exigências estipuladas pelo Building and Construction Authority (BCA). O BCA é uma agência do Ministério do Desenvolvimento Nacional que regula a excelência do ambiente construído nessa cidade-Estado. Para o sistema estrutural das edificações, exige-se uma frequência das inspeções de dez anos para prédios com pelo menos 90% da sua área útil sendo usada para fins residenciais, e de cinco anos para todos os outros edifícios. A inspeção estrutural deve ser feita por um engenheiro civil especializado em estruturas.

Fig. 1.8 *Campanha publicitária de Hong Kong: "Prevenção é melhor do que curar"*

Fonte: Buildings Department (http://www.bd.gov.hk/english/services/index_mbis.html).

É importante pontuar a seriedade com que o tema é tratado nessa cidade--Estado. Estabelece o plano que, caso o usuário ou proprietário da edificação não realize a inspeção no prazo estipulado pelo código ou não cumpra com as recomendações do inspetor, uma multa deverá ser paga, ou a sua prisão por um período não superior a 12 meses será expedida. O próprio engenheiro que não realizar a inspeção conforme as prescrições do BCA (Fig. 1.9) será passível de multa, assim como as pessoas que, de certa forma, dificultem, obstruam ou atrasem o engenheiro estrutural no seu dever.

No Brasil, o Projeto de Lei nº 3.370/2012 propõe que as vistorias periciais e as manutenções periódicas em edificações públicas ou privadas sejam obrigatórias. Segundo esse documento, a inspeção técnica deverá ser realizada por um profissional habilitado e registrado no Conselho Regional de Engenharia e Agronomia (Crea) do seu respectivo Estado. No texto final, os profissionais com registro no

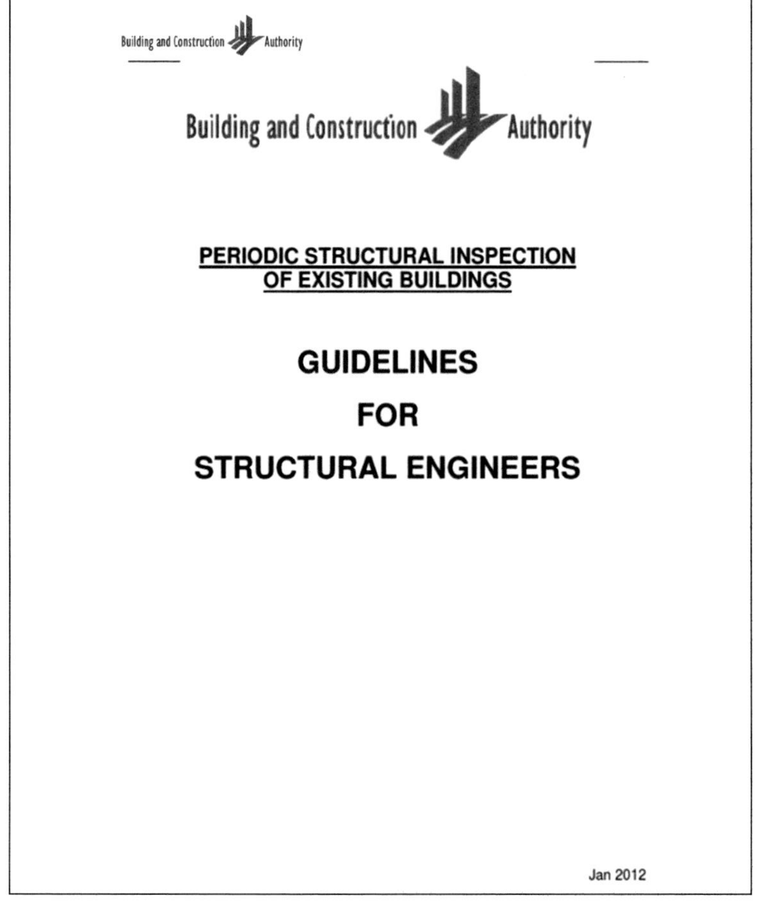
Building and Construction Authority

Building and Construction Authority

PERIODIC STRUCTURAL INSPECTION OF EXISTING BUILDINGS

GUIDELINES FOR STRUCTURAL ENGINEERS

Jan 2012

Fig. 1.9 *Exigências mínimas para a inspeção de um sistema estrutural de uma edificação de Singapura*

Conselho de Arquitetura e Urbanismo (CAU) deverão ter a atribuição técnica, dada a separação posterior do Crea. O projeto baseia-se no direito, assegurado pela Constituição Federal, do cidadão de transitar em vias públicas e permanecer em locais seguros sem riscos de desabamentos. O texto, até a data de 5 de janeiro de 2019, encontrava-se para apreciação no Senado Federal.

Outro Projeto de Lei, o de nº 491/2011, remetido à Câmara dos Deputados em 18 de julho de 2013, também propõe uma obrigatoriedade das inspeções periódicas em edificações de uso coletivo, excluídos estádios de futebol e barragens. A inspeção técnica, segundo esse documento, deverá ser realizada por um profissional habilitado. A periodicidade das inspeções deverá ser de cinco anos para edificações com mais de 30 anos de vida. O projeto de lei estabelece que em cada inspeção será registrado pelo profissional responsável um Laudo de Inspeção Técnica de Edificação (Lite), que deverá constar dos seguintes itens (passíveis de ser ampliados pelo órgão responsável pela fiscalização e controle das inspeções):

- avaliação da conformidade da edificação com a legislação e as normas técnicas pertinentes;
- explicitação dos tipos de não conformidade encontrados, do grau de risco a eles associado e da necessidade de interdição, se for o caso;
- prescrição para reparo e manutenção, quando houver necessidade, da edificação inspecionada;
- assinatura do(s) encarregado(s) do Lite e do proprietário ou responsável pela administração da edificação.

Cabe ao proprietário ou responsável pela administração da edificação a adoção das providências descritas no Lite, que devem ser implantadas no período de tempo compreendido entre as inspeções, ou seja, em no máximo cinco anos. Aos órgãos municipais cabe estabelecer o valor da multa diária nos casos em que as referidas providências não forem implantadas.

Além disso, alguns municípios brasileiros já possuem legislações próprias que estabelecem aos proprietários das edificações e responsáveis pelos condomínios a obrigatoriedade da inspeção predial, tais como os municípios de Salvador, Santos e Porto Alegre.

A legislação do município de Salvador determina, por meio da Lei nº 5.907 de 23 de janeiro de 2001, a obrigatoriedade da realização de inspeção predial nas edificações da cidade, sejam elas públicas ou privadas. A lei define que essa inspeção deve ser realizada por um engenheiro civil ou arquiteto devidamente registrado no respectivo conselho, o qual deve emitir ao Executivo municipal um relatório ou laudo técnico descrevendo o estado geral da edificação, além das medidas corretivas necessárias e os prazos das intervenções. A periodicidade das inspeções varia de dois a cinco anos, dependendo do tipo e da natureza da edificação (se pública ou privada). O não cumprimento dos preceitos dessa lei gera uma punição ao usuário, com multa variando entre 30 e 1.000 UFIRs.

No município de Santos, a exemplo de Salvador, a Lei Complementar nº 441, de 26 de dezembro de 2001, estabelece a obrigatoriedade de vistorias preventivas nas edificações e nos seus elementos por um profissional devidamente habilitado, o qual deve emitir um laudo de vistoria técnica, que deve ser encaminhado à Prefeitura Municipal pelo proprietário do imóvel. O descumprimento dos preceitos dessa lei sujeita o proprietário da edificação a uma multa que varia de R$ 500,00 a R$ 1.000,00. A periodicidade dessas inspeções varia segundo as características e a idade do imóvel, conforme destaca a Tab. 1.1.

Já na cidade de Porto Alegre, somente em 2014 passou-se a ter exigências desse cunho. O Decreto nº 18.574 de 24 de fevereiro, o qual regulamenta o art. 10 da Lei Complementar nº 284 de 27 de outubro de 1992, determina que o proprietário ou usuário do imóvel deve protocolizar um Laudo Técnico de Inspeção Predial (LTIP) junto à Prefeitura Municipal, elaborado por profissional habilitado no Crea ou CAU, em que devem ser indicados os problemas incidentes e serviços de reparo a serem executados, todos em um prazo máximo de 180 dias, a contar da data de apresentação do laudo. A periodicidade para apresentação de um LTIP é de cinco anos. Nesse decreto, excluem-se as edificações unifamiliares e multifamiliares de até dois pavimentos. O descumprimento do disposto sujeita o infrator a penalidades previstas no Código de Edificações de Porto Alegre, sob a forma de multa.

Tab. 1.1 Periodicidade das inspeções segundo a Lei Complementar nº 441 da cidade de Santos, no Estado de São Paulo

Tipo	Idade da conclusão da obra	Período de vistoria
(I) Sobrados plurihabitacionais e edifícios com até três pavimentos-tipo	Até 30 anos	A cada dez anos
	Mais de 30 anos	A cada cinco anos
(II) Edifícios com mais de três pavimentos-tipo e até nove pavimentos-tipo	Até 30 anos	A cada cinco anos
	De 31 anos até 60 anos	A cada três anos
	Mais de 60 anos	A cada ano
(III) Edifícios com mais de nove pavimentos-tipo	Até 30 anos	A cada cinco anos
	Mais de 30 anos	A cada ano

Para a realização de reformas, a NBR 16280, publicada em 18 de abril de 2014, propõe um plano de diretrizes para a gestão dessas atividades, além de requisitos e medidas para execução e segurança das reformas. A norma estabelece incumbências ou encargos aos envolvidos na atividade, inclusive aos responsáveis legais da edificação, que devem assegurar o cumprimento da norma, e ao proprietário da unidade autônoma, nos casos de condomínio, que deve contratar um profissional e apresentar ao síndico um plano detalhado da reforma pretendida. A norma também atribui ao responsável legal da edificação a incumbência de autorizar ou não as modificações propostas pelos condôminos, caso seja entendido que a intervenção promova riscos ao prédio e à vizinhança. Fica estabelecido que, para toda reforma que promova uma alteração ou comprometimento da segurança da edificação, uma análise da construtora e/ou incorporadora e do projetista deve ser realizada previamente, cabendo ao síndico a incumbência de prestar essa informação. Com essas medidas, a norma visa uma maior segurança nas atividades de reforma, fixando procedimentos que vão desde o projeto até a conclusão da obra.

Por fim, há o projeto de norma de inspeção predial, complementando a *NBR 9452: inspeção de pontes, viadutos e passarelas de concreto – procedimento* (ABNT, 2016). O projeto de norma se desenvolveu dentro do Comitê Brasileiro de Construção Civil nº 02 e, em dezembro de 2017, estava previsto para ir à consulta pública no início de 2018, podendo, em seguida, se tornar uma norma técnica que faria com que a inspeção predial fosse obrigatória em todo território nacional.

No Brasil, há uma transição no setor da construção civil, pois a preocupação com a qualidade da construção está se tornando, por norma, um requisito dos usuários das edificações. Aprovada em 2013, a NBR 15575 fomentou esse debate, principalmente após exigir um comportamento mínimo dos materiais e sistemas construtivos quando em uso, apontando requisitos para esses elementos em termos de conforto, segurança, funcionalidade e durabilidade. Isso está exigindo uma adequação do setor, seja na melhoria da qualidade dos materiais disponibilizados no mercado, do detalhamento e das especificações de projeto, seja na melhoria do processo de execução e escolha dos materiais. Os profissionais sentem a necessidade de uma atualização profissional, tanto para o entendimento dos novos requisitos praticados pelas regulamentações quanto para a formação e capacitação específica que algumas legislações buscam. Em paralelo, a revisão do leque normativo nacional, além de uma necessidade, é uma realidade. A tendência é que esse maior controle na qualidade das construções civis diminua os problemas atualmente vivenciados nas edificações.

Em suma, a edificação deve ser projetada de modo que todos os sistemas construtivos atendam a níveis mínimos de desempenho (ABNT, 2013d); o construtor deve fornecer um manual de uso, operação e manutenção (ABNT, 2014b); o usuário deve utilizar e manter a edificação, seguindo o sistema de gestão de manutenção (ABNT, 2012a); qualquer intervenção ou melhoria na edificação pronta deve atender aos conceitos da reforma (ABNT, 2014c); e, periodicamente, um profissional habilitado e capacitado deve inspecionar a construção e suas partes (norma ainda em aprovação). Dessa maneira, ter-se-ão edificações seguras, duráveis e com desempenho para todos os usuários.

Essa preocupação é fruto da necessidade de melhora no processo de construção das novas edificações, principalmente por causa das deteriorações precoces que têm sido notadas. Exemplos de deterioração podem ser vistos no Estádio Nilton Santos (Fig. 1.10), popularmente conhecido como Engenhão, na cidade do Rio de Janeiro, que foi inaugurado em 2007 e interditado seis anos depois, devido a problemas estruturais na cobertura, e na ciclovia Tim Maia, também na cidade do Rio de Janeiro, que colapsou três meses após a sua inauguração, em abril de 2016 (Fig. 1.11).

Agrupando esse conjunto de conceitos iniciais, e dada a nova realidade do setor em face das novas regulamentações, evidencia-se o quão importante é o estudo da patologia das construções, não somente para se proceder com correções eficientes e fiáveis, mas também para prevenir o surgimento de deteriorações.

Na sequência, serão abordados alguns conceitos elementares para o estudo da patologia das construções.

1.2 Conceitos e definições

Com o passar dos séculos, tornou-se evidente que os materiais, elementos e sistemas que compõem uma construção, assim como os humanos, envelhecem com o tempo e ficam mais susceptíveis a doenças. As edificações, em algum momento da sua vida útil e sob situações peculiares, passam a mostrar indícios de anorma-

Fig. 1.10 *Estádio Nilton Santos*
Fonte: Portal Vitruvius (2007).

Fig. 1.11 *Ciclovia Tim Maia, com destaque para o colapso parcial*
Fonte: Agência Brasil Fotografias (Wikimedia, CC BY 2.0, https://commons.wikimedia.org/wiki/File:Temporal_causa_preju%C3%ADzos_no_Rio_(40238435642).jpg).

lidades e, para seguir cumprindo com o seu papel, precisam ser remediadas e curadas, de forma a retomar a integridade e a funcionalidade conferidas na sua concepção.

Dentro dessas circunstâncias, no início da década de 1980, um conceito muito importante passou a fazer parte da rotina da construção civil internacional: o de durabilidade, definido pela *ISO 6241: performance standards in building – principles for their preparation and factors to be considered* (ISO, 1984). Essa norma aponta, de forma inédita, uma forte correlação entre o comportamento dos sistemas e a sua interação com o meio ambiente, o uso, a operação e a manutenção. Isso significou um novo paradigma para a construção civil: o de que uma edificação não é eterna.

Uma preocupação com os princípios de durabilidade começou a constituir os estudos vinculados à ciência dos materiais aplicados na construção civil. Embora tardiamente, notou-se que aquela crença de que as construções eram "para sempre" se dissolvia e uma restrição ao uso indiscriminado dos materiais para toda e qualquer circunstância começava a ganhar força. Passou-se a se preocupar não apenas em construir uma edificação utilizável, mas também em garantir que ela fosse um produto durável no tempo.

A Fig. 1.12 ilustra uma edificação no centro histórico da cidade de Havana, em Cuba, em que é possível observar nítidos problemas com a durabilidade dos sistemas empregados: na esquadria, que já não cumpre com a sua função de estanqueidade; na estrutura, que já não exerce a função de sustentação; e na deterioração do sistema de pinturas, que é uma importante camada de proteção da estrutura. Somando-se a isso, as medidas corretivas ineficientes e inseguras –

como a mão-francesa empregada na sacada, que talvez tenha sido utilizada para reduzir a sua deformação – corroboram a necessidade da compreensão dos mecanismos de deterioração e das medidas corretivas mais adequadas.

Fig. 1.12 *Edificação na cidade de Havana, Cuba*

No Brasil, as primeiras preocupações com esse quesito, em termos normativos, aconteceram em 2003, com a revisão da NBR 6118. Naquela oportunidade, definiram-se as classes de agressividade ambiental (CAA), separando o meio circundante das estruturas em quatro categorias, hierarquizadas segundo o potencial de agressão às estruturas de concreto. Assim, para cada meio de inserção da estrutura, diferentes especificações devem ser admitidas em projeto, de forma a satisfazer os requisitos de durabilidade das construções.

Esses princípios foram disseminados pelos tecnologistas de concreto aos construtores e projetistas estruturais, admitindo que os parâmetros propostos pela norma seriam suficientes para atender à durabilidade da estrutura de concreto armado durante um período de tempo não especificado. Isso é uma espécie de contradição: saber que um material dura não necessariamente significa saber por quanto tempo esse material vai durar, ou melhor, por quanto tempo vai atender às exigências mínimas admitidas em projeto. Assim, surge outra necessidade fundamental: a de especificar uma vida útil mínima.

A NBR 6118 ainda foi revisada em 2007 e em 2014 e, em ambas as oportunidades, continuou sem quantificar a vida útil de projeto para as edificações. O mesmo ocorreu na revisão da *NBR 6122: projeto e execução de fundações* em 2012 (ABNT, 2012b), entre outras normas relevantes da construção civil. Isso significa que o profissional não estava quantificando o tempo que a estrutura deveria durar.

Essa lacuna foi preenchida em 2013, quando entrou em vigor a tão debatida e questionada NBR 15575. Composta por seis partes, as quais analisam os requisitos gerais, estruturais, de pisos, de vedações, de coberturas e hidrossanitários, a norma objetiva a validação, em termos de segurança, habitabilidade e sustentabilidade, dos materiais e sistemas construtivos utilizados no setor da construção civil nacional. Para tanto, três níveis de desempenho a serem atingidos pelos sistemas são estabelecidos: o mínimo, o intermediário e o superior, cada qual classificando o grau de qualidade dos sistemas que são empregados.

1.2.1 Vida útil e durabilidade

A vida útil é conceituada pela NBR 15575 como uma "medida temporal de durabilidade" e pela ASTM E632-81 (ASTM, 1981) como um "período, depois de entrar em utilização, durante o qual todas as propriedades relevantes dos elementos e sistemas estão acima de níveis mínimos aceitáveis". Para se atender a uma vida útil, é imprescindível que os componentes dos sistemas de uma edificação sejam duráveis. A durabilidade de um produto se extingue quando ele deixa de cumprir as funções que lhe foram atribuídas em projeto, seja pela degradação, que o conduz a um estado insatisfatório de desempenho, seja por uma obsolescência funcional. Verifica-se, então, que os conceitos de durabilidade e vida útil se complementam. Em síntese: durabilidade nada mais é do que o desempenho ao longo do tempo, expressa quantitativamente por meio da vida útil. Conforme Mehta e Monteiro (2014), "uma vida útil longa é considerada como sinônimo de durabilidade".

Pereira e Helene (2007) destacam que o conceito de vida útil estava atrelado ao sistema estrutural da construção. Findada a vida útil do sistema estrutural, era igualmente findada a vida útil da edificação. No entanto, os demais sistemas constitutivos da edificação merecem consideração distinta da admitida para o sistema estrutural, pelo fato de alguns destes serem substituíveis. Na Tab. 1.2 é apresentado o período de tempo estabelecido pela NBR 15575 para a vida útil de projeto (VUP) dos sistemas de uma edificação habitacional. Esse período de tempo destacado é função do nível de desempenho pretendido: se mínimo, intermediário ou superior.

Esse período temporal remete não apenas aos conceitos de durabilidade, mas também, de forma indireta, aos princípios de qualidade dos materiais empregados na obra e dos sistemas projetados e de acuidade dos processos de execução, criando uma estreita correlação com patologia das construções. Para cumprir com esse período, a norma de desempenho indica processos e critérios mínimos a serem adotados em cada uma das etapas do ciclo de vida, em consonância com o sistema normativo brasileiro e, na falta de norma brasileira aplicável, internacional ou estrangeiro.

Tab. 1.2 Vida útil de projeto (VUP), em anos

Sistema	VUP (em anos)		
	Mínimo	Intermediário	Superior
Estrutura	≥ 50	≥ 63	≥ 75
Pisos internos	≥ 13	≥ 17	≥ 20
Vedação vertical externa	≥ 40	≥ 50	≥ 60
Vedação vertical interna	≥ 20	≥ 25	≥ 30
Cobertura	≥ 20	≥ 25	≥ 30
Hidrossanitário	≥ 20	≥ 25	≥ 30

Fonte: ABNT (2013d).

A definição temporal, ou quantificação, da VUP em 2013 foi inédita no Brasil, que passou a se alinhar com normas e códigos internacionais. Inclusive, pode-se observar na Tab. 1.3 a VUP mínima definida pela *BS 7543: guide to durability of building elements, products and components* (BS, 2003) para o sistema estrutural dos edifícios, em função do tipo de edificação a ser construída.

Tab. 1.3 Vida útil de projeto (VUP), em anos

Categoria	Período (anos)	Tipo de edificação
1	≤ 10	Temporárias
2	≥ 10	Substituíveis
3	≥ 30	Edifícios industriais e reformas
4	≥ 60	Edifícios novos e reformas de edifícios de uso público
5	≥ 120	Obras de arte e edifícios públicos novos

Fonte: BS (2003).

Segundo o *Model code for service life design* (FIB, 2006), a vida útil deve ser tratada sob, ao menos, três aspectos essenciais:

- Métodos de introdução ou verificação da vida útil de projeto.
- Procedimentos de execução e controle de qualidade.
- Procedimentos de uso, operação e manutenção.

Desse pressuposto, pode-se afirmar que o conhecimento da durabilidade e vida útil dos materiais e sistemas é fundamental para o entendimento do comportamento das edificações ao longo do tempo e para a prevenção de manifestações patológicas precoces na edificação, bem como para a contribuição para a economia e sustentabilidade do setor, como destacam Medeiros, Andrade e Helene (2011). Observa-se que esses conceitos estão relacionados aos princípios de desempenho dos materiais e sistemas.

1.2.2 Visão sistêmica do desempenho das edificações

Desempenho, em termos gerais, é o comportamento em uso da edificação e dos seus sistemas. Conforme já evidenciado, as exigências temporais para cada edificação devem ser preservadas durante um determinado período de tempo. Cabe aos profissionais envolvidos na concepção da edificação e aos usuários que dela usufruem implantar medidas que visem preservar ou atingir essas exigências.

Incumbências

A vida útil de projeto (VUP) é uma definição teórica, e seu valor prático deve ser estabelecido na etapa de concepção da edificação. Esse período irá balizar todo o processo de elaboração da obra, bem como fundamentar o modo como a edificação será utilizada. Todos os envolvidos na edificação possuem a responsabilidade de edificar um bem que atenda a uma vida útil de, no mínimo, o tempo definido em projeto. Isso significa que o incorporador, o construtor, o projetista e o fornecedor devem entregar um bem durável, com materiais e métodos adequados, e cabe ao usuário seguir as medidas que lhe forem estabelecidas para garantir a funcionalidade da obra entregue. A Fig. 1.13 representa esse conjunto de incumbências aplicáveis na implantação de níveis de desempenho a uma edificação.

É de responsabilidade do incorporador, em consonância com os projetistas, definir o nível de desempenho almejado. Esse é o ponto de partida. Cabe também a ele identificar todos os riscos previsíveis na época do projeto, os quais poderão

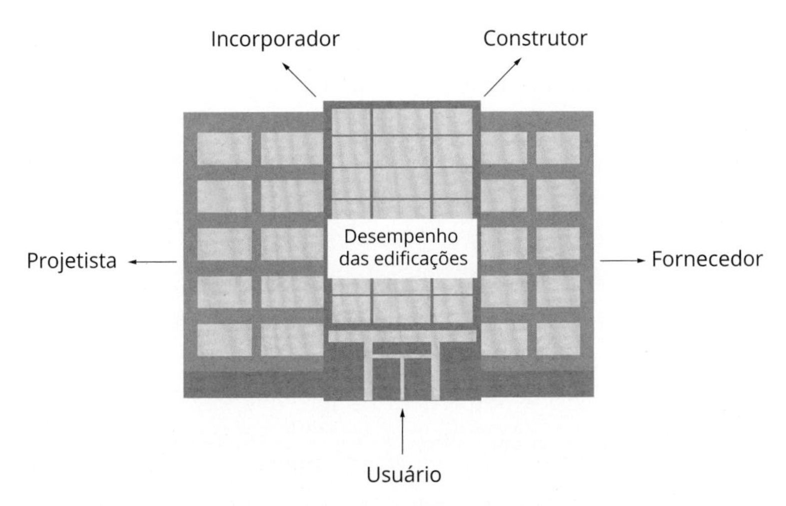

Fig. 1.13 *Incumbências para a implantação do desempenho em edificações*

agredir a integridade dos sistemas, arcando com ensaios e informações mínimas necessárias para a realização de projeto coerente com o uso pretendido. O projetista, por sua vez, deve especificar materiais, produtos e processos que venham a atender ao desempenho requerido, bem como elaborar o manual de uso, operação e manutenção do sistema projetado. Ao construtor cabe executar fielmente o projeto, obedecendo às recomendações normativas. Já o fornecedor de insumos, materiais ou sistemas deve caracterizar o desempenho do seu produto, obedecendo aos preceitos da NBR 15575 e das normas prescritivas, oferecendo ao mercado materiais e sistemas que atendam às exigências requeridas. Finalmente, cabe ao usuário utilizar corretamente a edificação, não modificando o uso admitido e realizando as manutenções estabelecidas pelo responsável técnico.

Essas manutenções devem obedecer às prescrições da NBR 5674 (ABNT, 2012a). O usuário, então, deve contratar um profissional habilitado para proceder com reformas, conforme a NBR 16280 (ABNT, 2014c). No entanto, é dever do profissional responsável definir a frequência dessa manutenção, entregando ao usuário um manual de uso, operação e manutenção, concebido segundo as prescrições da NBR 14037 (ABNT, 2014b), além de respeitar as especificações de todo o conjunto de normas aplicáveis àquela atividade, seja de projeto, seja de execução. Nessas etapas, a adoção de materiais incompatíveis com o uso e ambiente de inserção pode ocasionar o surgimento de processos patológicos. Por outro lado, durante o uso da edificação, a não realização de intervenções preventivas poderá deflagrar o surgimento de manifestações patológicas, afetando diretamente o desempenho da edificação e dos seus sistemas e, por conseguinte, sua durabilidade.

Prazo de garantia e questões legais

Há uma estreita correlação entre as responsabilidades na construção civil e a garantia do produto entregue ao usuário. O prazo para protesto de falhas construtivas apresentadas em uma edificação é direito do usuário (consumidor), sendo disposto no Código de Defesa do Consumidor (CDC). Os direitos do comprador estão concentrados nos arts. 26, no que se refere a vícios, e 27, no que se refere a defeitos.

Cabe, inicialmente, distinguir vício e defeito. Segundo o art. 18 do CDC, vício é tudo aquilo que torne os produtos impróprios ou inadequados ao uso ou que lhes diminua o valor, tal como os vícios decorrentes da disparidade do que é oferecido ou prometido no ato da compra. O art. 19 ressalta que os fornecedores respondem pelos vícios do produto sempre que, respeitadas as variações decorrentes da natureza, o seu conteúdo for inferior às indicações constantes na mensagem publicitária ou o seu feitio o tornar inapropriado ao uso esperado. Configura-se como vício quando a edificação e os seus sistemas desrespeitam as características esperadas para qualidade, usabilidade e dimensões. São problemas visualizados no ato da entrega do bem ao usuário. Para as edificações, vícios podem ser uma abertura que não fecha de forma adequada, um material de acabamento diferente do indicado em projeto ou as dimensões dos cômodos divergentes do ofertado, por exemplo.

No caso dos defeitos, o consumidor não tem a possibilidade de trocar ou substituir um produto, mas sim de ser indenizado proporcionalmente aos danos materiais ou morais sofridos. Para que haja um defeito, é necessário, inicialmente, haver um vício. No entanto, esses vícios nem sempre são identificáveis de modo direto: pode ser, por exemplo, um cobrimento das armaduras inferior ao estipulado pela norma que culminou em uma corrosão das barras de aço após 15 anos de uso da edificação, um cálculo estrutural equivocado que ocasionou deformações excessivas nas vigas depois de algum tempo, um assentamento errôneo das pastilhas cerâmicas da fachada que culminou no seu desplacamento depois da entrega do apartamento etc. Destaca-se que, não raras vezes, esses vícios que evoluíram e culminaram em um defeito somente são identificados por uma vistoria, realizada por um responsável técnico capacitado.

Muitas das manifestações patológicas podem ser enquadradas como defeitos, originadas a partir de um vício de projeto ou construtivo. O não atendimento das normas técnicas, a negligência no ato da concepção da edificação, o desconhecimento da técnica ou a incompatibilidade entre as especificações de materiais e seu uso podem ser citados como exemplos. Todas as falhas produzidas durante a fase de produção (*vide* Fig. 1.2), que culminem em um defeito ou um comportamento não esperado da edificação, são de responsabilidade do produtor, o responsável técnico pelo serviço. No entanto, defeitos provindos da fase de uso da edificação não necessariamente serão de responsabilidade deste, como a infiltração de água na laje de um terraço que provocou a corrosão das armaduras e o comprometimento do uso do cômodo inferior, que é um defeito ocasionado pela não realização de manutenção no sistema de impermeabilização. Se o construtor indicou uma substituição a cada cinco anos desse sistema e o usuário não a fez, a responsabilidade recai sobre o usuário. Se o construtor não indicou qualquer substituição no manual de uso, operação e manutenção, ele é que responderá pelo fato. Se a impermeabilização foi instalada erroneamente, a responsabilidade também recairá no construtor. Em suma: cada caso é um caso e deve ser analisado com cuidado, respeitadas as incumbências de cada envolvido no processo.

Na interpretação do CDC, o direito de reclamar dos vícios construtivos em edificações (bens duráveis) decai em 90 dias, contados a partir da data da entrega se forem vícios aparentes, conforme art. 26, ou do momento em que ficar evidenciada a falha, conforme parágrafo 3° do art. 26, aplicável no caso de vícios ocultos. Se o reclamante não apresentar formalmente a sua reclamação dentro desse prazo, ele perde o direito de reclamar, conforme conceito de decadência.

Já no caso dos defeitos construtivos, o CDC diz, no seu art. 27, que o reclamante tem um prazo prescricional de cinco anos para apresentar judicialmente a sua pretensão de reclamar em juízo dos danos, ou seja, dos prejuízos resultantes de um defeito. O construtor pode dar uma garantia maior ao usuário, quando assim julgar oportuno.

A NBR 15575 (ABNT, 2013d) define como prazo de garantia contratual aquele período de tempo previsto em lei, igual ou superior ao prazo de garantia legal, oferecido voluntariamente pelo fornecedor (incorporador, construtor ou fabricante) na forma de certificado ou termo de garantia ou contrato, para que o consumidor possa reclamar dos vícios aparentes ou defeitos verificados na entrega de seu produto. Esse prazo pode ser diferenciado para cada um dos componentes do todo. No Quadro 1.2 são detalhados os prazos de garantia recomendados – mas não exigidos – pela norma para alguns sistemas, correspondentes ao período de tempo em que é elevada a probabilidade de que eventuais vícios ou defeitos em um sistema, em estado de novo, venham a se manifestar, decorrentes de anomalias que repercutam em desempenho inferior àquele previsto.

Pela Lei nº 8.078, de 11 de setembro de 1990, art. 12, o fabricante, o produtor e o construtor (nacional ou estrangeiro) respondem, independentemente da existência de culpa, pela reparação dos danos causados aos consumidores por defeitos decorrentes de projeto, fabricação e construção, bem como por informações insuficientes ou inadequadas sobre a sua utilização e riscos.

1.3 Patologia das construções

Sabe-se que a vida útil de uma edificação habitacional no Brasil deve ser de, no mínimo, 50 anos (ABNT, 2013d). Essa vida útil deve ser admitida e implantada ainda na fase de produção da obra, em cada uma das etapas e por cada responsável técnico envolvido, e o usuário também possui as suas responsabilidades no processo, atribuídas durante a fase de uso da edificação.

Caso ocorra uma falha em alguma dessas etapas que contemplam o ciclo de vida de uma obra, anomalias poderão ser evidenciadas, comprometendo o correto funcionamento da edificação, promovendo uma queda do desempenho e afetando a durabilidade dos sistemas.

É nesse contexto que surge a patologia das construções, ou seja, o estudo metodizado dos defeitos e problemas nos materiais, componentes, elementos e sistemas constituintes de uma edificação. Deflagrada uma “doença”, a patologia das construções visa estudar os sintomas e os indícios dessa doença (sintomatologia); identificar o problema incidente, sua consequência, suas ori-

Quadro 1.2 Prazos de garantia recomendados no Brasil

Sistemas, elementos, componentes e instalações	Prazo de garantia recomendado			
	1 ano	2 anos	3 anos	5 anos
Fundações, estrutura principal, estruturas periféricas, contenções e arrimos				Segurança e estabilidade global. Estanqueidade de fundações e contenções
Instalações elétricas, tomadas, interruptores, disjuntores, fios, cabos, eletrodutos, caixas e quadros	Equipamentos		Instalação	
Instalações hidráulicas: colunas de água fria e quente, tubos de queda de esgoto				Integridade e estanqueidade
Revestimentos de paredes, pisos e tetos internos e externos em argamassa e gesso		Fissuras	Estanqueidade de fachadas e pisos em áreas molhadas	
Pinturas, verniz (interno e externo)		Empolamento, descascamento, esfarelamento, alteração de cor ou deterioração de acabamento		

Fonte: ABNT (2013d).

gens (diagnóstico); recolher documentos, dados históricos da edificação e até entrevistas com moradores e usuários (anamnese); analisar as consequências evolutivas da anomalia instalada, caso o processo não seja estancado (prognóstico); e propor a solução mais adequada para corrigir o problema (terapia), sempre tentando entender o fato para que não recorra em futuras edificações, após tomadas as medidas preventivas (profilaxia). O organograma ilustrado na Fig. 1.14 caracteriza a sequência desde o instante da identificação do problema, e o Quadro 1.3 estabelece definições importantes para o estudo nessa área.

Os princípios da patologia das construções também podem ser empregados e extrapolados às manutenções preventivas, preditivas ou detectivas. Nesse caso, o serviço é implantado para evitar o surgimento de uma "doença". Isso significa que o problema, naquele instante, ainda não está incidindo, mas poderá ocorrer caso uma intervenção de cunho preventivo não seja implantada.

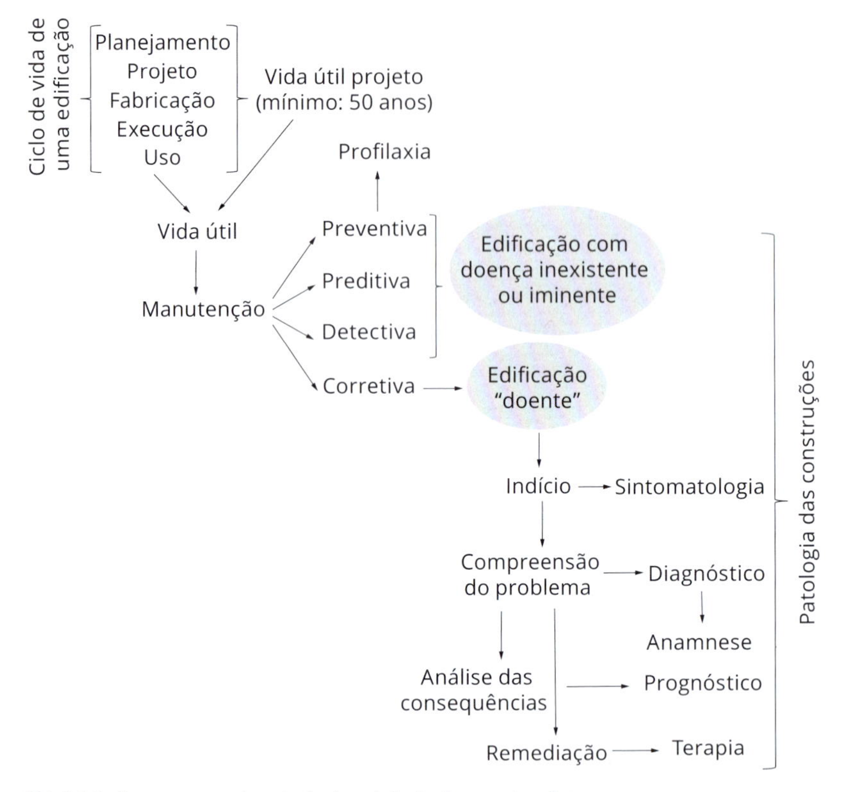

Fig. 1.14 *Organograma do estudo da patologia das construções*

Quadro 1.3 Definições e nomenclaturas para o estudo da patologia das construções

Nomenclatura	Definição
Patologia das construções	É a ciência que estuda os defeitos e as falhas em edificações e construções em geral
Patólogo ou inspetor	É o profissional que trabalha com patologia das construções
Vida útil de projeto (VUP)	Vida útil prevista e demonstrada no projeto executivo, com manutenção realizada de acordo com o estabelecido no manual de uso, operação e manutenção
Manutenção	Pode ser a preventiva, corretiva, preditiva e detectiva. Ver NBR 5674 (ABNT, 2012a)
Manifestação patológica	São os defeitos, falhas e danos observados nas construções. Por exemplo, uma fissura ou um manchamento de elemento estrutural
Profilaxia	São as medidas preventivas adotadas para que não ocorram problemas nas construções. Por exemplo, adotar um cobrimento de concreto adequado para proteger as armaduras da corrosão
Sintomatologia	É o estudo de como os defeitos se manifestam visualmente, no qual um patólogo ou inspetor se baseia para um diagnóstico preliminar do problema. O diagnóstico preliminar depende muito da experiência do profissional e de conhecimento prévio de casos similares

Quadro 1.3 (continuação)

Nomenclatura	Definição
Anamnese	É a análise de documentos, projetos e do histórico da edificação. Pode incluir entrevistas com moradores ou usuários com conhecimento sobre o objeto de estudo, como um síndico ou vizinho antigo
Ensaios não e semidestrutivos	Os ensaios não destrutivos não causam qualquer dano ao objeto de estudo, como no caso de uma esclerometria ou ultrassom. Já os ensaios semidestrutivos causam alguma perturbação, como quando se extrai um corpo de prova de concreto para averiguar a resistência do elemento
Diagnóstico	É a busca por se entender o que aconteceu. Qual o fenômeno instalado, por que ocorreu, quais as consequências: deve explicar os sintomas, as origens e o mecanismo dos fenômenos envolvidos
Prognóstico	É o que irá ocorrer com a edificação enferma caso nada seja feito para corrigir ou estancar o problema. Por exemplo, o prognóstico para uma viga com corrosão de armadura pode ser o seu colapso estrutural
Terapia	É a correção dos danos. Pode ser um reforço, reparo, restauro, *retrofit*, entre outras opções

Na sequência, destacam-se os processos para identificar, interpretar, projetar e remediar uma edificação já diagnosticada como anômala, sendo definidos os conceitos de profilaxia, sintomatologia, anamnese, diagnóstico, prognóstico e terapia.

1.3.1 Profilaxia

Destaca-se a profilaxia (do grego *prophylaxis*, que significa cautela) como sendo o conjunto de medidas adotadas para evitar o surgimento de um problema patológico em uma edificação. São medidas preventivas implementadas antes que qualquer processo patológico surja. Assim, pode ser a manutenção preventiva ou os cuidados de projeto e execução para o bom funcionamento da edificação. A correta especificação de cobrimentos e características de concreto, o uso de barras de aço galvanizadas e de vergas e contravergas, a execução de espessuras adequadas de revestimentos em argamassa, a renovação do sistema de pinturas, a limpeza das juntas de dilatação e a substituição dos componentes hidrossanitários são alguns exemplos de profilaxia.

1.3.2 Sintomatologia

A sintomatologia estuda a forma e as características da manifestação da doença. A manifestação patológica que se visualiza é um sintoma, um sinal de que alguma anomalia ocorre no elemento. O estudo desses sinais, por meio da sua forma, pode indicar as causas que culminaram no surgimento da doença e conduzir a uma correta intervenção dos elementos afetados.

Mecanismos de deterioração de mesma origem podem produzir consequências distintas em cada material, deflagrando sintomas patológicos distintos. Como exemplo, uma sobrecarga no sistema estrutural de uma edificação pode originar fissuras verticais sobre os pilares de concreto ou instabilidade global em pilares metálicos. Por outro lado, um mesmo sintoma pode ser originado por diferentes fontes, como uma fissura vertical em uma viga pode indicar uma sobrecarga ou simplesmente uma movimentação térmica.

Tanto a fissuração de um sistema estrutural de concreto quanto a instabilidade global de um sistema estrutural de aço são manifestações patológicas que indicam alguma anormalidade. O estudo desses sintomas é a busca das prováveis, mas não definitivas, explicações para ocorrência do fenômeno atuante. É na busca da provável doença, por meio da análise de cada sintoma, que a sintomatologia se concentra. A procura por justificativas dessa doença se dá em uma próxima etapa: a de diagnóstico. Por ora, na sintomatologia, propõe-se a definição de hipóteses para, na sequência da inspeção, elaborar um plano de ação que oriente o profissional na escolha correta dos ensaios a serem realizados, na revisão e na análise do projeto de determinada disciplina etc. Mesmo assim, em determinados casos, alguns profissionais experientes conseguem estabelecer um diagnóstico fundamentado apenas nos sintomas.

Uma das manifestações patológicas mais comuns, sobretudo nas estruturas de concreto, é a fissura. Conceitualmente, as aberturas são caracterizadas como (I) microfissuras, (II) fissuras, (III) trincas, (IV) rachaduras e (V) fendas, de acordo com sua amplitude. As microfissuras e fissuras apresentam-se de forma estreita e alongada, muitas vezes com locação aleatória, e geralmente são anomalias superficiais. As trincas, rachaduras e fendas, no entanto, são aberturas mais profundas, localizadas e acentuadas, que promovem uma separação entre as partes do sistema em que incidem. Na Tab. 1.4, é apresentada uma classificação teórica dessas aberturas, em função das suas dimensões, e nas Figs. 1.15 a 1.19 apresentam-se exemplos.

Tab. 1.4 Classificação das aberturas segundo a sua amplitude

<table>
<tr><th>Tipo de abertura</th><th>Dimensões</th><th>Limites da NBR 6118 (ABNT, 2014a) (elementos de concreto)</th></tr>
<tr><td>Microfissura</td><td>Inferior a 0,2 mm</td><td>Sem problemas</td></tr>
<tr><td>Fissura</td><td>0,2 mm a 0,4 mm</td><td>Verificar classe de agressividade ambiental</td></tr>
<tr><td>Trinca</td><td>0,5 mm a 1,4 mm</td><td rowspan="3">Acima dos limites</td></tr>
<tr><td>Rachadura</td><td>1,5 mm a 5,0 mm</td></tr>
<tr><td>Junta</td><td>Superior a 5,1 mm</td></tr>
</table>

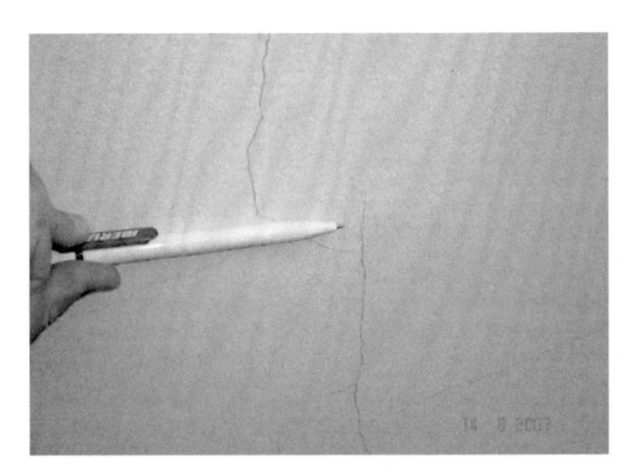

Fig. 1.15 *Microfissura em um sistema de revestimento em argamassa*

Fig. 1.16 *Fissura em um sistema de revestimento em argamassa*

Fig. 1.17 *Fissura ou trinca observada em um sistema de vedação vertical*

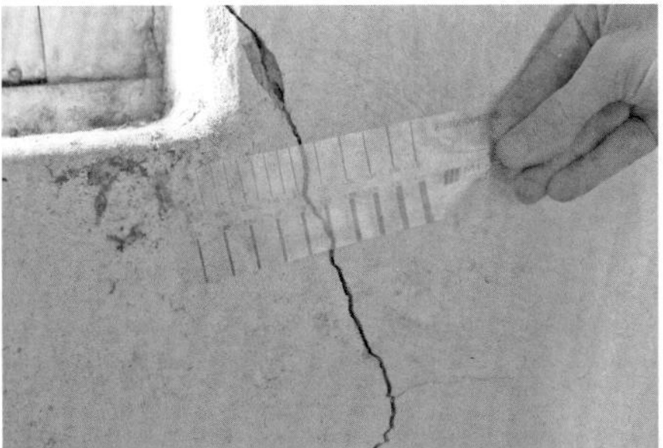

Fig. 1.18 *Fissura ou rachadura próxima à abertura de uma edificação*

Fig. 1.19 *Fissuras produzidas no sistema de vedação vertical de uma construção*

Analisados os sintomas e identificadas a existência de uma inconformidade e as suas prováveis causas, determina-se um plano de ação para o estudo e a compreensão mais minuciosa do problema. Traça-se, então, uma estratégia de execução de atividades, condizentes com a anomalia previamente identificada, visando diagnosticar o problema.

1.3.3 Diagnóstico

O diagnóstico é a atividade de identificação do mecanismo, processo ou agente que originou uma anomalia, partindo do entendimento das fontes que deflagraram o fenômeno. Para cumprir com esse objetivo, é necessário que sejam feitas análises e coletadas informações suficientemente capazes de conduzir o profissional a conclusões seguras, as quais contribuam na identificação da medida corretiva mais adequada para o problema. Somente com um correto diagnóstico é que se consegue estancar o fenômeno e otimizar a solução corretiva, com um menor custo. O grande êxito de uma intervenção corretiva ou preventiva depende de um diagnóstico bem elaborado. Um fracasso nessa etapa culminará em medidas corretivas inadequadas, o que produz um gasto desnecessário, compromete a segurança da edificação e oferece risco aos usuários.

Realizar um diagnóstico eficiente carece de entendimento e sensibilidade multidisciplinar do comportamento de cada sistema, bem como dos processos mais susceptíveis de deterioração de cada material. O entendimento das diversas formas de manifestação das anomalias de uma construção é um fator essencial em uma tomada de decisão. A realização de um ensaio incompatível com o tipo de problema instalado ou com o objetivo desejado produzirá resultados inócuos que, dependendo do conhecimento do profissional, poderão levar a erros de interpretação.

Essa insuficiência de conhecimento mascara o diagnóstico produzido. Como exemplo, ainda há profissionais que tomam o resultado dos ensaios de dureza superficial do concreto (esclerometria) como conclusivos acerca da resistência característica à compressão desse material, sem o histórico daquele concreto específico. Isso se torna perigoso devido às consequências que determinados ataques químicos produzem no concreto, incrementando a sua dureza superficial, conforme será visto no Cap. 2, destinado à patologia das estruturas de concreto.

A Fig. 1.20 ilustra um ensaio de esclerometria sendo realizado, no qual se aplica um impacto junto à superfície do concreto e se mede, por meio do equipamento conhecido como esclerômetro de reflexão ou martelo de rebote, a dureza que a superfície possui. O procedimento mais adequado para essa análise e tomada de decisão está apresentado na Fig. 1.21, na qual se realiza uma extração de testemunhos do concreto para ensaios de resistência mecânica à compressão em laboratório. Ressalta-se que ensaios não destrutivos, como com o esclerômetro, não são conclusivos, mas são ótimos indicativos para diminuir a necessidade de ensaios semidestrutivos, mais caros e impactantes à estrutura.

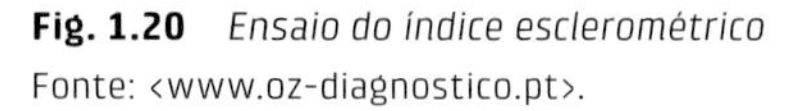

Fig. 1.20 *Ensaio do índice esclerométrico*
Fonte: <www.oz-diagnostico.pt>.

Fig. 1.21 *Extração de testemunhos de concreto junto a uma viga por uma perfuratriz rotativa*

Tutikian e Pacheco (2013, p. 13) destacam que "o diagnóstico de um problema patológico não deve ser imediatista", mas sim consistir em uma análise minuciosa que "entenda e leve em consideração todo o processo de evolução do fenômeno", devendo-se apoiar, essencialmente, na característica que cada incidência anômala possui. Por exemplo, as fissuras ativas de dilatação térmica terão um efeito mais acentuado no verão, quando as variações térmicas atingem amplitudes mais elevadas do que no inverno. Então, uma peça que possua alguma manifestação patológica oriunda desse efeito terá uma evidência de anomalia com maior intensidade apenas em algumas estações do ano e até em períodos do dia. Essas particularidades podem conduzir a um diagnóstico errôneo, caso este se dê em um curto período de tempo.

O objetivo final de um diagnóstico é, portanto, ter dados suficientes para se promover a correção dos danos incidentes. Somente após a completa realização do diagnóstico uma equipe multidisciplinar deve avaliar os dados e definir um roteiro de intervenção a ser adotada em curto, médio ou longo prazo. Na realidade, conforme ressaltam Tutikian e Pacheco (2013, p. 13), "nunca há a certeza em um diagnóstico, mas sim a redução do número de dúvidas. Algum grau de incerteza sempre haverá em um diagnóstico, cuja eficácia só poderá ser confirmada pela resposta eficiente do sistema tratado". Mesmo assim, destacam os autores, a incerteza poderá persistir, visto que existem enfermidades diferentes que podem ser tratadas com o mesmo remédio e vice-versa.

Conforme se observa, a realização de um diagnóstico é um processo metodizado, com resultados decisivos sobre o tipo de intervenção a ser adotada. Todo e qualquer diagnóstico nasce, inicialmente, de uma inspeção. Ela é o ponto de partida. Por meio de uma inspeção, busca-se obter uma maior sensibilidade e compreensão do problema. Para inspetores experientes, em situações mais simples, uma única inspeção poderá ser definitiva para a elaboração do diagnóstico e definir se há ou não algum problema instalado. Para outros, a complexidade das circunstâncias envolvidas para a tomada de decisão requer análises mais minuciosas, fazendo-se necessárias uma segunda, terceira ou mais inspeções. O objetivo final de toda e qualquer inspeção é definir o estado de conservação de uma edificação e seus sistemas para realizar o diagnóstico. Caso o diagnóstico evidencie qualquer inconformidade, o seu objetivo passa a ser definir qual o tipo de mecanismo, a causa e a origem do problema incidente.

Inspeção

A inspeção é a atividade técnica especializada de vistoriar uma edificação. É o ponto inicial, instante zero, para a elaboração de um diagnóstico. Uma inspeção antecede as atividades de manutenção, mas é em projeto que se define o tipo de manutenção que será realizada na edificação: se preventiva, preditiva, detectiva ou corretiva. O tipo de inspeção, bem como a frequência desta, deve estar muito bem estabelecido e definido no manual de uso, operação e manutenção entregue ao usuário pelo construtor ou incorporador. A Fig. 1.22 apresenta um organograma ilustrativo dos tipos de intervenção possíveis em uma edificação para a produção de um diagnóstico.

Nessa etapa, abrangem-se a coleta de todos os arquivos de projeto e de construção, a produção de relatórios, a avaliação do estado de integridade da obra e as principais recomendações, as quais podem ser de nova vistoria, de manutenção, recuperação, reforço ou reabilitação do sistema (Helene, 2007). A inspeção consiste em realizar uma visita à construção, debilitada ou não, e efetuar, visualmente, uma análise mais geral das manifestações patológicas incidentes e suas frequências, buscando o entendimento das circunstâncias que envolvem o sistema anômalo e o levantamento de informações que possam servir de apoio ou embasamento para a tomada de decisão. É o método mais simples e direto de exame de uma peça. A inspeção inicial é chamada de preliminar, podendo ser conclusiva ou não para a elaboração de um diagnóstico.

Uma inspeção preliminar conclusiva depende muito da experiência do inspetor. Nela, não se faz necessária a realização de estudos mais minuciosos para buscar a razão do problema. Entretanto, a inspeção nem sempre é tão simples e direta. A complexidade da manifestação patológica pode fazer com que seja necessária a busca de um processo mais detalhado de análise, com uma maior coleta de dados e informações, bem como a realização de ensaios para interpretar o fenômeno com mais lucidez, sendo fundamental a inspeção detalhada.

A inspeção detalhada é uma vistoria na qual se realiza uma análise e uma coleta de dados suficientes para se ter uma sensibilidade maior em relação à magnitude da manifestação a fim de se tomar a decisão sobre o tipo de manutenção a ser empregada. Por vezes, esse diagnóstico só poderá ser obtido com base em ensaios específicos que ajudam o profissional nessa interpretação. Esse levantamento de dados pode também se dar por meio de entrevistas com moradores ou pessoas que, de alguma forma, tenham vivenciado algum histórico da edificação, ou por meio de uma pesquisa no acervo disponível. Essa atividade, de coleta de dados históricos sobre a edificação em análise, é chamada de anamnese e é fundamental para uma compreensão mais abrangente sobre o problema instalado.

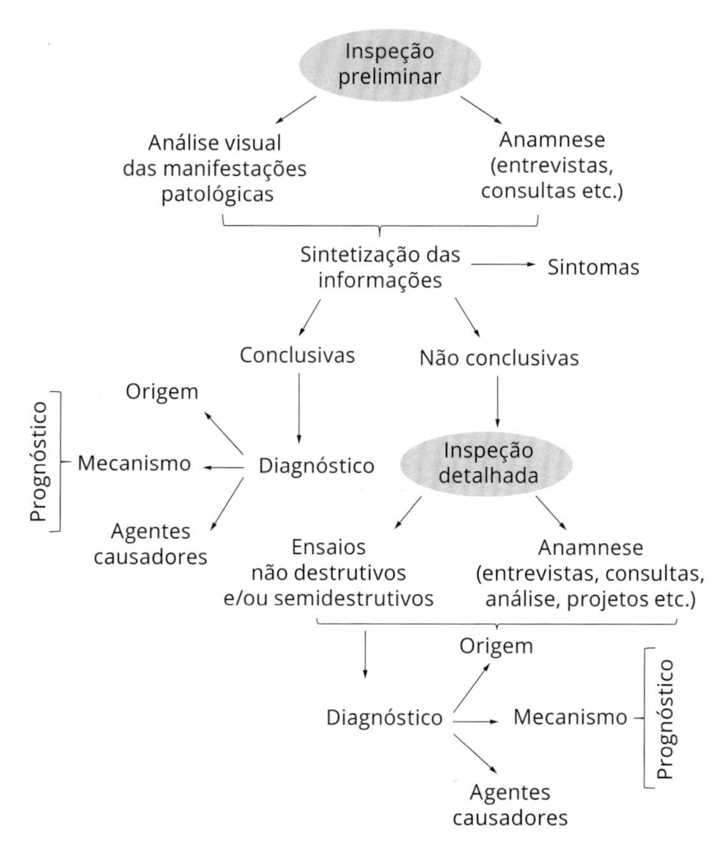

Fig. 1.22 *Organograma ilustrativo dos tipos de inspeção em uma edificação*

A fase final de uma inspeção é a compilação das informações obtidas nas coletas e no levantamento de dados e a conclusão sobre o estado geral da edificação ou da magnitude dos problemas. Dependendo dos resultados obtidos, o profissional pode destacar a urgência da intervenção ou estabelecer uma hierarquização dos problemas, indicando a prioridade de remediação. Caso sejam observadas anomalias graves que envolvam, de algum modo, uma potencialidade de colapso ou que deflagrem qualquer comprometimento à segurança do usuário, um isolamento temporário de toda a edificação ou parte dela e um escoramento estrutural são recomendados até que análises mais consistentes sejam realizadas.

Essa etapa de levantamento de dados, conforme destacam Souza e Ripper (1998), é extremamente delicada e deve ser feita por engenheiro ou arquiteto experiente, especializado em Patologia das Construções, que seja capaz de caracterizar com o máximo rigor a necessidade ou não de adoção de medidas especiais. O diagnóstico apresentado, fruto das inspeções, pode levar o patólogo a conclusões diversas, inclusive, em casos extremos, à recomendação de uma utilização condicionada ou mesmo uma demolição da obra. A norma de projeto de estruturas de concreto, a NBR 6118 (ABNT, 2014a), destaca que, caso constatada uma não conformidade de parte ou do todo da estrutura, devem ser recomendados pelo profissional a restrição ao uso da estrutura, o reforço da estrutura ou a demolição parcial ou total da edificação.

Como essas atitudes envolvem um custo elevado e, em última instância, a remoção dos moradores das suas residências, a decisão deve ser tomada com a máxima responsabilidade e fundamentação técnica possível.

Mecanismo

O mecanismo pode ser entendido como a identificação do processo, seja ele químico, físico ou mecânico, que promoveu a deterioração do material. Em essência, é a justificativa científica que explica como essa deterioração se desenvolveu e sob quais circunstâncias; todavia, não dá subsídios para entender o porquê de sua ocorrência. É o simples estudo da forma de sua evolução.

Pode-se usar como exemplo o mecanismo da corrosão. Como será visto adiante, esse mecanismo é um processo de cunho eletroquímico, que promove – em última instância – a dissolução do metal por meio de reações químicas anódicas e catódicas. Isso justifica como essa deterioração se desenvolveu, ou seja, por um mecanismo eletroquímico. Contudo, o fenômeno da corrosão não explica por que esse processo se deu, qual a origem dele: se foi erro de projeto, execução ou manutenção. A Fig. 1.23 ilustra a barra metálica constitutiva de uma viga de concreto armado no qual esse processo de corrosão já se encontra em um estágio avançado, com partes da armadura se desprendendo.

Cabe ainda destacar que compreender os mecanismos deflagradores de manifestações patológicas é de fundamental importância para prevenir os sistemas contra o surgimento de anomalias que comprometam o uso da edificação. Na construção de uma estrutura metálica na orla marítima, por exemplo, sabe-se que a potencialidade de ocorrência do mecanismo de corrosão metálica – dada a agressividade do meio ambiente – é alta e que, de antemão, será necessário adotar alguma pintura protetora dos elementos metálicos para prevenir o surgimento desse processo de corrosão, o que constitui um exemplo de profilaxia.

Fig. 1.23 *Estágio avançado de corrosão de barras metálicas de uma viga de concreto*

Os mecanismos podem ser de cunho químico, biológico, físico ou mecânico. A seguir, busca-se explicar cada um desses processos.

Mecanismos de deterioração química

Os mecanismos de deterioração química são processos que promovem uma alteração constitutiva de cunho químico aos materiais de um sistema. Essas alterações produzem mudanças nas propriedades intrínsecas do elemento, deflagrando a alteração da sua aparência física ou do seu comportamento mecânico. Esses mecanismos são originados da combinação entre um agente agressor oriundo do meio externo (ações do meio ambiente circundante) ou do meio interno (matéria-prima contaminada inserida na produção da peça) e os compostos do material.

Cabe destacar que a agressividade do meio *versus* a qualidade do material base (Fig. 1.24) é determinante na análise da durabilidade de um produto ou sistema frente a mecanismos químicos de deterioração. O mecanismo de deterioração será tanto mais intenso quanto maior a agressividade do meio ambiente, mantida a mesma qualidade do material. Para ambientes idênticos, a deterioração química se deflagrará com mais intensidade nos elementos de menor qualidade.

A manifestação patológica produzida em peças agredidas por mecanismos de deterioração química depende do produto de reação gerado. Em algumas situações,

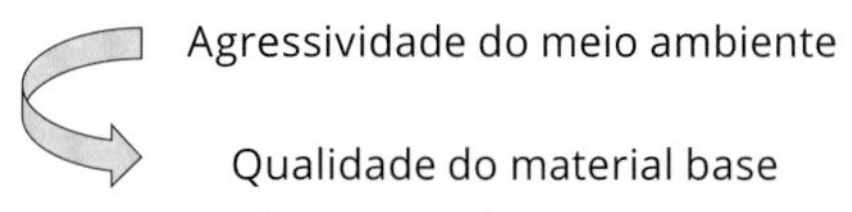

Susceptibilidade ao ataque

Fig. 1.24 *Correlação entre a agressividade do ambiente e a qualidade do material base*

apenas uma alteração da estabilidade química da peça é produzida. Em outras, certas alterações físicas são geradas no elemento agredido, com a possibilidade de efeitos destrutivos. Se o produto de reação produzido for solúvel, a consequência será a dissolução do material base, o que poderá abrir caminho para outros agentes agressivos, devido ao incremento da porosidade do material. Caso o produto de reação seja insolúvel, não haverá dano se o produto não tiver uma característica expansiva. Contudo, caso a tenha, um incremento de volume ocorrerá no produto de reação existente e, se este estiver fixado nos poros do material, pressões internas serão originadas e uma fissuração poderá se deflagrar sobre o elemento. A Fig. 1.25 resume essa situação.

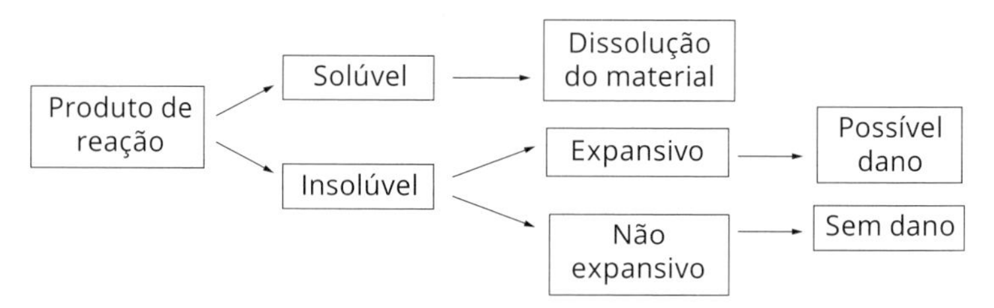

Fig. 1.25 *Consequências produzidas em função do produto de reação*

Cada agente promoverá um tipo específico de deterioração química. Essa deterioração depende, essencialmente, do grau de contaminação do ambiente externo, do tipo de agente e da reatividade do material base. De modo secundário, as circunstâncias climáticas, como a temperatura e a umidade do ambiente, influenciam na velocidade da deterioração e não necessariamente no tipo de mecanismo incidente, e irão repercutir na magnitude da manifestação patológica instalada.

Mecanismos de deterioração biológica

Também conhecido como biodeterioração, esse mecanismo geralmente está associado à mudança ou conversão das propriedades intrínsecas do material base, devido à ação de macro ou microrganismos oriundos do ambiente circundante. Em geral, a fixação e a proliferação desses organismos se dão junto à superfície do material, sendo potencializadas em ambientes ou regiões que contêm umidade elevada, longos ciclos de umidificação e secagem, além de baixa insolação. O processo evolutivo está muito atrelado às condições ambientais.

Devido à particularidade de fixação e proliferação, é difícil estimar a taxa de agressão desses organismos à peça e precisar a magnitude do dano produzido. Contudo, independentemente da espécie e do grau de contaminação, o mecanismo proporciona condições ideais para o desenvolvimento de deteriorações secundárias de cunho químico e/ou físico no elemento, induzindo um envelhecimento precoce, alterações no aspecto de superfície e comprometimento da durabilidade e integridade do elemento.

Esse fato é justificado pela capacidade da biodeterioração para aumentar o poder de retenção de umidade do elemento (Fig. 1.26), o que auxilia o desenvolvimento de reações químicas junto ao sistema. A atividade metabólica desenvolvida pelos microrganismos instalados sobre a peça promove a formação de outras substâncias, como os ácidos, que poderão vir a deteriorar o material base. Esses mesmos organismos podem se "alimentar" do material base, o que deflagrará uma redução da sua massa, diminuindo a capacidade estrutural do material, tal como promovem os fungos de podridão da madeira (Fig. 1.27).

A biodeterioração não depende apenas da microbiota regional, ou seja, do conjunto de microrganismos que habitam o ecossistema do local de inserção da obra. Para qualquer análise da durabilidade aos ataques biológicos é necessário conhecer, além da referida microbiota, a composição do material base. Considerando que a biodeterioração resulta da ação de organismos vivos, os fatores ligados à manutenção da vida dos agentes envolvidos constituem uma condicionante para que esse processo se estabeleça. A água, por exemplo, é um elemento vital para essa análise: ambientes úmidos possuem uma maior propensão à ocorrência do fenômeno. A disponibilidade de nutrientes é outro requisito.

Outra forma corriqueira de ataque biológico às edificações é o crescimento de raízes e plantas em juntas de dilatação estrutural, em fissuras, trincas ou em

Fig. 1.26 *Detalhe da presença de microrganismos (fungos e bolores) no guarda-corpo de uma edificação*

Fonte: Barbosa et al. (2011).

Fig. 1.27 *Detalhe da deterioração biológica de piso em madeira produzida por fungos de podridão*

regiões de alta porosidade e umidade. Esse fenômeno produz forças de caráter expansivo aos elementos, induzindo esforços mecânicos aos sistemas da edificação que, dependendo da espécie de vegetal, promovem solicitações não admitidas no projeto. Como consequência, verifica-se a propagação de fissuras, trincas ou rachaduras nos elementos. A exemplo desse processo, a Fig. 1.28A destaca uma casa na cidade uruguaia de Bela Unión, na qual se evidencia o estágio inicial do crescimento de vegetação junto à platibanda da obra. Já a Fig. 1.28B destaca o estágio avançado do crescimento de vegetação junto à marquise de uma construção na cidade de Havana, em Cuba.

Fig. 1.28 *Crescimento de vegetação (A) na platibanda de uma construção em Bela Unión, Uruguai, e (B) sobre a marquise de prédio residencial em Havana, Cuba*

Para Sanchez-Silva e Rosowsky (2008), pouca atenção tem sido despendida à biodeterioração. Segundo os autores, a deficiência provém do fato de a biodeterioração ser um processo com particularidades difíceis de serem separadas dos outros processos de deterioração, pois não é um processo contínuo, e também do fato de a comunidade científica dos engenheiros e arquitetos não estar familiarizada com conceitos biológicos. Todavia, como ressaltam os autores, é importante compreender esses mecanismos de deterioração para elucidar as atividades de inspeção, proteção e reparo das estruturas submetidas ao ataque.

Para Jiménez (1999), muitas intervenções destrutivas em construções biologicamente atacadas são precipitadas. Para o autor, faz-se necessário o conhecimento de atividades que geraram a degradação, assim como o entendimento dos mecanismos que promoveram os danos, para que se possa estimar uma prevenção adequada. Não se pode combater o efeito do mecanismo sem conhecer as causas que levam a tal fim, pois, nessa situação, o problema não seria eliminado.

Mecanismos de deterioração física

Os mecanismos de deterioração física promovem, em essência, uma alteração volumétrica do material. Geralmente provêm de processos termo-higroscópicos, ou seja, variações volumétricas causadas pela dilatação térmica do material ou variações higroscópicas promovidas pela absorção e evaporação de água pelos poros da peça. Higroscopia, palavra composta pelos radicais gregos *higro* (*higrós*, "úmido", "molhado") e *scopia* (*skopéō*, "ato de ver"), é a propriedade que certos materiais possuem de absorver água.

Quando submetido a calor ou umidade, o elemento se expande e, quando submetido a frio ou secagem, se contrai. Com a repetitividade desses ciclos, percebe-se a propagação de microfissuras de origem térmica ou higroscópica em sua superfície.

As alterações de cunho higroscópico são proporcionais à porosidade e interconectividade dos poros do material. Quanto mais poroso for o material e mais ligados estiverem esses poros, maior a potencialidade do componente de absorver água externa (chuva, infiltração, umidade do ar) e tanto maior será a sua possibilidade de inchamento. A perda dessa água e a subsequente absorção submetem o material a ciclos de tensão, umedecimento e secagem, os quais, em dado instante, deflagram as microfissuras (Fig. 1.29), que evoluem para fissuras com a continuação dos ciclos. Observa-se que a fissuração ocorreu, preferencialmente, na face submetida às maiores variações térmicas.

Fenômenos desse cunho também podem ser observados em elementos com coeficientes de dilatação térmica distintos. A alteração volumétrica cria tensões diferenciais nas interfaces entre os materiais, culminando na formação de

Fig. 1.29 *Fissuras térmicas em elemento na cidade de Quaraí (RS)*

uma fissura na interface ou na perda de aderência entre as partes. Em alguns elementos, como os revestimentos cerâmicos (Fig. 1.30) ou argamassados, o desplacamento é uma consequência secundária desse mecanismo.

Mecanismos de deterioração mecânica

Os mecanismos de deterioração mecânica são devidos aos esforços mecânicos impostos aos elementos. Esses mecanismos geralmente culminam no surgimento de fissuras que, dependendo do tipo de esforço e do elemento, possuirão um tipo muito característico de manifestação patológica, facilitando, inclusive, a sintomatologia. Diferentemente da deterioração física, a deterioração mecânica é iniciada por meio de fatores externos, como uma sobrecarga em uma viga de um sistema vertical de vedação.

Diante de cargas externas, cada material tem um comportamento e uma capacidade resistiva diferente. Cada material pode ser submetido a um esforço simples ou a uma solicitação composta por vários esforços, proveniente da combinação de duas ou mais solicitações. Os esforços dito simples são os de tração, compressão, flexão, cisalhamento e torção. Quando a capacidade resistente do material é superada por algum desses esforços, ele se rompe, devido à sua

Fig. 1.30 *Desplacamento de revestimento cerâmico da fachada de uma edificação*

incapacidade de resistir, o que se evidencia sob a forma de trincas ou fissuras. O colapso ocorre quando os esforços atuantes extrapolam, inclusive, os coeficientes de segurança admitidos no cálculo estrutural.

O excesso de esforços indutores de manifestações patológicas pode ser oriundo de choques mecânicos, sobrecarga, deficiência construtiva, alteração de uso da edificação e outras ações não admitidas em projeto.

Origem

A origem é a essência, ou gênese, do problema; assim, no caso das construções, é uma falha em alguma das etapas do ciclo de vida de uma edificação: planejamento, projeto, fabricação dos materiais, execução dos sistemas, uso ou descarte da edificação. Muitos são os estudos referentes às frequências das origens de processos patológicos das edificações, como o de Helene (2007), o qual mostra que a origem mais corriqueira de manifestações patológicas é a etapa de projeto, conforme mostra a Fig. 1.31.

Porém, uma manifestação patológica pode ser oriunda de uma ou mais etapas. Ainda utilizando o exemplo da corrosão de uma armadura inserida em uma viga de concreto, essa anomalia pode provir de um erro de detalhamento estrutural (cobrimento ineficiente da armadura ou recomendação de concreto inadequado), de escolha dos materiais (emprego de agregados ou aditivos contaminados), de execução errônea (colocação ineficiente dos espaçadores ou do concreto modificado em obra) ou de uso deficiente da edificação (falta de manutenção necessária no sistema de pintura pelos usuários ou alteração de uso). Percebe-se que o erro

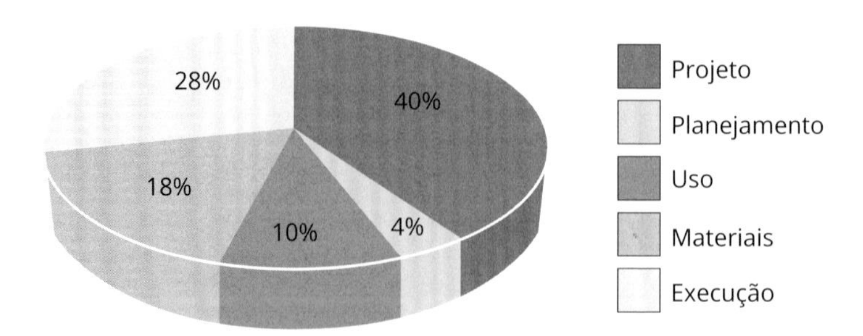

Fig. 1.31 *Frequência das origens das manifestações patológicas*
Fonte: Helene (2007).

não necessariamente tem uma única origem, mas também pode ter uma combinação de diferentes origens, o que torna ainda mais complexo o diagnóstico. E muitas vezes é impreciso afirmar em qual etapa o problema se iniciou.

A correta identificação da origem do problema permite identificar, para fins judiciais, quem cometeu a falha. Se o problema teve origem na fase de projeto, o projetista falhou; quando a origem está na qualidade do material, o fabricante errou; se na etapa de execução, a mão de obra, a fiscalização ou a construtora falharam; e, se na etapa de uso, a falha é responsabilidade do usuário, se havia sido bem instruído.

Agentes causadores

O agente causador é a principal circunstância responsável pelo processo, ou seja, é quem produz a manifestação patológica.

Os agentes causadores de deterioração dos sistemas podem ser de cunho intrínseco ou extrínseco. Classificam-se como agentes causadores intrínsecos os processos de deterioração que são inerentes aos sistemas – processos que possuem origem nos materiais e peças empregados nas fases de produção, execução ou uso das obras, por falhas humanas ou falhas do comportamento do material. Por outro lado, os agentes causadores extrínsecos de deterioração são aqueles que atuam de fora para dentro, durante a fase de uso ou concepção, independente da composição interna do material e das falhas inerentes ao processo construtivo do sistema ou à execução.

Como exemplos de agentes causadores intrínsecos, têm-se o gás carbônico, as deficiências de execução, a aplicação de materiais reativos no concreto, entre outros. Variações volumétricas de origem termo-higroscópicas, sobrecargas, impactos, vibrações mecânicas, agentes químicos e biológicos e ação do fogo são alguns dos agentes causadores extrínsecos de manifestações patológicas junto aos sistemas.

Andrade e Dal Molin (1997) afirmam que a catalogação e a análise de ocorrências consistem em um ponto de partida para qualquer investigação patológica, justificando o grande esforço desenvolvido por importantes pesquisadores e instituições em nível mundial na execução de levantamentos de danos em vários tipos de edificações. O estudo sistemático dos problemas a partir das suas manifestações características, além de contribuir para o entendimento do processo de produção, também permite uma análise mais aprofundada de suas origens, subsidiando os trabalhos de reparos e de manutenção e minimizando a incidência de falhas.

1.3.4 Prognóstico

Depois de estabelecido o diagnóstico e caracterizada a anomalia incidente, parte-se para a etapa do estudo das alternativas de intervenção e remediação desta, aplicando soluções que sejam adequadas ao processo diagnosticado. Contudo, antes de se realizar a intervenção, e para efeitos de análise técnica e econômica, alguns patólogos realizam uma previsão do que pode ocorrer caso não haja intervenção na anomalia. Essa previsão, que é o estudo das características evolutivas de uma manifestação patológica, chama-se prognóstico.

Para realizar essa extrapolação, o profissional deve se fixar em alguns parâmetros, como a análise da evolução natural do problema, as condições de exposição, a análise do entorno em que a edificação se encontra e o tipo do problema (Tutikian; Pacheco, 2013).

A análise do prognóstico de uma anomalia em um elemento ou sistema preserva a edificação contra o surgimento de manifestações patológicas futuras. A adoção de medidas químicas de proteção ou recuperação podem se tornar inadequadas se houver a possibilidade de interação química com o ambiente adjacente ou até mesmo com o uso da edificação.

Nesse contexto, uma análise da vida útil pretendida com a medida corretiva adotada deve ser avaliada, principalmente em termos de custo-benefício e efetividade. Um exemplo é a adoção de ânodos de sacrifício para controlar os processos de corrosão. Deve-se elaborar uma previsão de durabilidade desses metais de sacrifício empregados e compará-la com a vida útil restante pretendida para a edificação.

Cabe destacar que nem sempre um prognóstico é estabelecido em elementos com manifestação patológica. O prognóstico pode ser estabelecido sobre uma peça sã, na qual se percebe uma potencial deterioração ao longo do tempo, justificada por falhas observadas durante a etapa de produção ou de projeto. Exemplo disso são as análises produzidas sobre corpos de prova moldados no controle tecnológico do concreto de uma obra. Caso essas amostras não atinjam a resistência mínima requerida em projeto, estima-se que o desempenho do sistema estrutural não será o esperado, e, realizando-se um prognóstico, constata-se que fissuras poderão surgir por causa de cargas não resistidas pela estrutura e/ou corrosão devido à porosidade de um concreto menos resistente.

1.3.5 Terapia

A terapia é a parte da engenharia que trata da correção dos problemas patológicos, com o objetivo de estancar o processo e devolver o desempenho e a segurança à edificação. A terapia só pode ser bem planejada se o diagnóstico for realizado adequadamente, visto que a adoção da medida corretiva está atrelada ao mecanismo incidente. Um diagnóstico deficiente culminará em soluções técnicas também deficientes, não estancando o mecanismo deteriorante.

Destaca-se a importância econômica que esse processo possui. Conforme Cánovas (1988), o fator econômico é um condicionante de bastante peso na hora de decidir sobre a necessidade e urgência de iniciar a intervenção e, inclusive, sobre a forma de realizá-la dentro da máxima eficácia exigida. Um diagnóstico errôneo culminará em um gasto desnecessário de recursos, visto que a doença – estando ainda instalada na peça – irá retornar ao quadro patológico existente antes da intervenção.

Dependendo da manifestação patológica incidente, do local e da magnitude em que ela se deflagra, diferentes urgências de intervenção são necessárias. No meio científico há trabalhos que buscam uma hierarquização de intervenção sobre os elementos dos sistemas anômalos, estabelecida em função de alguns parâmetros e justificativas atreladas à relevância do elemento doente para a preservação da estabilidade, segurança ou desempenho global da edificação. Existe, por outro lado, uma série de parâmetros de cunho social, histórico, artístico e econômico que podem influir na urgência de intervenção da edificação. Cada caso deve ser tratado de forma separada, estando a urgência da intervenção atrelada a critérios específicos de cada situação.

Conceitualmente, chama-se de intervenção o ato de interceder em uma edificação quando constatada alguma enfermidade que comprometa o seu desempenho. A ação de intervir em um sistema pode estar justificada por determinadas circunstâncias, entre as quais:

- alteração do uso da edificação;
- ampliação de uma construção;
- incidência de ações excepcionais, não admitidas em projeto;
- falta ou deficiência de projeto, execução, uso ou manutenção.

O processo de intervenção de um elemento ou sistema pode se dar sob diferentes formas. Uma vez decidido o tipo de terapia que será adotado para a correção do problema, um projeto deverá ser realizado. O tipo de terapia a ser empregado em um sistema está condicionado a diversos fatores, como estética, segurança, funcionalidade, execução, mão de obra, disponibilidade de materiais, custo, e até mesmo familiaridade do profissional com o método.

Isso significa que para cada tipo de sistema há um conjunto de alternativas aplicáveis que, se bem adotado, torna-se adequado e eficaz no estancamento do mecanismo deteriorante.

As formas de intervenção mais aceitas pelo setor são os oito Rs:

- reabilitação;
- recuperação;
- reparo;
- reforço;
- restauro;
- reforma;
- reconstrução;
- *retrofit*.

Reabilitação

A reabilitação objetiva trazer uma estrutura deteriorada à sua condição inicial de desempenho, que foi perdida ao longo do tempo.

Recuperação

A recuperação é o conjunto de operações e técnicas destinadas a corrigir anomalias existentes em uma edificação, para manutenção do desempenho do sistema intervindo. É dividida em reparo, reforço e restauro.

Reparo

O reparo é realizado quando a condição do elemento não é adequada, apresentando danos que estão comprometendo o seu funcionamento como peça integrante de um sistema, ou seja, quando for diagnosticado algum mecanismo patológico que necessite ser corrigido ou estancado. Nesse caso, conforme destaca Cánovas (1988), não é preciso realizar um reforço, mas sim um reparo, com o intento de devolver o aspecto normal da peça mediante a restauração das suas áreas degradadas. A partir desse pressuposto, estabelece-se que um reparo geralmente se dá em regiões localizadas dos elementos constituintes de um sistema, para devolver a sua condição original.

Reforço

O reforço é uma intervenção que objetiva incrementar a resistência e/ou estabilidade dos sistemas, é um aumento da capacidade portante da estrutura. São exemplos de reforço: alteração de uso da edificação, para uma situação de maior carregamento; aumento de pavimentos de uma construção; inserção de cargas não previstas em projeto, como uma piscina ou um equipamento de porte; entre outros.

Há diversas maneiras de se executar o acréscimo da capacidade portante da estrutura, por meio de aumento da geometria dos elementos estruturais, colagem de chapas metálicas nos perfis metálicos de um sistema estrutural, aumento do número de barras metálicas em elementos estruturais de um sistema estrutural em concreto armado, colagem de mantas de fibra de carbono ou outras mantas junto à superfície de elementos etc.

Uma série de precauções devem ser estabelecidas para o reforço. Como essa terapia geralmente é aplicada para sistemas estruturais, medidas de segurança devem ser adotadas para a execução do trabalho terapêutico. A adoção de um projeto de escoramento adequado, o planejamento de todo o processo a fim de não sobrecarregar determinados elementos, a preservação das instalações existentes e o cuidado com os elementos sadios são alguns critérios destacados por Cánovas (1988) como essenciais para a realização de uma intervenção bem-sucedida.

Restauro

O restauro é o conjunto de atividades destinadas a restabelecer a unidade da edificação do ponto de vista da sua concepção histórica original, ou relativa a uma dada época. Esse processo deve ser baseado em investigações e análises históricas e utilizar materiais que permitam uma distinção clara, quando observados de perto, entre original e não original. De forma sucinta, pode-se aplicar ao restauro o mesmo significado de reparo, porém aplicado a objetos ou obras específicas com alguma importância histórica, a um patrimônio histórico.

Reforma

A reforma é o conjunto de métodos e atividades pelo qual se estabelecem uma nova forma e condições de uso a uma edificação. A reforma não possui compromisso com valores históricos, estéticos, formais ou arquitetônicos, ressalvados os aspectos técnicos e físicos de habitabilidade das obras que norteiam determinada ação. A reforma, no Brasil, é orientada e regulamentada pela NBR 16280 (ABNT, 2014c). Sempre que houver um reparo, reforço ou restauro se estará em processo de reforma.

Reconstrução

Reconstrução é o conjunto de técnicas baseado em evidências históricas e destinado a construir novamente uma edificação ou parte dela que se encontre destruída, por motivos diversos, ou que esteja na iminência de ser destruída. É a reconstrução de parte ou do todo de uma edificação danificada, obedecendo ao projeto original desta.

Retrofit

O termo *retrofit* (do latim *retro*, "movimentar-se para trás", e do inglês *fit*, "adaptação, ajuste") é um termo atualmente muito empregado na construção civil que se refere à revitalização de edifícios antigos. Concerne à troca ou substituição de componentes, elementos ou sistemas de uma edificação, os quais se tornaram inadequados ou obsoletos ao longo do tempo. Em suma, o objetivo é preservar o que há de bom na construção existente, adequá-la às exigências atuais e, ainda, estender a sua vida útil.

A prática do *retrofit* surgiu no final da década de 1990, na Europa e nos Estados Unidos. A legislação desses países não permitia que o rico acervo arquitetônico, já degradado ou com características de uso ultrapassadas, fosse substituído. No Brasil, a demanda pelo *retrofit* aumentou consideravelmente na última década, não apenas por causa da preocupação crescente com o patrimônio histórico, mas também por ser uma alternativa de conservação e melhoria do patrimônio em áreas de potencial construtivo esgotado, como as áreas centrais e valorizadas de algumas metrópoles. Edificações, mesmo as habitacionais, que recebam um *retrofit* não precisam se adequar à norma de desempenho.

1.4 Manutenção das edificações

O acompanhamento da edificação ao longo do tempo se faz necessário para se observar o seu "funcionamento" quando em uso. A atividade de manutenção consiste em acompanhar o desempenho de um sistema ao longo da sua vida útil, evidenciando a necessidade ou não de adotar medidas que promovam correções ou substituições dos elementos e sistemas, a fim de preservar os requisitos dos usuários. Medeiros, Andrade e Helene (2011) destacam que vários trabalhos têm demonstrado a importância econômica de uma manutenção periódica e preventiva, como se observa pelo gasto despendido com manutenções em outros países, conforme Tab. 1.5.

A atividade de manutenção possui uma influência decisiva na vida útil de uma edificação. Uma construção só conseguirá atender ao período de vida útil estipulado em projeto se for realizada uma série de manutenções na sua fase de uso, de modo a evitar e corrigir qualquer perda de desempenho que comprometa a sua integridade. Essas intervenções não devem ser elaboradas ao acaso; elas devem obedecer a um plano de manutenção bem definido e produzido junto com o projeto de cada sistema, o qual deve ser entregue ao usuário da edificação, que é o responsável direto pelo cumprimento das atividades. A cada ação de manutenção corretamente elaborada, uma recuperação do desempenho perdido é aplicada ao sistema, conforme ilustra a Fig. 1.32.

Tab. 1.5 Gastos com manutenção em alguns países

País	Período de coleta da informação	Gastos com construções novas	Gastos com manutenção e reparo	Gastos totais
França	2004	85,6 bilhões de euros (52%)	89,6 bilhões de euros (48%)	165,6 bilhões de euros (100%)
Alemanha	2004	99,7 bilhões de euros (50%)	99,0 bilhões de euros (50%)	198,7 bilhões de euros (100%)
Itália	2002	58,6 bilhões de euros (43%)	76,8 bilhões de euros (57%)	135,4 bilhões de euros (100%)
Reino Unido	2004	60,7 bilhões de euros (50%)	61,2 bilhões de euros (50%)	121,9 bilhões de euros (100%)

Fonte: Medeiros, Andrade e Helene (2011).

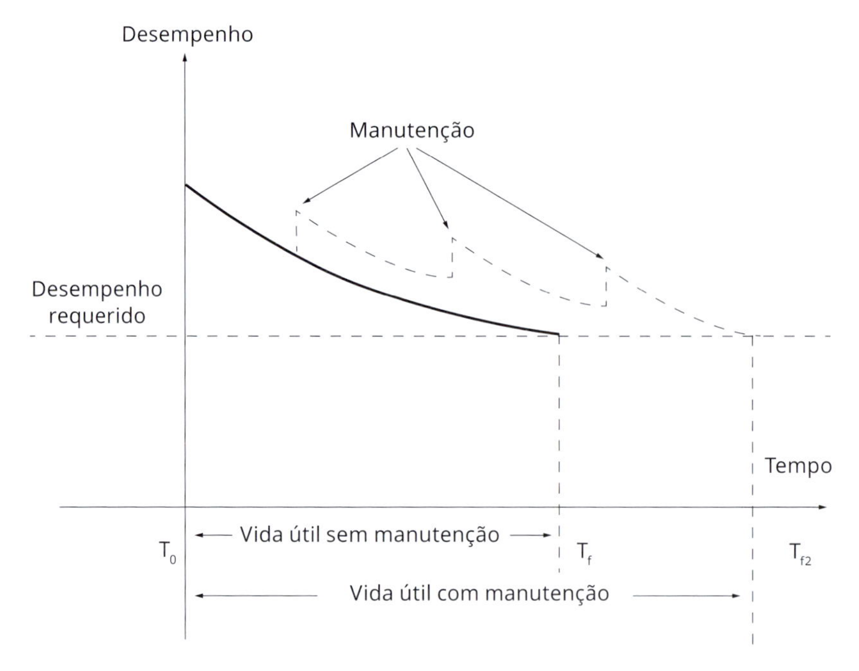

Fig. 1.32 *Desempenho de uma edificação ao longo do tempo*
Fonte: ABNT (2013d).

O manual deve apresentar um programa de manutenção preventiva, cuja elaboração atenda ao disposto na NBR 5674 (ABNT, 2012a). No manual deve também ser indicada a necessidade do usuário ou responsável pela edificação de armazenar os registros produzidos, atestando que a obra foi vistoriada por um profissional capacitado, habilitado e devidamente registrado nos conselhos profissionais competentes. Na necessidade de uma reforma, a NBR 16280 (ABNT, 2014c) deve ser atendida.

No que tange ao programa de manutenção, a NBR 5674 (ABNT, 2012a) explana as atividades essenciais a serem cumpridas em cada manutenção e sua periodicidade, os responsáveis pela execução, os documentos de referência, as normas a serem atendidas e todos os recursos necessários para proceder com tal atividade. Cabe ao proprietário ou representante do condomínio arquivar os registros de contratação tanto do profissional responsável pela inspeção predial cabível quanto dos serviços de manutenção que julgar necessário.

Portanto, evidencia-se que a manutenção pode ser tratada como um conjunto de atividades sistematicamente estabelecidas para preservar ou corrigir a plenitude do desempenho de cada sistema, tal como definido em projeto. Segundo a BS 3811 (BS, 1993), a manutenção é uma combinação de técnicas e medidas administrativas com a finalidade de conservar um item no seu estado ou restabelecer esse estado, no qual possa realizar e cumprir determinada função. A própria NBR 14037 (ABNT, 2014b) destaca que é emergente a importância atribuída pela sociedade às atividades de manutenção de uma edificação como forma de "assegurar a durabilidade e preservação das condições de utilização das edificações durante a sua vida útil de projeto".

A manutenção de cunho preventivo está associada a um custo até cinco vezes menor do que o da manutenção realizada para correção de problemas já instalados no sistema, conforme destaca Helene (2007). A manutenção corretiva de um elemento ou sistema anômalo se torna mais onerosa, quanto mais tardia for a intervenção. Ao passo que, quanto mais cedo for previsto determinado problema na edificação, mais durável, efetiva, fácil e econômica será a intervenção. Essa ideia é representada pela Lei de Sitter (1984), destacada pela Fig. 1.33, que mostra a correlação entre manutenção e custos.

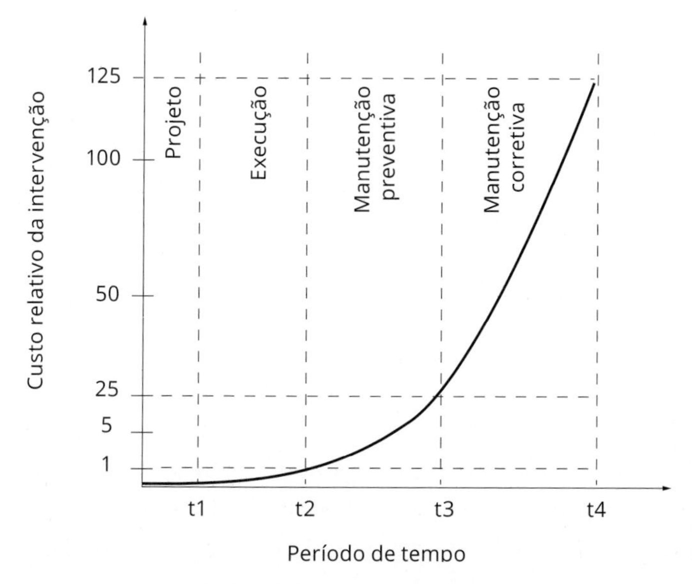

Fig. 1.33 *Lei de Sitter*
Fonte: Sitter (1984).

No entanto, novos paradigmas de manutenção vêm sendo incorporados. Se a manutenção preventiva é empregada pela substituição de uma peça ou sistema, obedecendo à periodicidade do fornecedor, antes de se incidir um problema, a manutenção corretiva é realizada quando já há um problema instalado. A referência da primeira é teórica – a recomendação do fornecedor ou projetista –; a da segunda, indicativa – a evidência de um problema. Outras formas de manutenção, que por vezes se relacionam com os princípios de monitoramento, vêm sendo empregadas, fundamentadas não somente em princípios teóricos ou indicativos, mas também no acompanhamento controlado do desempenho do sistema ao longo do tempo, como as manutenções detectiva e preditiva.

Portanto, a atividade de manutenção pode ser classificada como (I) preventiva, (II) preditiva, (III) detectiva ou (IV) corretiva. A engenharia de manutenção, por fim, representa o estágio mais amplo, contundente e sistêmico do processo de manutenção de uma edificação, otimizando não apenas a vida útil e o desempenho da construção, mas também os recursos aplicáveis e o processo de manutenção como um todo, seja antes, durante ou depois da entrega da obra.

Essa evolução dos processos de manutenção está apresentada na Fig. 1.34. O gráfico, que correlaciona o tipo de manutenção com os resultados obtidos, destaca a otimização dos resultados em cada tipo de ação empregada. Os resultados positivos aumentam à medida que se refinam os critérios adotados para implementação das ações de manutenção.

As características de cada manutenção serão debatidas a seguir.

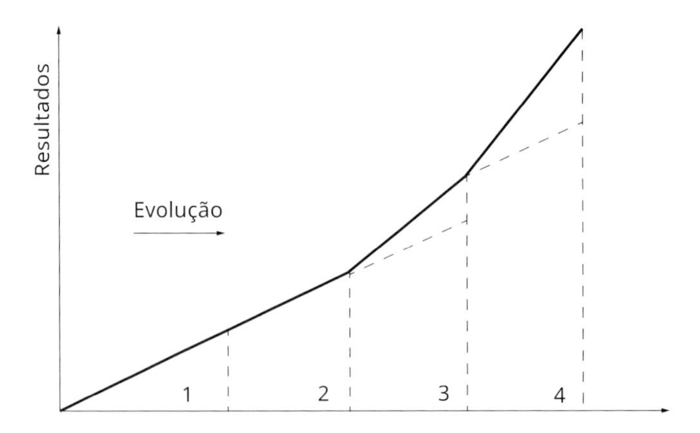

1 – Corretiva
2 – Preventiva
3 – Preditiva e detectiva
4 – Engenharia de manutenção

Fig. 1.34 *Tipos de manutenção* versus *resultados obtidos*
Fonte: adaptado de Kardec e Nascif (2001).

1.4.1 Tipos de manutenção

Manutenção corretiva

A manutenção corretiva é aquela intervenção que visa corrigir um elemento ou sistema no qual se observa a incidência de falha ou desempenho menor que o esperado. Busca-se realizar reparo ou substituição do elemento deficiente, com o objetivo de restabelecer a plena funcionalidade e segurança que lhe fora admitido em projeto.

Por não se tratar somente de uma manutenção de emergência, pode-se dividi-la em planejada e não planejada. A manutenção corretiva planejada é aquela decidida por meio da observação de uma queda do desempenho de algum elemento ou material, não necessariamente após a sua falha, e muitas vezes é definida após manutenções detectivas ou preditivas. Já a manutenção não planejada é aquela fundamentada na falha de algum elemento. A reconstituição do concreto de cobrimento das armaduras de uma estrutura que apresenta indícios de rompimento da sua película passivadora, identificados na manutenção preditiva, é um exemplo de uma manutenção corretiva planejada. Por outro lado, a substituição ou o tratamento das armaduras oxidadas de uma estrutura de concreto armado é um exemplo de uma manutenção corretiva não planejada.

Manutenção preventiva

A manutenção preventiva é a intervenção que visa preservar o desempenho da edificação em algum momento da sua vida útil, evitando a deflagração de anomalias. As intervenções ou manutenções preventivas não são realizadas quando se deflagra algum problema, mas em algum ponto que antecede o surgimento da falha, de forma a preveni-la. Consiste na substituição de peças ou na renovação dos sistemas de proteção, segundo uma periodicidade estabelecida pelo fabricante do produto. Um exemplo de aplicação desse tipo de manutenção é a renovação da pintura de uma edificação.

Manutenção preditiva

A manutenção preditiva é aquela que toma como base o acompanhamento dos parâmetros ou do desempenho de um elemento ou sistema que recebe monitoramento contínuo. Essa manutenção é elaborada de forma sistematizada, exigindo uma análise minuciosa dos resultados coletados ao longo do tempo para a tomada de decisão. É um tipo de manutenção mais fundamentado do que a preventiva, por envolver dados e índices comparativos. Para esse tipo de manutenção, os equipamentos e o sistema analisado devem permitir algum tipo de monitoramento, e as falhas devem ser oriundas de causas que também possam ser monitoradas. Por meio desse monitoramento, a decisão de intervenção é tomada quando o grau de deterioração ou agressão se aproxima ou atinge um limite já definido. O acompanhamento do potencial de corrosão em um elemento estrutural de concreto armado (Fig. 1.35A) e da umidade interna do concreto (Fig. 1.35B) é um exemplo dessa forma de manutenção. As ilustrações referem-se a um plano de manutenção adotado em uma edificação costeira da cidade de Mérida, no México, que recebe monitoramento preditivo para proteger as armaduras dos agentes agressivos do ambiente circundante. Esse trabalho é realizado há anos pelo Cinvestav, de Mérida, sob coordenação do professor Pedro Castro Borges.

Fig. 1.35 *Manutenção preditiva: (A) medição do potencial de corrosão em pilar de concreto armado e (B) medição da umidade interna do concreto*

Por essa edificação estar inserida em um ambiente marinho – altamente agressivo às armaduras –, fios condutores de corrente foram fixados junto às barras metálicas dos elementos estruturais de concreto. Através de um equipamento emissor de corrente elétrica, uma fonte indutora de corrente é fixada junto aos fios, que conduzem a corrente até as armaduras; outra fonte, receptora, é acoplada externamente em uma face adjacente do elemento estrutural. A corrente elétrica induzida percorre a barra, e a sua intensidade é captada pelo receptor. Com esse valor, determina-se a diferença de potencial nos elementos metálicos. A outra ponta do equipamento instalada no elemento permite, por meio da acoplagem de um leitor, a identificação da umidade interna do concreto. De posse desses dados, conclui-se o potencial de corrosão das armaduras metálicas, uma vez que a diferença de potencial e a umidade, além da presença de oxigênio, são circunstâncias fundamentais para a deflagração desse processo de cunho eletroquímico, tal como será visto nos capítulos subsequentes deste livro. Assim, com essas informações, é possível determinar cientificamente o momento de intervir na estrutura.

Esse tipo de manutenção também é comumente usado para monitorar recalques diferenciais em estruturas, por esse problema ter uma evolução lenta.

Manutenção detectiva

A manutenção detectiva tem como objetivo identificar falhas ocultas, não perceptíveis visualmente – em um primeiro momento – pela equipe de manutenção. Os dados são obtidos de forma automatizada, por meio de dispositivos ou sistemas de detecção, geralmente computadorizados. Inclusive, é nesse nível de automatização que se encontra a principal diferença entre a manutenção preditiva e a detectiva: esta se dá de modo automático, enquanto aquela exige uma leitura e interpretação das informações coletadas por parte do operador. É importante ressaltar, além disso, que a manutenção detectiva é pouco frequente no Brasil.

Como exemplo de aplicação desse tipo de manutenção, destaca-se a ponte I-20 (Fig. 1.36), sobre o rio Mississipi, nos Estados Unidos, em cuja estrutura o sistema de monitoramento computacional indicou uma necessidade de intervenção (Nery, 2013), após danos produzidos na ponte pelo impacto de uma balsa junto a seus pilares da ponte, em 2011. Todo esse processo foi realizado de forma automática.

Engenharia de manutenção

A engenharia de manutenção propõe uma atividade muito mais ampla e abrangente do que o tradicional sistema. Ela exige uma postura multidisciplinar, sistêmica e concentrada no controle da qualidade dos processos que contemplam

Fig. 1.36 *Ponte I-20 sobre o rio Mississipi, Estados Unidos*
Fonte: Weatherguy08 (Wikimedia, CC BY-SA 3.0, https://commons.wikimedia.org/w/index.php?curid=10212823).

a construção de uma edificação. A engenharia de manutenção vai além do conceito de substituir peças ou elementos em tempos predeterminados, de forma a preservar o desempenho de uma edificação. Ela atinge desde a etapa de projeto, no estabelecimento de um plano assertivo de manutenção, até a etapa de controle da qualidade da execução e controle dos materiais fornecidos, no acompanhamento das atividades de manutenção produzidas e dos equipamentos e instrumentos empregados para tanto.

1.4.2 Programa de manutenção

O programa de manutenção deve ser elaborado pelo projetista, considerando o manual de uso e operação da edificação. Segundo a NBR 5674 (ABNT, 2012a), o programa de manutenção "consiste na determinação das atividades essenciais de manutenção, sua periodicidade, responsáveis pela execução, documentos de referência, referências normativas e recursos necessários", devendo considerar para a sua elaboração "projetos, memoriais, orientação dos fornecedores e manual de uso, operação e manutenção (quando houver)". As atividades de manutenção a serem realizadas devem ser entregues ao usuário por meio do referido manual, elaborado pelo profissional em obediência à NBR 14037 (ABNT, 2014b). O condomínio deve dispor de um fluxo de documentação, devidamente descrito e aprovado. Trata-se de um roteiro que o responsável legal (proprietário ou condomínio) deve adotar em cada ação de manutenção, pois é uma documentação comprobatória do processo. O fluxo apresentado na Fig. 1.37 é o recomendado pela NBR 5674.

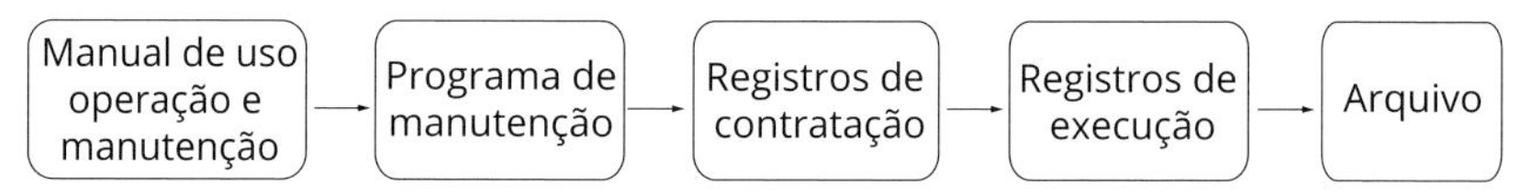

Fig. 1.37 *Fluxo de documentação de um plano de manutenção*
Fonte: ABNT (2012a).

De posse desse manual, o representante legal deve observar o programa de manutenção que a construção deverá cumprir durante a sua vida útil. Cabe a esse responsável arquivar os documentos que atestam a contratação e a respectiva execução dos serviços de manutenção estabelecidos. Cada condômino deve responder individualmente pela manutenção das partes autônomas e o síndico deve responder por essas atividades para as áreas condominiais. Tanto o proprietário quanto o síndico podem delegar a gestão de manutenção a uma empresa ou a um profissional habilitado.

Assim, evidencia-se a importância que o manual de uso, operação e manutenção produzido pelo projetista possui na realização das ações de manutenção e na preservação da integridade da edificação.

2 PATOLOGIA DAS ESTRUTURAS DE CONCRETO

O concreto armado é a solução estrutural mais empregada nas construções brasileiras e em grande parcela das edificações dos principais países do mundo. A sua maior frequência de uso é justificada, principalmente, pelos reduzidos custos envolvidos na sua produção, devidos aos seus materiais constituintes, à mão de obra empregada na etapa de execução e ao tempo despendido de projeto, normalmente inferior ao das estruturas de aço. Com resistências adequadas, aliadas ao monolitismo das vinculações dos elementos, as estruturas de concreto armado permitem soluções mais ousadas do que aquelas concebidas em alvenaria autoportante. Além disso, a frequência de uso, aliada ao interesse em pesquisa do concreto, melhorou a sua compreensão por tecnólogos e projetistas estruturais, reduzindo as incertezas e otimizando seu emprego. Já em termos de durabilidade, a excelente resistência do concreto à água e à agressividade ambiental torna-o a solução estrutural geralmente com menor índice, periodicidade ou custo de manutenção em relação a outras, desde que adequadamente projetada ao ambiente de inserção.

Acreditava-se, antigamente, que o concreto armado era um material eterno, uma vez que apresentava um ótimo comportamento perante o uso e a exposição ao ambiente. Hoje, sabe-se que não é assim. Com o incremento de sua aplicação sobre diversos ambientes e/ou solicitações mecânicas, observou-se que, em certos momentos e sob certas condições específicas, alguns dos componentes que constituem o concreto armado passaram a apresentar mecanismos de deterioração típicos, promovendo uma redução parcial ou total de funcionalidade das peças e acarretando custos de reparo ou manutenção.

Percebeu-se que o concreto armado não era eterno, e que o ambiente o deteriorava de diferentes formas. No Brasil, somente no ano de 2003, com a publicação da nova NBR 6118 que substituiu a versão anterior de 1978 – norma que orienta o projeto das estruturas de concreto –, é que se regulamentou a necessidade de projetar visando a durabilidade, definindo-se classes de agressividade ambiental, como já se fazia em outros países. Tinha-se, naquele momento, e de forma inédita no Brasil, uma norma regulamentadora de projeto estrutural que não se preocupava somente com solicitações e resistências mecânicas, mas também com a durabilidade estrutural.

Compreende-se que as anomalias que se deflagram nas estruturas de concreto não são justificadas apenas por sobrecarga ou dimensionamento inadequado das peças. O ambiente, e seus diversos microclimas, também promove alterações nos materiais, deteriorando-os independentemente da capacidade portante ou carregamento atuante. Essa deterioração, além de agredir o concreto, pode resultar na corrosão das armaduras, com sérios prejuízos ao desempenho estrutural e à segurança física dos usuários, pois pode promover o colapso da edificação.

Dada a grande quantidade de etapas envolvidas na produção dos elementos de concreto, como dosagem, mistura, transporte, lançamento, adensamento e cura, passando por estanqueidade das formas, eficiência dos escoramentos e qualidade dos materiais incorporados, a identificação da origem das manifestações patológicas se torna complexa, exigindo alguma experiência do profissional responsável, aliada a ensaios laboratoriais, para uma correta identificação do problema. Um conhecimento sistêmico das diversas normas regulamentadoras que regem as etapas de projeto, construção e uso das estruturas de concreto se torna essencial, visto que essas normas definem os procedimentos e as limitações dessas atividades, com obrigatoriedades e recomendações.

Todavia, nenhum concreto é, por si só, durável. Sua durabilidade está atrelada a uma série de condicionantes, desde a qualidade das etapas de elaboração até as condições de uso e exposição. Mantida a mesma qualidade do material, a intensidade das agressões ou ações externas é que vai reger a vida útil do sistema estrutural. Obviamente, ambientes mais agressivos tendem a promover um maior risco de deterioração estrutural, cabendo ao projetista antever essa susceptibilidade e projetar a estrutura adequadamente, prevendo os seus períodos de inspeção e manutenção. O profissional bem preparado não tem o dever apenas de recuperar adequadamente, mas também de antever os riscos e proteger a estrutura antes do dano.

A deterioração das estruturas de concreto dificilmente é relacionada a uma única origem. Normalmente, as manifestações patológicas desenvolvidas se justificam com sobreposição de agentes causadores, atuando simultaneamente no sistema estrutural, com sinergia entre condicionantes dos processos de deterioração. O diagnóstico bem feito é determinante no sucesso da intervenção corretiva. No caso de estruturas de concreto armado com estágio avançado de deterioração, a análise da origem e a definição do problema principal podem ser dificultadas pela sobreposição dos mecanismos.

Pode-se citar o exemplo da exposição das barras de aço devido ao desplacamento do concreto de cobrimento, originado pelo mecanismo de corrosão. Esse sintoma pode ter origens diversas, como a espessura insuficiente de cobrimento das armaduras ou, mais especificadamente, o uso de concreto de elevada porosidade, incompatíveis com o ambiente, o que facilita a percolação de agentes agressivos que despassivam as barras e deflagram o processo de corrosão que, expansivo, expele o cobrimento, conforme a Fig. 2.1. Esse cenário também pode ter origem na etapa de execução da estrutura, provocado pela segregação do concreto e/ou pela falta de espaçadores.

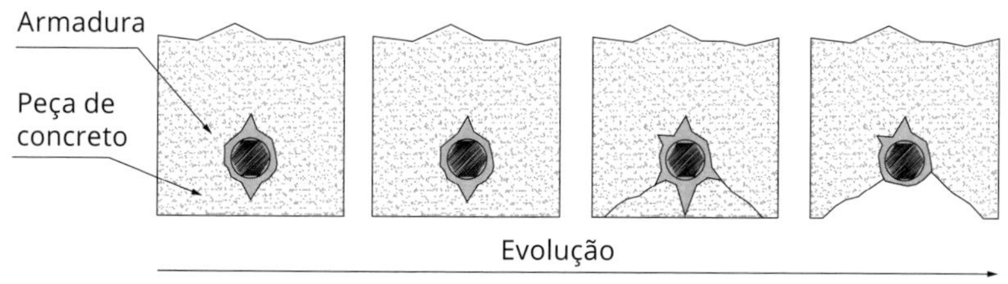

Fig. 2.1 *Diferentes fases do mecanismo de corrosão de armaduras*
Fonte: Helene (2000).

Por outro lado, admitindo que todos os itens anteriores sejam controlados, a corrosão pode ter origem nas fissuras desenvolvidas no concreto, como as produzidas por sobrecargas não previstas em projeto, erros no cálculo (subdimensionamento, verificação equivocada do estado-limite de serviço etc.) e/ou instalação errada das armaduras na etapa de construção das peças. Essas fissuras podem ser originadas por esforços excessivos de tração, como os produzidos na flexão, deflagrando fissuras que podem expor as barras diretamente ao ambiente, comprometendo a passivação das mesmas e propiciando o desenvolvimento de mecanismos de corrosão que, em estágio avançado, podem vir a promover o colapso da estrutura, conforme Fig. 2.2.

Em ambos os casos, a manifestação patológica é a mesma: exposição das armaduras e corrosão eletroquímica, com ou sem desplacamento do concreto de cobrimento. Todavia, as origens são distintas e podem atuar simultaneamente, como no caso da peça em que atua a sobrecarga e já há processo de corrosão instaurado. Parece claro que os diagnósticos serão diferentes, bem como prognóstico, profilaxia e terapia. Nesse exemplo, caso o patólogo não identifique a sobrecarga, por meio de análise crítica do projeto, ele fará uma mera correção estética. Nesse cenário não desejado, a estrutura está sob risco, trabalhando com um coeficiente de segurança menor e com o agravante de, estando esteticamente recuperada, os seus sintomas estarem escondidos. Isso dificulta a identificação

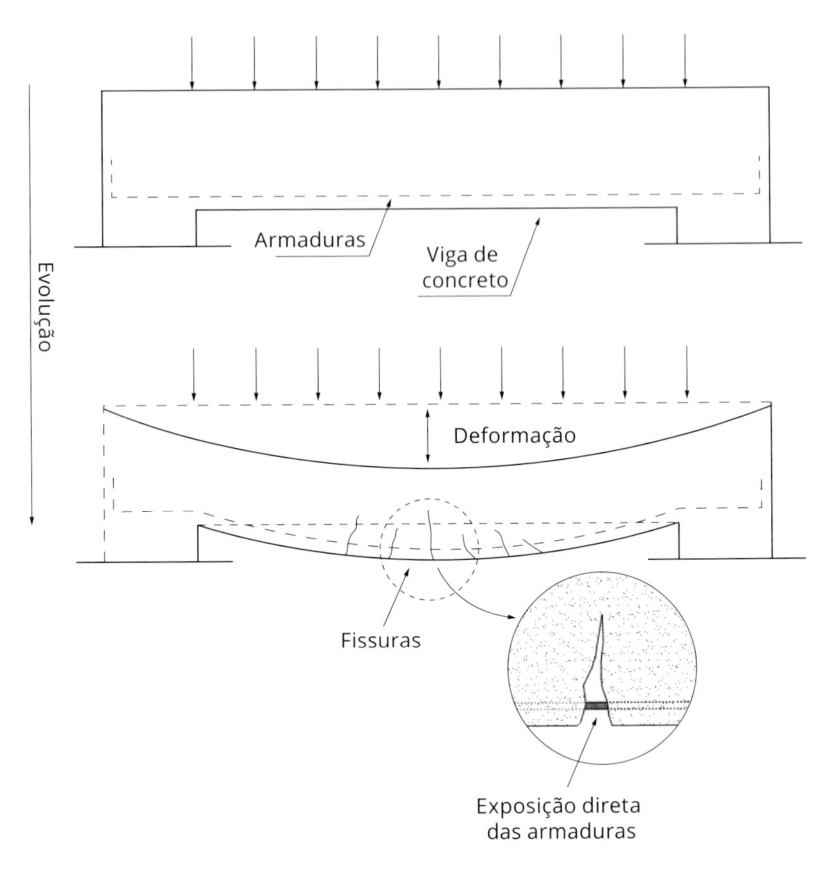

Fig. 2.2 *Corrosão devida à exposição direta da armadura ao ambiente causada pela formação de fissura de cunho mecânico*

da evolução eventual do problema. A esse respeito, o que foi feito é a chamada "maquiagem", ou seja, o problema foi ocultado, mas não resolvido. Nada pode ser pior do que um diagnóstico mal feito.

Normalmente, medidas iguais às desse exemplo podem ser adotadas voluntária ou involuntariamente, por desconhecimento ou redução de custos. Isso traz um risco à sociedade. O profissional deve ter ciência do crime que comete ao propor medidas dessa natureza.

Silva Filho (1994) toma como exemplo o caso de pilares de pontes submersos em água do mar, degradados por mecanismos de corrosão das armaduras, como ilustra a Fig. 2.3. Nesse caso, o autor cita que esse processo de deterioração pode ter se iniciado devido aos íons cloreto presentes nessas águas, acrescidos do processo expansivo da cristalização dos sais nas regiões de variação de maré.

Para produzir um diagnóstico eficiente, o profissional deve levantar dados para justificar o tipo de deterioração – ou o conjunto de deteriorações – que se desenvolveu no elemento, criando ferramentas para propor uma intervenção definitiva.

Fig. 2.3 *Pilar de concreto armado de ponte com avançado estágio de deterioração e corrosão de armaduras*

Fonte: Hartt (2014).

2.1 Mecanismos de deterioração

Os mecanismos de deterioração podem ser separados em químicos, físicos e biológicos, como já foi explicado no Cap. 1. A seguir, detalham-se os pontos importantes desses mecanismos para as estruturas de concreto.

2.1.1 Mecanismos químicos de deterioração

Chamam-se mecanismos químicos de deterioração aqueles processos que promovem alteração química dos compostos hidratados da pasta de cimento Portland, oriundos do contato do concreto com agentes agressivos. Esses agentes têm origem no meio ambiente, como os litorâneos e os industriais, ou na própria produção do concreto, a partir do uso de aditivos inadequados ou agregados contaminados incorporados na mistura. Pelo fato de o produto final da reação química poder ser expansivo, em alguns casos o mecanismo é encarado como um processo físico-químico de deterioração, como no caso da reação álcali-agregado.

A principal consequência desse mecanismo é a transformação dos compostos hidratados da pasta de cimento em novos produtos, solúveis ou insolúveis, algumas vezes expansivos, o que altera irreversivelmente a composição e a estrutura química do concreto, modificando suas propriedades mecânicas e físicas, além de sua aparência. Por essa irreversibilidade das transformações, a recuperação e o reparo das estruturas com elevados índices de contaminação, quando possível, possuem alta complexidade e custo. A reação química está entre os mais importantes mecanismos de danos às estruturas de concreto armado e protendido.

Os agentes agressivos provenientes do meio externo agridem as armaduras das peças de concreto armado, podendo alterar as propriedades do material que as circunda. Em alguns casos, como o dos íons cloreto, primeiramente há o ingresso e a percolação dos agentes pelos poros do concreto até a superfície das barras, iniciando, sob certas condições, o processo de corrosão do aço. Como consequência, há a formação de fissuras na superfície da peça, devido à expansão diametral das barras. As modificações no concreto são, nesse caso, secundárias. Outros agentes químicos podem agredir primeiro o concreto, gerando fissuras ou reduzindo sua alcalinidade. É o caso do gás carbônico presente no ar, que produz a carbonatação do concreto e, sem modificá-lo mecanicamente, consome compostos hidratados que preservam a passivação das armaduras. Como consequência, as barras ficam susceptíveis à corrosão que, nesse caso, é um fenômeno secundário. Já os sulfatos agridem diretamente o concreto, fissurando-o e comprometendo suas propriedades.

Para cada ambiente quimicamente agressivo, a deterioração se desenvolverá de forma distinta sobre um ou outro componente do concreto armado. Por isso, faz-se necessária a separação entre os meios agressivos ao concreto e os meios agressivos às armaduras.

Os agentes agressivos ao concreto simples são os ácidos, sulfatos e álcalis e, ao concreto armado, os íons cloreto e o gás carbônico. Os principais agentes agressivos que podem levar à deterioração da armadura não são diretamente agressivos ao concreto, isto é, não lhe proporcionam transformações significativas que repercutam no seu desempenho mecânico. Por outro lado, os principais agentes agressivos ao concreto geram processos expansivos e podem destruir o cobrimento das armaduras, atacando primeiramente o concreto, mas na sequência deixando as armaduras desprotegidas e susceptíveis a ataques de outros agentes.

Cabe ressaltar que o ingresso dos agentes no interior da peça se dá através dos poros do concreto. A densidade e a homogeneidade desse material são fatores preponderantes na análise, e a quantidade de poros do concreto é a condição fundamental para as agressões ocorrerem. Porém, o fator mais relevante, além da existência de poros, é ter-se interconectividade entre eles. Sem uma conexão entre os poros, os agentes ingressam no interior da peça muito lentamente, visto que a continuidade do transporte dos agentes ao interior do elemento é interrompida.

Caso determinado concreto que compõe uma estrutura apresente um índice de poros maior do que o do concreto de outra, mas com menor interconectividade entre poros, pode ocorrer que o primeiro seja menos propenso ao ataque do que o segundo. A Fig. 2.4A mostra o caso de um concreto de alta porosidade e baixa interconectividade entre poros, ou seja, menor difusividade. Já a Fig. 2.4B ilustra um concreto de menor porosidade e alta interconectividade entre poros, ou seja, maior difusividade. O segundo concreto é mais susceptível ao ingresso de agentes agressivos do que o primeiro, tornando-se mais vulnerável à ação do meio ambiente, como a entrada de água ou gases potencialmente agressivos.

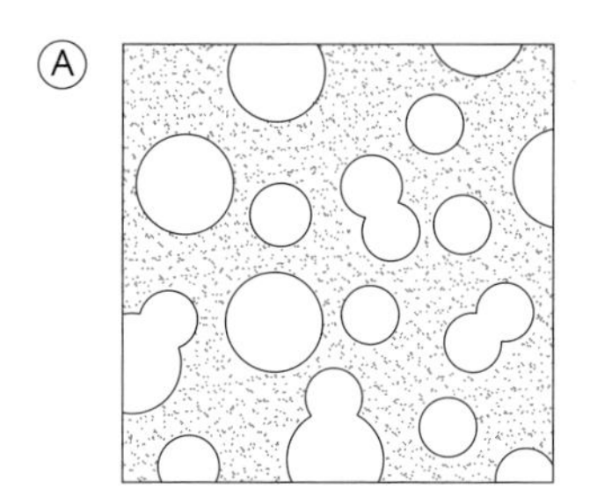

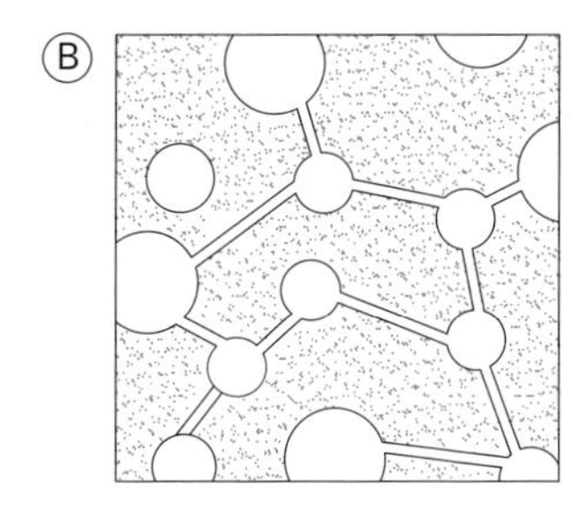

Fig. 2.4 *Concreto de (A) grande porosidade e baixa interconectividade entre poros e (B) baixa porosidade e grande interconectividade entre poros*

Quando a relação água/cimento é alta e o grau de hidratação é baixo, a pasta provavelmente terá porosidade capilar alta. Citam Mehta e Monteiro (2014) que, nesse caso, a pasta possuirá um número significativo de poros grandes e bem conectados, culminando em uma difusividade alta. Os autores explicam que a descontinuidade da rede capilar se dá quando a porosidade capilar é de cerca de 30%. Nos concretos com relação água/cimento de 0,4, 0,5, 0,6 e 0,7, esse percentual é atendido em diferentes idades. Como os concretos convencionais raramente ultrapassam uma relação de 0,7, em teoria não deveria ser a pasta de cimento a origem dos problemas relativos à durabilidade. A difusividade do agregado também contribui, mas esta geralmente é menor do que a da pasta. Por esse motivo, as normas de projeto, de forma geral, definem parâmetros mínimos de qualidade do concreto em função do ambiente de inserção da estrutura, fixando relações água/cimento máximas.

O coeficiente de difusão iônica é determinante na análise da durabilidade estrutural. Expressando a difusividade do concreto, o coeficiente representa a taxa de difusão dos íons nos poros preenchidos por água. Para Mehta e Monteiro (2014), a definição da difusividade é complexa devido à dificuldade de determinação da capacidade de transporte de certo fluido, dadas as microfissuras que o material possui.

Ollivier e Torrenti (2014) destacam que o coeficiente de difusão iônica pode ser melhorado por meio do emprego de adições minerais ou de cimentos binários ou ternários. No que tange às adições, o efeito destas só é benéfico quando se adota uma cura por um período adequado.

Na sequência, são apresentadas algumas correlações normativas feitas entre o ambiente de construção e os requisitos de projeto mínimos. Também são apresentadas normas brasileiras que regem o processo e as principais normas de projeto do mundo, para efeito de comparação e análise crítica.

Meio ambiente e os requisitos de projeto brasileiros

No Brasil, os requisitos mínimos de durabilidade de projeto remetem à qualidade do concreto empregado e à espessura de cobrimento das armaduras. Os parâmetros estão correlacionados ao ambiente em que a estrutura será construída e em função da agressividade que ocorrerá ao longo de sua vida útil. A NBR 6118 (ABNT, 2014a) e a NBR 12655 (ABNT, 2015b) são as normas nacionais que apresentam e orientam esse critério.

A NBR 6118 separa o ambiente em classes de agressividade ambiental (CAA), conforme mostra o Quadro 2.1, estando relacionada de forma indireta aos mecanismos químicos de deterioração do concreto, independentemente dos esforços mecânicos e térmicos e das ações físicas atuantes.

Quadro 2.1 Classes de agressividade ambiental segundo a NBR 6118

CAA	Agressividade	Ambiente	Risco de deterioração	Agente principal[d]
I	Fraca	Rural Submerso	Insignificante	CO_2 (*menor* concentração)
II	Moderada	Urbano[a,b]	Pequeno	CO_2 (*maior* concentração)
III	Forte	Marinho[a] Industrial[a,b]	Grande	Cl^- (*menor* concentração)
IV	Muito forte	Industrial[a,c] Respingos de maré	Elevado	Cl^- (*maior* concentração), ácidos e sulfatos

[a] Pode-se admitir um microclima de agressividade mais branda (uma classe acima) para ambientes internos secos (salas, dormitórios, banheiros, cozinhas e área de serviço de apartamentos residenciais e conjuntos comerciais) ou ambientes com concreto revestido com argamassa e pintura.
[b] Pode-se admitir uma classe de agressividade mais branda (uma classe acima) em obras em regiões de clima seco, com umidade relativa do ar menor ou igual a 65%, partes da estrutura protegidas da chuva em ambientes predominantemente secos ou regiões onde raramente chove.
[c] Ambientes quimicamente agressivos, tanques industriais, galvanoplastia, branqueamento em indústrias de celulose e papel, armazéns e fertilizantes, indústrias químicas.
[d] Essa coluna não consta na NBR 6118.

Fonte: modificado de ABNT (2014a).

A proposta de divisão do ambiente em classes pelas NBRs 6118 e 12655 é atrelada aos mecanismos químicos de deterioração do concreto armado, como o gás carbônico, no caso das classes I e II, e dos íons cloreto, ácidos e sulfatos, como no caso das classes III e IV. Esses mecanismos serão discutidos oportunamente neste livro.

A Tab. 2.1 apresenta os requisitos do concreto e mostra que, quanto maior a agressividade do meio, menor a relação água/cimento máxima e maior a f_{ck} mínima de projeto. Os requisitos buscam reduzir a difusividade e porosidade do concreto, tornando-o menos susceptível ao ingresso e à percolação de agentes agressivos no seu interior.

Tab. 2.1 Parâmetros mínimos do concreto segundo a agressividade do ambiente

Especificação concreto	Tipo	Classe de agressividade			
		I	II	III	IV
Relação água/cimento	Concreto armado	≤ 0,65	≤ 0,60	≤ 0,55	≤ 0,45
	Concreto protendido	≤ 0,60	≤ 0,55	≤ 0,50	≤ 0,45
Classe de concreto	Concreto armado	≥ C20	≥ C25	≥ C30	≥ C40
	Concreto protendido	≥ C25	≥ C30	≥ C35	≥ C40

Fonte: adaptado de ABNT (2014a, 2015b).

Além desses parâmetros, a NBR 6118 prevê a necessidade de serem respeitados os cobrimentos nominais mínimos, ou seja, cobrimentos reais acrescidos de tolerância de execução (ΔC) de 10 mm, conforme a Tab. 2.2. A tolerância de execução, ou ΔC, é a margem de erro aceitável para uma execução convencional. A própria norma permite a redução do ΔC quando se tiver um controle adequado da produção, como no caso de elementos pré-fabricados. Cabe destacar que esse cobrimento é a distância entre a superfície da armadura externa, normalmente a superfície do estribo, e a face externa do elemento de concreto.

Os requisitos mínimos de projeto, em termos de durabilidade, devem ser aumentados para elementos em contato com o solo na CAA I, apenas. Porém, caso esses elementos sejam pilares, a alínea d especifica o cobrimento nominal em 45 mm para todas as classes, pois o terreno pode ter alguma contaminação ou grau de umidade, tornando a região enterrada susceptível a uma maior degradação química. A Fig. 2.5 mostra o detalhe de um pilar de uma estrutura em CAA II, de cobrimento nominal de 30 mm para a estrutura como um todo e de 45 mm para a região de interface entre o solo e a fundação. Observa-se que, na transição de dimensão do pilar, é proposto um caimento, minimizando o acúmulo de água naquele ponto, fato que poderia comprometer sua durabilidade.

Tab. 2.2 Relação entre a classe de agressividade ambiental e o cobrimento nominal, para $\Delta C = 10mm$

Tipo de estrutura	Componente ou elemento	Classe de agressividade ambiental (CAA)			
		I	II	III	IV[c]
		Cobrimento nominal (mm)			
Concreto armado	Laje[b]	20	25	35	45
	Viga/pilar	25	30	40	50
	Elementos em contato com o solo[d]	30		40	50
Concreto protendido[a]	Laje	25	30	40	50
	Viga/pilar	30	35	45	55

[a] Cobrimento nominal da bainha ou dos fios, cabos e cordoalhas. O cobrimento da armadura passiva deve respeitar os cobrimentos para concreto armado.

[b] Para a face superior de lajes e vigas que serão revestidas com argamassa de contrapiso, com revestimentos finais secos tipo carpete e madeira, com argamassa de revestimento e acabamento, como pisos de elevado desempenho, pisos cerâmicos, pisos asfálticos e outros, as exigências desta Tabela 2 podem ser substituídas pelas de 7.4.7.5, respeitando um cobrimento nominal ≥ 15 mm.

[c] Nas superfícies expostas a ambientes agressivos, como reservatórios, estações de tratamento de água e esgoto, condutos de esgoto, canaletas de efluentes e outras obras em ambientes química e intensamente agressivos, devem ser atendidos os cobrimentos da classe de agressividade IV.

[d] No trecho dos pilares em contato com o solo junto aos elementos de fundação, a armadura deve ter cobrimento nominal ≥ 45 mm.

Fonte: ABNT (2014a).

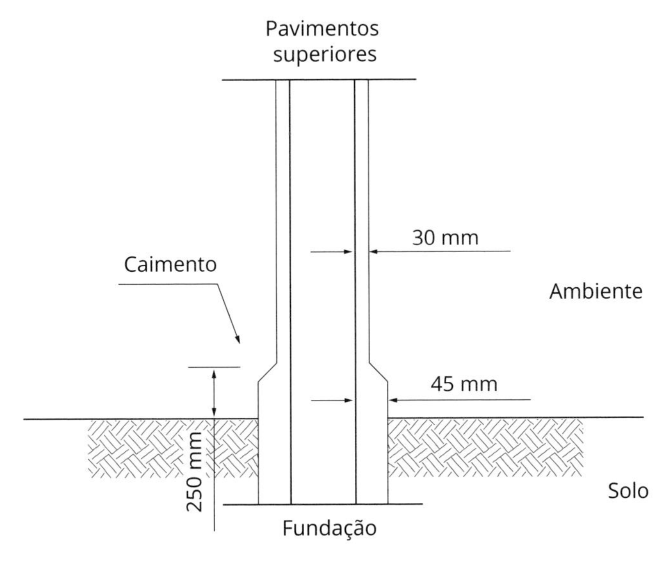

Fig. 2.5 *Detalhe dos cobrimentos de um pilar em contato com o solo: construção de uma "bota" mais resistente*

Medidas específicas de projeto permitem reduzir espessuras de cobrimento recomendadas pela norma. A alínea *b* da Tab. 2.2, por exemplo, indica que, no caso de lajes e vigas, os revestimentos em argamassa ou cerâmicos aplicados na superfície superior das peças são medidas que promovem uma barreira em face dos agentes agressivos do ambiente. Isolar a superfície da estrutura do contato direto com a água da chuva, ou mesmo construí-la em regiões com umidade relativa do ar mais baixa, reduz a potencialidade de uma degradação química das peças, como descrito nas alíneas *a* e *b* do Quadro 2.1. Essas soluções fazem com que o microclima que cerca a peça seja menos agressivo, tornando-a menos propensa às agressões do meio.

As Figs. 2.6 e 2.7 apresentam, respectivamente, um projeto geométrico de formas e o detalhe em corte de uma estrutura de concreto armado convencional, para servir de exemplo didático das possibilidades de redução que a NBR 6118 adota. Essas possibilidades, apesar de otimizarem o projeto, tornam a execução mais complexa, demorada e susceptível a erros de interpretação. Os critérios de redução das espessuras de cobrimento da norma devem ser analisados com coerência e bom senso.

O item 7.4.7.4 da NBR 6118 (ABNT, 2014a) propõe que, caso seja adotado um controle rígido de qualidade na execução da estrutura, o limite de tolerância (ΔC), intrínseco aos cobrimentos apresentados na Tab. 2.2, pode ser reduzido em 5 mm. No entanto, a norma destaca que a exigência de controle rigoroso deve ser explicitada nos desenhos de projeto. Alguns projetistas costumam usar uma nota em cima do selo das pranchas, indicando a exigência requerida. Como se observa, essa recomendação pode remeter a uma transferência de responsabilidades. Se, por um lado, o projetista deseja que seu projeto tenha menor custo final, possuindo elementos mais esbeltos, muitas vezes por exigência e/ou pressão

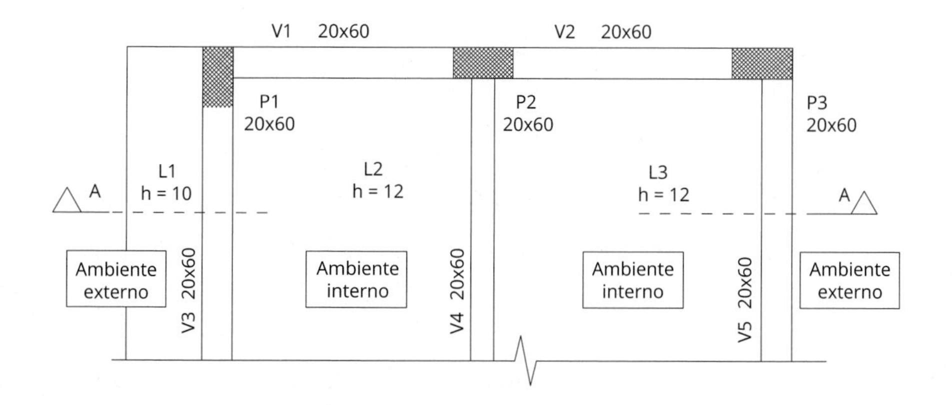

Fig. 2.6 *Projeto geométrico de formas de uma estrutura hipotética*

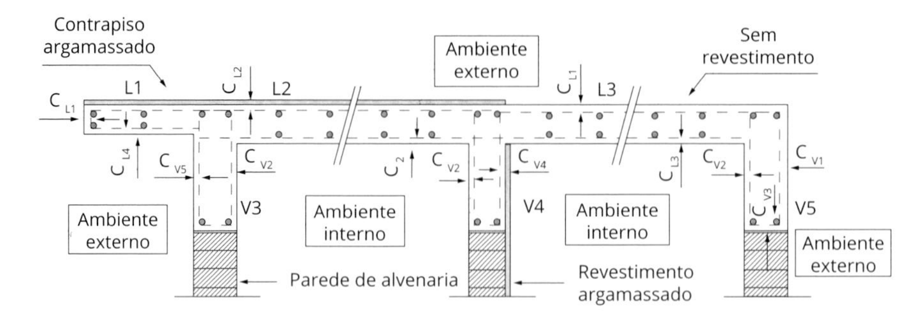

C_{L1} = 25 mm – lajes (ambiente)
C_{L2} = 15 mm – lajes (ambiente externo, revestido com contrapiso argamassado)
C_{L3} = 20 mm – lajes (ambiente interno, uma classe de agressividade ambiental acima)*
C_{L4} = 20 mm – lajes (ambiente externo protegido da chuva, uma classe de agressividade ambiental acima)*
C_{V1} = 30 mm – vigas (ambiente externo)
C_{V2} = 25 mm – vigas (ambiente interno, um nível acima)
C_{V3} = 15 mm – vigas (ambiente externo, protegido com revestimento seco)
C_{V4} = 15 mm – vigas (ambiente interno, protegido com revestimento seco)
C_{V5} = 25 mm – vigas (ambiente externo protegido da chuva, uma classe de agressividade ambiental acima)*

*Apenas se o ambiente for predominantemente seco, com umidade relativa do ar normalmente < 65%.

Fig. 2.7 *Corte AA e os cobrimentos nominais de armaduras de uma edificação na CAA II*

do contratante e investidor, por outro, ele exige do executor maior minúcia na produção da estrutura.

Ressalta-se ainda que o termo controle rigoroso não está definido em norma brasileira e, portanto, não há como aplicar esse conceito em uma estrutura de concreto, pois ainda não se sabe do que efetivamente se trata. Não há como contratar uma empresa terceirizada para fazer um controle rigoroso, visto que é um tema puramente subjetivo. Indicar isso em um projeto estrutural, em prancha, é uma verdadeira vontade de exercer o famoso ditado "me engana que eu gosto". O projetista escreve no carimbo, mas não sabe definir o que significa; já o construtor lê a informação e acha curioso, não sabe efetivamente do que se trata, mas tem absoluta certeza que faz todas as suas obras em regime de controle rigoroso. Os autores deste livro entendem que se trata de uma expressão que necessita ser revista em norma ou caracterizada.

É importante salientar que essa redução do ΔC deve ser analisada de modo sistêmico pelo projetista, ou seja, uma medida a ser adotada com responsabilidade e coerência. Os autores deste livro entendem que, nas estruturas moldadas *in loco*, variações de cobrimento maiores do que 5 mm são facilmente notadas – sobretudo em armaduras de menor diâmetro, como de 5 mm e 6,3 mm – devido ao próprio processo de execução de alguns elementos. No caso das lajes, por exemplo, operadores pisam nas armaduras já posicionadas (Fig. 2.8A), o que torna essa exigência improvável de ser atendida de forma absoluta, isto é, em todos os pontos de todos os elementos estruturais constituintes. Esse rigorismo de controle destacado por norma só seria possível de ser obtido em estruturas feitas em indústria, com formas estanques e processo de produção controlado, como na pré-fabricação (Fig. 2.8B). Mesmo assim, isso ainda é discutível.

Fig. 2.8 *Concretagem de estrutura de concreto armado (A) em obra e (B) na indústria*

Para que a espessura de cobrimento propicie a proteção física e química das armaduras, é fundamental que o concreto não possua fissuras de maiores dimensões. O concreto fissurado permite o ingresso de agentes agressivos no interior da peça estrutural, normalmente carregados pela água ou pelo ar, aumentando a probabilidade de corrosão das armaduras. Apesar de desejável, todavia, é muito improvável que uma peça de concreto seja isenta de fissuras – elas são inerentes ao concreto tensionado. Toda a peça de concreto, em maior ou menor magnitude, possuirá algum tipo de fissura.

GjØrv (2009) cita que, apesar dessa influência das fissuras na probabilidade de corrosão das armaduras, é complexo definir uma correlação direta e precisa entre esses fatores e o início da corrosão. As normas de projeto adotam simplificações nesse tipo de análise, definindo aberturas máximas de fissuras admissíveis.

A NBR 6118 estabelece uma abertura máxima característica w_k das fissuras no concreto com valores compreendidos entre 0,1 mm e 0,4 mm para estruturas de concreto armado (exceto o protendido), em função da classe de agressividade ambiental, conforme Tab. 2.3. Essa análise é feita considerando, além do estado de tensão das armaduras e do espaçamento entre elas, uma combinação adequada das ações atuantes, analisada no estado de serviço (ELS-W: estado-limite de abertura das fissuras).

Quando o projeto estrutural não respeitar o conjunto de requisitos mínimos, a durabilidade da estrutura de concreto armado estará comprometida. A execução da estrutura também deve ser controlada para que os requisitos de projeto sejam atendidos segundo a NBR 14931 (ABNT, 2004), a NBR 12655 (ABNT, 2015b) e normas complementares, com requisitos mínimos de qualidade dos materiais, formas, escoramentos, montagem, concretagem, cura, controle de cobrimento, entre outros.

Tab. 2.3 Exigências de durabilidade relacionadas à fissuração e à proteção da armadura

Tipo de concreto estrutural	Classe de agressividade ambiental	Exigências relativas à fissuração	Combinação de ações em serviço a utilizar
Concreto simples	CAA I e CAA IV	Não há	-
Concreto armado	CAA I	ELS-W $w_k \leq 0{,}4$ mm	Combinação frequente
	CAA II e CAA III	ELS-W $w_k \leq 0{,}3$ mm	
	CAA IV	ELS-W $w_k \leq 0{,}2$ mm*	

*Os autores recomendam que, no caso de elementos susceptíveis à pressão de vapor de água (reservatórios, dutos, algumas piscinas etc.), esse limite seja igual a $w_k = 0{,}1$ mm.

Fonte: adaptado de ABNT (2014a).

Fatores como a direção do sol e do vento e a geometria da peça, não considerados no ambiente e nas definições de projeto, também influenciam diretamente o ataque aos elementos. Todavia, esses itens ainda não são considerados em normas, pois a admissão dessas variáveis acarretaria uma dificuldade sem precedentes no ato de projetar.

Apesar de as NBRs 6118 e 12655 não exporem o tempo de vida útil atendido com a adoção desses parâmetros em projeto, estima-se que uma vida útil de 50 anos seja cumprida, mantido o plano de manutenção definido. O tempo de retorno das ações variáveis, praticadas pela NBR 8681 (ABNT, 2003), e da aerodinâmica, originada da NBR 6123 (ABNT, 1988), considera o prazo de 50 anos. Em um primeiro momento, isso se torna um problema, uma vez que a NBR 15575 (ABNT, 2013d) estabelece para a estrutura de concreto três níveis de desempenho: mínimo, intermediário e superior, com uma vida útil de projeto mínima de 50, 63 e 75 anos, respectivamente. Logo, os projetos para os níveis de desempenho intermediário e superior não possuem, no âmbito nacional, normas que orientem como atingir esses prazos. Atualmente, isso sequer tem sido discutido nos comitês de revisão das normas de projeto; portanto, a tendência é que não ocorram de imediato alterações dessa natureza. Trabalhos como o de Bolina e Tutikian (2014) já propõem uma ampliação dos requisitos de durabilidade de projeto da NBR 6118 aos novos requisitos de desempenho, superiores ao mínimo.

Os documentos IS 456 (IS, 2000) e ACI 318 (ACI, 2008) também se omitem quanto à vida útil de projeto.

Nota-se que, no caso brasileiro, há uma clamante necessidade de integração entre todas as normas regulamentadoras correlatas às estruturas de concreto armado.

Meio ambiente e os requisitos de projeto nos principais países

Diferentemente da norma regulamentadora brasileira, a FIB *Bulletin nº* 203-205 de 1990 (FIB, 1991), da França, faz uma abordagem mais ampla desse tema, evidenciando que os critérios de durabilidade admitidos no projeto devem contemplar (I) geometria da peça estrutural, (II) qualidade do concreto, (III) refino no detalhamento estrutural, (IV) controle da fissuração e (V) plano de manutenção. A regulamentação destaca que as formas estruturais complexas tendem a propiciar o acúmulo de agentes agressivos em determinados locais, além de dificultar a manutenção.

A EN 206-1 (EN, 2000), norma europeia ou Eurocode, na sua proposta de definição dos ambientes agressivos às estruturas de concreto, propõe uma relação entre o mecanismo e as causas da provável anomalia, dividindo-as em níveis de severidade, de 0 a 4, normalmente atrelados às condições de umidade e ao grau de intensidade de cada microclima do mesmo ambiente de exposição. Os ambientes se apresentam sob a forma de grupos, separados nas classes X, XC, XD, XS, XF e XA.

A classe de agressividade ambiental X é quando não há risco de corrosão; a classe XC é utilizada para os casos em que a corrosão é induzida por carbonatação; a classe XD, para corrosão induzida por íons cloreto não provindos do mar; a classe XS, quando a corrosão é por íons cloreto originados do mar; já a classe XF remete às estruturas submetidas a condições de gelo e degelo; e a classe XA é utilizada para os casos com ataques químicos ao concreto, provocados, por exemplo, por sulfatos e ácidos. O Quadro 2.2 apresenta de modo mais detalhado essa listagem.

A norma britânica BS 8500-1 (BS, 2015), que complementa a EN 206-1 (EN, 2000), também propõe uma classificação ambiental em classes. Para cada ambiente de exposição, é criada uma subclassificação, a qual caracteriza a intensidade da agressividade que o elemento sofre, variando na magnitude de 1 a 4. A norma propõe que uma vida útil de 100 anos seja atendida com o cumprimento dos parâmetros de projeto estabelecidos, que são: relação água/cimento, resistência à compressão, consumo de cimento e espessura de cobrimento. A IS 456 (IS, 2000), norma indiana, preconiza esses mesmos parâmetros de projeto.

A ACI 318 (ACI, 2008), documento americano, tem uma abordagem na mesma linha da EN 206-1 (EN, 2000) quanto à classificação dos ambientes agressivos. Os ambientes são divididos em classes ou categorias que remetem às causas e

Quadro 2.2 Classes de agressividade ambiental segundo a EN 206-1

Classe	Nível	Descrição
X	0	CS em todas as exposições, exceto em ataque químico e ações de gelo e degelo. CA em meio ambiente seco
		Ambiente: seco, umidade baixa
XC	1	CA permanentemente submerso ou inserido em local interno na edificação
		Ambiente: submerso ou seco
	2	CA em contato quase permanente com águas. Elementos de fundações
		Ambiente: seco, raramente úmido
	3	CA em ambiente externo, protegido das chuvas. CA em ambiente interno
		Ambiente: umidade moderada
	4	CA em contato quase permanente com água, em condições distintas das de XC2
		Ambiente: ciclos de molhagem e secagem
XD	1	CA exposto a íons cloreto ao ar
		Ambiente: umidade moderada
	2	CA exposto a águas industriais contendo íons cloreto
		Ambiente: seco, raramente úmido
	3	Ciclos de molhagem e secagem ou exposto a névoas salinas
		Ambiente: ciclos de molhagem e secagem

Classe	Nível	Descrição
XS	1	CA próximo à névoa salina
		Ambiente: qualquer ambiente, desde que sem contato com água
	2	Estruturas em ambiente marinho
		Ambiente: submerso
	3	Estruturas em ambiente marinho
		Ambiente: diretamente exposto à névoa salina
XF	1	Estruturas verticais expostas a congelamento e chuva, sem contato com agentes de degelo
		Ambiente: saturação moderada
	2	Estruturas verticais ou pavimentos de CA, tendo contato com agentes de degelo
		Ambiente: saturação moderada
	3	Estruturas horizontais expostas a congelamento e chuva, sem contato com agentes de degelo
		Ambiente: saturação elevada
	4	Estruturas de pontes ou marinhas em geral sujeitas à névoa salina e agentes de degelo
		Ambiente: saturação elevada
XA	1	Estruturas inseridas em ambiente quimicamente agressivo
		Ambiente: contaminação leve
	2	Estruturas inseridas em ambiente quimicamente agressivo
		Ambiente: contaminação moderada
	3	Estruturas inseridas em ambiente quimicamente agressivo
		Ambiente: contaminação alta

Legenda:
CA: concreto armado
CS: concreto simples

Fonte: adaptado de EN (2000).

aos mecanismos de deterioração dessas estruturas, sendo separados em níveis de acordo com a severidade do meio. As categorias são nomeadas F, S, C e P. A categoria F é válida para concretos de ambientes externos submetidos a ciclos de gelo e degelo; a categoria S remete aos meios contaminados por sulfatos; a categoria C, aos ambientes onde os agentes podem induzir à corrosão; e a categoria P, à porosidade dos concretos em contato com a água. A Tab. 2.4 apresenta essa classificação.

Tab. 2.4 Classes de agressividade ambiental segundo a ACI 318

Classe	e nível	Descrição	Classe	e nível	Descrição
F	0	CA não submetido a condições de gelo e degelo	P	0	Concreto de elevada porosidade
		Ambiente: não faz menção			Ambiente: úmido
	1	CA submetido às condições de gelo e degelo		1	Concreto de baixa porosidade
		Ambiente: raramente úmido			Ambiente: úmido
	2	CA submetido às condições de gelo e degelo	S	0	SS: $SO_4 < 0{,}10$ SD: $SO_4 < 150$
		Ambiente: constantemente úmido			Ambiente: não faz menção
	3	CA submetido às condições de gelo e degelo		1	SS: $0{,}10 < SO_4 < 0{,}20$ SD: $150 < SO_4 < 1.500$
		Ambiente: idem ao nível 2 + agentes de degelo			Ambiente: não faz menção
C	0	CA em ambientes vulneráveis à corrosão das armaduras		2	SS: $0{,}20 < SO_4 < 2{,}00$ SD: $1.500 < SO_4 < 10.000$
		Ambiente: seco			Ambiente: não faz menção
	1	CA em ambientes vulneráveis à corrosão das armaduras		3	SS: $SO_4 > 2{,}00$ SD: $SO_4 > 10.0000$
		Ambiente: úmido, sem íons cloreto			Ambiente: não faz menção
	2	CA em ambientes vulneráveis à corrosão das armaduras			Legenda: CA: concreto armado CS: concreto simples SS: sulfato solúvel na água ou no solo (% em massa) SD: sulfato dissolvido na água (ppm)
		Ambiente: úmido, com íons cloreto			

Fonte: adaptado de ACI (2008).

A AS 3600 (AS, 2009), norma australiana, é uma das poucas a correlacionar explicitamente vida útil com parâmetros de projeto, propondo critérios para uma vida útil compreendida entre 40 e 60 anos. Na caracterização da agressividade ambiental, essa norma propõe uma hierarquização qualitativa do meio, definindo, para cada ambiente, uma escala (níveis de intensidade), dividida em classes A1, A2, B1, B2, C e U. As classes não remetem diretamente a um ambiente, senão ao dano ao concreto. Pode-se ter, por exemplo, dois ambientes distintos, mas com o mesmo grau de severidade ao concreto, o que conduz a uma mesma classe. Essa severidade deve ser relacionada ao nível do dano produzido, e não ao tipo do dano. No Quadro 2.3 é possível notar a variabilidade da natureza dos ambientes de cada classe, a qual essa norma chama de "classificação da exposição".

Quadro 2.3 Classes de agressividade ambiental segundo a AS 3600

Classe e nível		Descrição
A	1	Elementos em contato com o solo protegidos por tintas ou de fundação inseridos em solos não contaminados. Elementos em ambientes internos. Elementos em ambientes externos em regiões não industriais e de clima árido Ambiente: não faz referência sobre o grau de umidade
	2	Elementos em contato com o solo não contaminados não previstos em A1. Elementos em ambientes externos em regiões não industriais e de clima temperado Ambiente: não faz referência sobre o grau de umidade
B	1	Elementos em ambientes internos de construções em regiões industriais. Elementos em ambientes externos em regiões não industriais e de clima tropical e inseridos em regiões industriais em qualquer clima. Elementos inseridos em uma faixa compreendida entre 1 km e 50 km da costa do mar, em qualquer clima. Elementos submersos em água doce Ambiente: não faz referência sobre o grau de umidade. Em um caso, deixa subentendido
	2	Elementos inseridos em até 1 km da costa do mar, em qualquer clima, exceto em contato direto com respingos de maré e névoa salina. Elementos submersos em água salgada Ambiente: não faz referência sobre o grau de umidade. Em um caso, deixa subentendido
C		Elementos inseridos em zonas de respingo de maré e névoas salinas Ambiente: não faz referência sobre o grau de umidade, mas é possível pressupor
U		Elementos em contato com água corrente. Elementos em qualquer outro ambiente não admitido em A1, A2, B1 e B2 Ambiente: não faz referência sobre o grau de umidade, mas é possível pressupor

Fonte: adaptado de AS (2009).

A AS 3600 (AS, 2009) também propõe a separação do território australiano em zonas climáticas, conforme a Fig. 2.9, separando as regiões em clima tropical, árido ou temperado e estabelecendo recomendações de projeto específicas para cada uma. A demarcação territorial lembra o mapa das isopletas da NBR 6123 (ABNT, 1988), que se aplica na definição da pressão do vento para os projetos feitos no Brasil. Dadas a diversidade do microclima brasileiro e a variabilidade das condições de exposição das nossas estruturas, a norma australiana inspira uma futura revisão das definições de durabilidade da NBR 6118 (ABNT, 2014a).

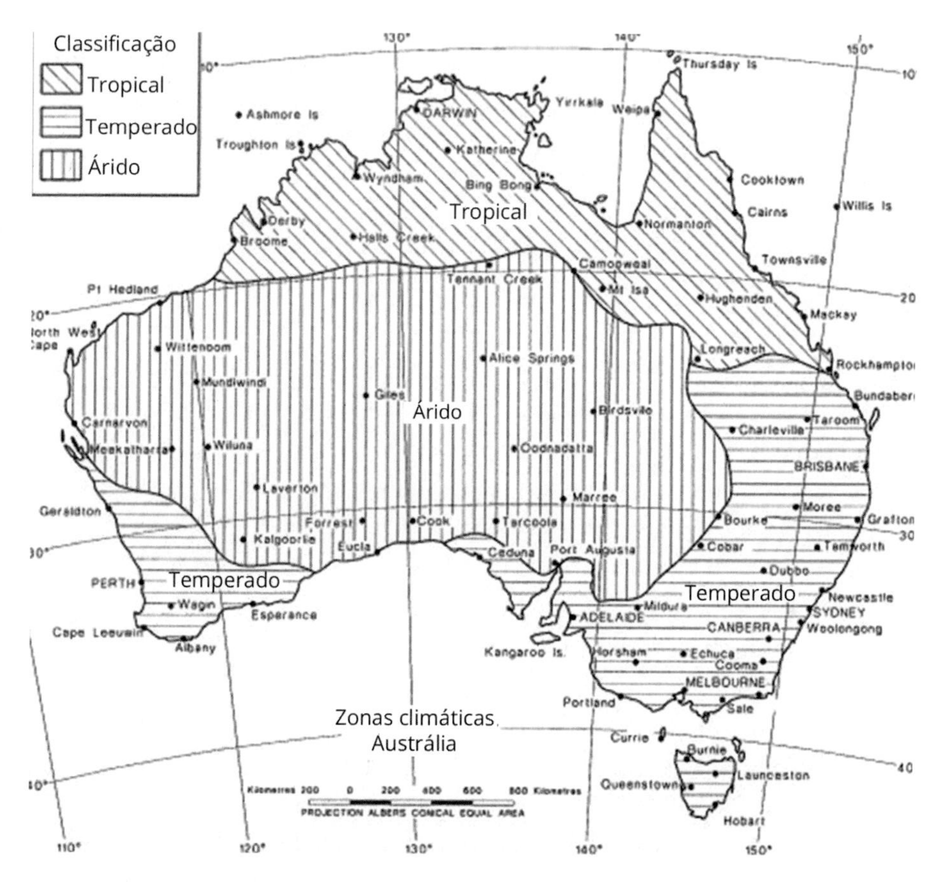

Fig. 2.9 *Divisão normativa do território australiano em zonas climáticas*
Fonte: AS (2009).

A norma indiana IS 456 (IS, 2000) hierarquiza de modo mais objetivo os ambientes. As classes são estabelecidas conforme o risco de deterioração, com a sua nomenclatura sendo atribuída ao próprio risco, de acordo com o Quadro 2.4.

As principais normas regulamentadoras do mundo de projeto de estruturas de concreto, para condições severas de exposição do ambiente, propõem espessuras de cobrimento e resistência à compressão do concreto maiores e redução da relação água/cimento, como na norma brasileira. A durabilidade

Quadro 2.4 Classes de risco dos ambientes conforme a IS 456

Risco	Exemplos de inserção da estrutura
Suave	Concretos protegidos das ações climáticas e agentes deletérios, exceto os presentes na zona costeira
Moderado	Concretos expostos à ação da chuva, em contato com solos agressivos e lençóis freáticos, permanentemente submersos e protegidos da névoa salina
Severo	Estruturas expostas a condições severas de chuva, ciclos de molhagem e secagem, gelo e degelo e condições extremas de condensação. Estruturas submersas em águas de mar
Muito severo	Concreto em contato ou submerso em solos agressivos, expostos à ação de névoa salina ou a severas condições de gelo
Extremo	Estruturas expostas a zonas de marés ou ambientes químicos agressivos

Fonte: adaptado de IS (2000).

estrutural se dá por meio do incremento da qualidade do concreto, visando a redução da difusividade da estrutura aos agentes agressivos do ambiente.

A NBR 6118 (ABNT, 2014a) e as principais normas regulamentadoras de projeto do mundo, no tocante aos requisitos de durabilidade, preveem, de modo indireto, que os mecanismos de deterioração à estrutura podem ser:

- Mecanismos preponderantes de deterioração relativos ao *concreto*:
  - Lixiviação;
  - Expansão por sulfato;
  - Reação álcali-agregado.
- Mecanismos preponderantes de deterioração relativos à *armadura*:
  - Despassivação por carbonatação;
  - Despassivação por ação de íons cloreto.
- Mecanismos de deterioração da estrutura propriamente dita: são todos aqueles relacionados às ações mecânicas, movimentações de origem térmica, impactos, ações cíclicas, retração, fluência e relaxação.

A seguir, estão listados os mecanismos de deterioração química do concreto simples e do concreto armado.

Ataques químicos ao concreto simples

Serão descritos os ataques por ácidos, sulfatos e álcalis.

i) Ácidos

O concreto, em condições normais, é um material básico, com pH entre 12,5 e 13,5, cenário que preserva a estabilidade dos compostos hidratados do cimento e das barras de aço do elemento estrutural. Por outro lado, um pH menor do que 11 despassiva as armaduras de aço, podendo ocasionar deterioração da estrutura.

Encontrados normalmente em ambiente industrial, a ação dos ácidos sobre o concreto produz uma conversão dos seus compostos cálcicos responsáveis pela alcalinidade, como o hidróxido de cálcio, silicato de cálcio e aluminato de cálcio, em sais cálcicos do respectivo ácido atuante. Por exemplo: o ácido clorídrico origina cloreto de cálcio; o ácido nítrico gera nitrato de cálcio; o ácido sulfúrico produz sulfato de cálcio, e assim sucessivamente. Os ácidos reagem com o hidróxido de cálcio e formam sais que, se solúveis, são carregados pela água, por meio da lixiviação, e aumentam a porosidade do concreto; caso sejam insolúveis e expansivos, provocam fissuras e deterioração do material.

A consequência mais frequente do ataque ácido é a desintegração da pasta de cimento, devida principalmente à dissolução do hidróxido de cálcio e de magnésio do cimento hidratado. Em alguns casos, os agregados também podem ser dissolvidos, como os de origem calcária. Os principais efeitos são o aumento da porosidade do concreto, a redução da seção resistente da peça, a perda da alcalinidade e a exposição das armaduras ao ambiente agressivo. As Figs. 2.10 e 2.11 mostram o produto das reações em concretos inseridos em ambientes contaminados por ácidos, notando-se o desgaste dos compostos cimentícios hidratados da superfície da peça, que aparenta uma superfície arenosa, com pasta de cimento removida, agregados expostos e manchas esbranquiçadas de carbonato de cálcio.

Fig. 2.10 *Lixiviação do concreto causada por águas ácidas de um reservatório*
Fonte: Harvey (2014).

Fig. 2.11 *Lixiviação do concreto de estação de esgoto*
Fonte: acervo de Hita Comércio e Serviços.

Nesses ataques, o hidróxido de cálcio ($Ca(OH)_2$) é o composto hidratado mais facilmente solubilizado. O teor desse composto é tido como o indicador da durabilidade dos concretos, pois, quanto menor o teor de $Ca(OH)_2$, maior será a resistência química do concreto simples ao ácido. É importante ressaltar, no entanto, que sempre deve haver um mínimo de $Ca(OH)_2$ para assegurar a passivação da armadura de aço.

O ataque ácido às estruturas de concreto pode provir de águas da chuva. A acidez dessas águas se deve, principalmente, ao óxido de enxofre (SO_2) e ao anidrido carbônico (CO_2) dissolvidos, abundantes em grandes centros urbanos, produzidos pelos veículos automotores e indústrias. O SO_2 pode reagir com água e formar ácido sulfúrico, que também pode ser gerado nas atmosferas viciadas, ou seja, locais com baixa taxa de renovação de ar, como as galerias ou as tubulações de esgoto com a presença de sulfatos e gás sulfídrico. Quanto ao gás carbônico, trata-se de um óxido ácido que, na reação com água, conforme mostrado na Eq. 2.1, produz o ácido carbônico, grande responsável pela chuva ácida.

$$CO_2 + H_2O \rightarrow 2H_2CO_3 \tag{2.1}$$

Esse ácido, sob certas condições, reage com o hidróxido de cálcio ($Ca(OH)_2$) da pasta de cimento Portland hidratada, conforme se observa na Eq. 2.2.

$$Ca(OH)_2 + H_2CO_3 \rightarrow CaCO_3 + 2\,H_2O \tag{2.2}$$

Após a precipitação do carbonato de cálcio ($CaCO_3$), que é insolúvel, a primeira reação é interrompida, a menos que alguma reação desse carbonato ocorra com CO_2 ainda livre na água (Eq. 2.3).

$$CaCO_3 + CO_2 + H_2O \rightarrow Ca(HCO_3)_2 \quad (2.3)$$

É possível verificar a transformação do carbonato de cálcio, que é insolúvel, em bicarbonato de cálcio, que é solúvel. A dissolução do hidróxido de cálcio determina a lixiviação do concreto, que se desagrega à medida que a agressão do ácido prossegue. A quantidade de CO_2 livre na água auxilia na hidrólise (dissolução) do hidróxido de cálcio do cimento hidratado, que migra para a superfície, ocasionando manchas esbranquiçadas, chamadas de eflorescências.

As manchas de superfície, ou as manifestações patológicas, são o $CaCO_3$, insolúvel. A lixiviação dos íons cálcio do concreto se manifesta, normalmente, de maneira visual, por meio da formação de eflorescências de coloração esbranquiçada ou estalactites. Essas manifestações se devem à precipitação do carbonato de cálcio na superfície do concreto a partir de uma solução percolante rica em cálcio, por causa do contato com CO_2 atmosférico (Escadeillas; Hornain, 2014). Nas estalactites, há a precipitação de produtos à base de cálcio do teto, normalmente em formato cônico. Poderiam também surgir as estalagmites, que são similares às estalactites, porém são formadas no sentido oposto, ou seja, do chão para o teto. Essas duas formas são comuns em cavernas com rochas calcáreas.

A Fig. 2.12 mostra as estalactites e eflorescências na superfície do concreto da cobertura do prédio da Faculdade de Arquitetura da Universidade de São Paulo (FAU/USP), em que se evidencia a dissolução e a lavagem do hidróxido de cálcio da pasta de cimento Portland hidratada, causadas pela chuva ácida, frequente e reincidente em grandes centros urbanos, como o da cidade de São Paulo.

Pelo fato de o contato da peça com o ácido normalmente ocorrer nas camadas mais superficiais, a perda de resistência se limita à superfície das peças, salvo em tanques que armazenam substâncias dessa natureza e que estão continuamente em contato com o concreto. Nota-se que concretos menos porosos, com menor relação água/cimento, possuem baixa susceptibilidade a esse ataque.

Apesar de a lixiviação dos compostos cálcicos do concreto não ser um problema com consequências imediatas à estrutura, deve-se atentar que, normalmente, haverá armaduras e/ou cordoalhas no interior dos elementos. Logo, nesse caso, a alcalinidade do concreto estará sendo reduzida, haverá uma percolação de umidade nele e a corrosão será, portanto, uma questão de tempo. Dessa forma, normalmente o prognóstico para o fenômeno da lixiviação é

Fig. 2.12 *Prédio FAU/USP, com manifestações típicas de ataque por chuva ácida*
Fonte: Santos (2011).

a corrosão de armaduras e, em último caso, o colapso do elemento afetado. A situação é comum em edificações residenciais em que a garagem fica abaixo da laje do térreo, com infiltração devida a falhas na impermeabilização, como na Fig. 2.13, que mostra a face inferior de uma laje de concreto armado de um prédio em Porto Alegre (RS).

Assim, o condomínio deve efetuar a manutenção corretiva o quanto antes, e não apenas se preocupar com o manchamento dos automóveis. Além disso, é comum a ocorrência de lixiviação em elementos pré-fabricados, principalmente quando há baixa temperatura, pois os elementos são curados com vapor quente, para acelerar as reações iniciais do cimento. A Fig. 2.14 mostra a configuração típica em uma construção em Sapucaia do Sul (RS).

Fig. 2.13 *Prédio residencial em Porto Alegre (RS), com lixiviação dos produtos cálcicos*

Fig. 2.14 *Pilares com lixiviação curados com vapor quente em obra na cidade de Sapucaia do Sul (RS)* 

O carbonato de cálcio em contato com o ácido clorídrico borbulha; logo, é um teste rápido que pode ser feito para confirmar o diagnóstico. Para soluções ácidas de outras naturezas, a consequência do ataque será mais ou menos comprometedora, dependendo do tipo de ácido que entra em contato com o concreto. Ao ingressar no interior da peça de concreto, caso os sais formados sejam insolúveis e expansivos, os produtos de reação podem provocar a deterioração física do concreto, produzindo fissuras na superfície da peça. Se, ao contrário, os produtos resultantes forem solúveis, produz-se um constante aumento da porosidade e se acelera o processo de desgaste e deterioração. O Quadro 2.5 apresenta alguns ácidos potencialmente agressivos ao concreto.

Quadro 2.5 Ácidos potencialmente agressivos ao concreto

Ácido	Fórmula	Provável origem
Ácidos agressivos que geram sais de cálcio solúveis		
Ácido clorídrico	HCl	Indústria química
Ácido nítrico	HNO_3	Indústria de fertilizantes
Ácido acético	CH_3CO_2H	Processos de fermentação
Ácido fórmico	HCO_2H	Indústria de alimentos
Ácido lático	$C_2H_4(OH)CO_2H$	Indústria leiteira
Ácido tânico	$C_{76}H_{52}O_{46}$	Águas pantanosas
Ácidos que formam sais insolúveis		
Ácido fosfórico	H_3PO_4	Indústria de fertilizantes
Ácido tartárico	$[CH(OH)CO_2H]_2$	Indústria vitivinícola

Fonte: Benitez et al. (2007).

Há ainda o ácido úrico, presente na urina de pessoas e animais, que é um agente degradante à estrutura de concreto, geralmente na base de pilares. A Fig. 2.15 mostra um pilar atacado por urina de cachorro, em uma região que já apresentava corrosão de barras de aço.

Fig. 2.15 *Urina (água + ácido úrico) em pilar de concreto armado com corrosão*

Independentemente da solubilidade do sal formado na reação com o ácido úrico, o concreto perde o seu caráter alcalino, devido à redução do pH proporcionada pelo consumo do hidróxido de cálcio na reação, o que não é benéfico às armaduras em razão do rompimento de sua passivação. Além disso, pode-se abrir caminho à decomposição química dos silicatos de cálcio hidratados, que se transformam em gel de sílica, fazendo com que a pasta perca coesão e resistência. Infelizmente, é comum pessoas de vulnerabilidade social morarem sob viadutos e pontes nas grandes cidades ou dormirem protegidos em marquises de prédios, mas com acesso à estrutura, conforme mostra a Fig. 2.16. Apesar da terrível questão social e econômica inerente ao episódio, a situação deve ser analisada com critério pelos órgãos públicos, visto que a vida útil dessas estruturas é afetada nesses casos. Essa deve ser uma outra justificativa para que as famílias sejam realocadas e vivam com condições mínimas de habitabilidade, higiene e saúde.

ii) Sulfatos

Os íons sulfato, provenientes de uma fonte externa, como de indústrias ou do contato com esgotos, penetram e alteram a composição química e a constituição física do concreto. Como consequência, geram gipsita (gesso) e, mais intensamente, etringita, a qual aumenta de volume e produz fissuras no concreto, devido aos esforços internos produzidos, submetendo-o a tensões internas de tração que este não é capaz de suportar. No entanto, alguns estudos de laboratório e inves-

Fig. 2.16 *Conjunto de famílias morando embaixo de um viaduto, na cidade de São Paulo*
Fonte: Marcos Ignácio (CC BY 2.0, https://flic.kr/p/bizfh6).

tigações de campo têm demonstrado que o ataque por sulfatos provenientes do meio externo se manifesta, de forma mais intensa, pela perda de resistência e coesão do concreto, e não necessariamente pelas expansões e fissuras.

O ataque por sulfatos incide geralmente no aluminato tricálcico ($3CaO.Al_2O_2$, simplificadamente representado por C_3A) e no hidróxido de cálcio ($Ca(OH)_2$). Esse ataque pode se manifestar sob a forma de *expansão* e *fissuração* do concreto ou sob a forma de *diminuição progressiva do módulo de elasticidade* e *perda de massa*. No primeiro caso, ocorre o aumento da porosidade do material, deixando-o susceptível a novos ataques, provindos de outros agentes do meio externo. No segundo caso, a principal consequência é a perda de coesão dos produtos de hidratação do cimento, com lixiviação, reduzindo a área de seção transversal resistente dos elementos e, portanto, sua tensão máxima admissível. As Figs. 2.17 e 2.18 representam as manifestações causadas por processos expansivos e por desagregação e lixiviação, respectivamente, ambas devidas aos íons sulfato.

As expansões no concreto relacionadas ao sulfato estão associadas à etringita. Porém, os mecanismos pelos quais a formação de etringita causa expansão ainda é um tema controverso. Segundo Mehta e Monteiro (2014), a pressão exercida pelo crescimento dos cristais de etringita e a expansão resultante da adsorção de água em meio alcalino por uma etringita pouco cristalina são duas das hipóteses aceitas pela maioria dos pesquisadores.

Todos os tipos de sulfato levam a alguma deterioração da pasta de cimento Portland, mas o mecanismo e o grau de ataque dependem do tipo de sulfato presente. Enquanto o sulfato de cálcio reage apenas com o aluminato de cálcio hidratado, o sulfato de sódio reage com o hidróxido de cálcio livre, formando hidróxido de sódio e sulfato de cálcio, que, por sua vez, reage com o aluminato. As reações do sulfato de sódio e do sulfato de cálcio são apresentadas, respectivamente, nas Eqs. 2.4 e 2.5 (Coutinho, 2001).

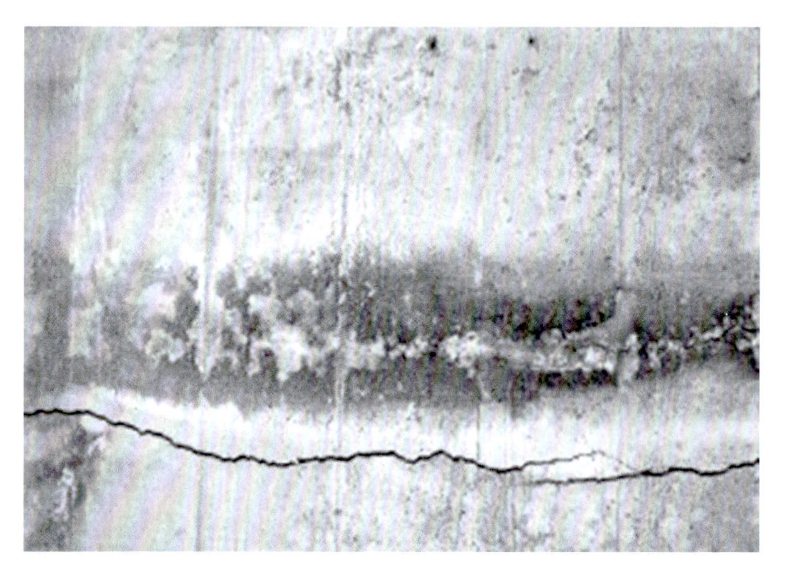

Fig. 2.17 *Fissuração de bloco de fundação por sulfato*
Fonte: El Hajjeh (2016).

Fig. 2.18 *Lixiviação de pilares em contato com águas contaminadas por sulfato*
Fonte: Padhi (2015).

$$\underbrace{Ca(OH)_2}_{\text{Hidróxido de cálcio}} + Na_2SO_4 \cdot 10H_2O \rightarrow \underbrace{CaSO_4 2H_2O}_{\text{Gesso/gipsita}} + 2NaOH + 8H_2O \quad (2.4)$$

$$\underbrace{4CaO.Al_2O_3.19H_2O}_{\text{Aluminato}} + \underbrace{3(CaSO_4.2H_2O)}_{\text{Gesso/gipsita}} + 16H_2O \rightarrow \underbrace{3CaO.Al_2O_3.3CaSO_4.31H_2O}_{\text{Etringita}} + Ca(OH)_2 \quad (2.5)$$

A etringita resultante na reação da Eq. 2.5 pode apresentar um aumento de até 2,5 vezes o volume do aluminato. No caso de ataque por sulfato de sódio, a formação de hidróxido de sódio como subproduto da reação assegura a manutenção da alta alcalinidade do sistema, estabilizando o subproduto da hidratação do C-S-H.

O sulfato de magnésio, todavia, tem uma ação mais devastadora do que os outros sulfatos. Nesse caso, há a conversão do hidróxido de cálcio em gipsita ($CaSO_4.2H_2O$) e hidróxido de magnésio ($Mg(OH)_2$), conforme se observa na Eq. 2.6 (Mehta; Monteiro, 2014).

$$MgSO_4 + Ca(OH)_2 + 2H_2O \rightarrow CaSO_4.2H_2O + Mg(OH)_2 \quad (2.6)$$

O subproduto dessa reação, o hidróxido de magnésio, é insolúvel e reduz a alcalinidade do sistema e, nessa ausência de íons hidroxila na solução, o C-S-H deixa de ser estável e é também atacado pelo sulfato de magnésio (Eq. 2.7) (Mehta; Monteiro, 2014).

$$3MgSO_4 + 3CaO.2SiO_2.3H_2O + 8H_2O \rightarrow 3(CaSO_4.2H_2O) + 3Mg(OH)_2 + 2SiO_2.H_2O \quad (2.7)$$

Os íons sulfato podem estar presentes tanto em soluções ácidas, a exemplo do ácido sulfúrico, quanto em soluções alcalinas, a exemplo do sulfato de amônio, ou em sais. Os principais sulfatos agressores ao concreto, como o de magnésio, cálcio, potássio, sódio e amônio, são encontrados nas águas do mar, em águas subterrâneas, em algumas águas residuais industriais e principalmente em esgotos e estações de tratamento e galerias de esgoto.

Independentemente da fonte de sulfatos, o desenvolvimento da reação química depende do teor de C_3A do cimento e, mais importante, do consumo de cimento da composição. Ademais, o aluminato tricálcico é muito sensível a águas sulfatadas.

Além do teor de C_3A do cimento, a presença de outros elementos pode modificar a reação, como a influência do íon cloro, que acarreta a formação de cloroaluminato (sal de Fridell). Apesar de as águas do mar terem na sua composição sulfato de cálcio, magnésio, sódio e potássio, o íon cloro ameniza o efeito das reações com o aluminato tricálcico, salvo nos casos em que há excessiva quantidade de sulfatos nessas águas. Por essa razão, as águas do mar, que mereciam ser classificadas como de alta agressividade em relação ao sulfato, em condições normais são tratadas como moderadamente agressivas. Mesmo assim, algumas recomendações conservadoras especificam o emprego de cimentos com baixo conteúdo de C_3A em construções em contato com água do mar.

No entanto, apesar do efeito atenuante quanto aos sulfatos, o íon cloro agride deleteriamente as armaduras que compõem o elemento de concreto armado, como será apresentado adiante. Dessa forma, a inserção de íons cloreto para amenizar esse mecanismo deve ser avaliada com cautela.

Além do mecanismo tradicional de ataque por sulfatos supracitado, outros dois menos frequentes, mas que merecem discussão, são (I) ataque por sulfatos com formação de etringita tardia e (II) ataque por sulfatos com formação de taumasita.

a) Ataque por sulfatos com formação de etringita tardia

Esse tipo de ataque ocorre quando a fonte de sulfatos é interna, incorporada na produção do concreto. Geralmente se desenvolve quando um agregado contaminado com gipsita ou cimento contendo teor de sulfato muito alto é usado na produção do concreto, e este é curado em temperaturas elevadas, como na cura térmica de pré-fabricados.

Segundo Mehta e Monteiro (2014), casos de formação de etringita tardia foram observados em elementos de concreto curados a vapor, com temperaturas acima de 65 °C.

b) Ataque por sulfatos com formação de taumasita

Para Coutinho (2001), o ataque por sulfatos com formação de taumasita difere do ataque tradicional, que forma gesso e etringita, pois não são os aluminatos cálcicos hidratados que reagem, mas sim o C-S-H. Conforme o autor, a substituição de C-S-H por taumasita é acompanhada pela redução das propriedades aglutinantes do concreto, que perde resistência e se transforma em uma massa pastosa e sem coesão. A sistematização dessa diferença entre os dois ataques por sulfatos é apresentada nas Eqs. 2.8 e 2.9 (Coutinho, 2001).

$$\text{Sulfatos} + C_3A \rightarrow \text{gesso e etringita} \tag{2.8}$$

$$\text{Sulfatos} + C-S-H \rightarrow \text{taumasita} \tag{2.9}$$

Segundo Pinheiro-Alves, Gomà e Jalali (2007), existem duas hipóteses para explicar a aparição da taumasita. A primeira, conhecida como *formação de tau-*

masita (TF), ocorre devido a uma evolução da etringita. A segunda hipótese é a *taumasita como forma de ataque por sulfatos* (TSA), que é muito mais agressiva do que a primeira e menos compreendida. Nessa hipótese, os autores relatam que a formação de taumasita é dependente de uma maior quantidade de C-S-H e não do conteúdo do C_3A, como no caso da etringita.

A circunstância necessária à formação de taumasita é a disponibilidade de (I) íons sulfato, (II) íons carbonato, (III) silicatos cálcicos ou silicatos cálcicos hidratados e (IV) umidade. Logo, é necessária uma fonte externa de íons sulfato e água em quantidade, o que justifica a sua maior ocorrência em elementos de fundações.

Portanto, para haver o ataque por sulfato, são necessárias uma fonte de sulfato, a presença de umidade e a porosidade do concreto. A Fig. 2.19 ilustra a condição para a formação tardia da etringita.

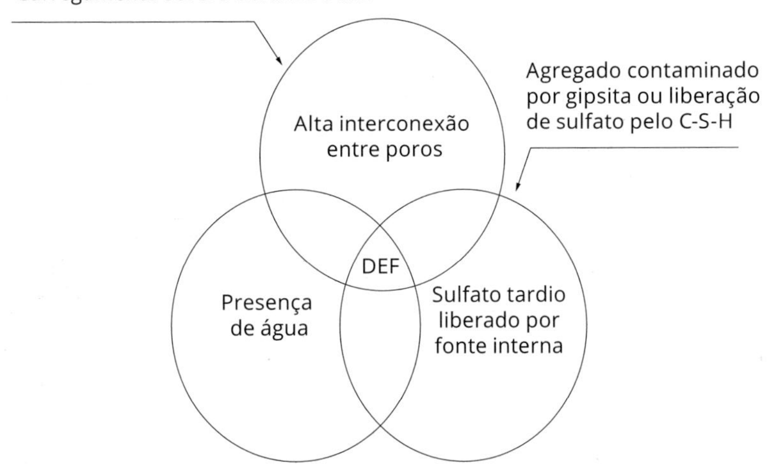

Fig. 2.19 *Condições para a formação da etringita tardia (DEF)*
Fonte: adaptado de Mehta e Monteiro (2014).

Assim, deve-se eliminar ao menos um dos componentes para evitar a reação expansiva. A NBR 12655 (ABNT, 2015b) estipula condições mínimas de qualidade do concreto em função do teor de sulfato presente na água ou na terra, conforme Tab. 2.5.

Observa-se que basta diminuir a relação água/cimento para mitigar o problema. Já o Eurocode 1, EN 206-1, ainda especifica que seja utilizado cimento resistente a sulfato, para concentrações elevadas do produto, especificação também feita pela IS 456 (IS, 2000) e pela ACI 318 (ACI, 2008).

Tab. 2.5 Condições mínimas do concreto para diferentes teores de sulfato

Condições de exposição em função da agressividade	Sulfato solúvel em água (SO_4) presente no solo (% em massa)	Sulfato solúvel em água (SO_4) presente na água (ppm)	Máxima relação água/cimento, para concreto com agregado normal[a]	Mínimo f_{ck} (concreto com agregado normal ou leve) (MPa)
Fraca	0,00 a 0,10	0 a 150	-	-
Moderada[b]	0,10 a 0,20	150 a 1.500	0,50	35
Severa[c]	Acima de 0,20	Acima de 1.500	0,45	40

[a] Baixa relação água/cimento ou elevada resistência podem ser necessárias para a obtenção de baixa permeabilidade do concreto ou proteção contra a corrosão da armadura ou proteção a processos de congelamento e degelo.

[b] Água do mar.

[c] Para condições severas de agressividade, devem ser obrigatoriamente usados cimentos resistentes a sulfatos.

Fonte: ABNT (2015b).

iii) Álcalis do cimento Portland

A reação álcali-agregado é uma reação química que ocorre devido à presença de agregados reativos e hidróxidos alcalinos da pasta de cimento hidratada, em presença de umidade. Essa reação é chamada de reação álcali-agregado (*alkali-aggregate reaction* – AAR) e possui como consequência a formação de um gel higroscópico que, na presença de umidade, é capaz de se hidratar e aumentar de volume, gerando fissuras e perda de resistência de elementos contaminados. O coeficiente de expansão térmica volumétrico do gel exsudado, determinado para uma variação de temperatura igual a 22 °C, representa um valor da ordem de $3{,}5 \times 10^{-3}$ °C^{-1} (Isaia, 2011).

A velocidade e a magnitude das deformações impostas pela AAR dependem de alguns fatores, como a natureza e a quantidade disponível de agregados reativos; o teor de álcalis no cimento; a temperatura ambiente; o teor de umidade; e as eventuais restrições físicas.

As matérias-primas usadas na fabricação do clínquer Portland são as fontes de álcalis no cimento, que normalmente variam de 0,2% a 1,5% de Na_2O equivalente. Com relação aos agregados reativos aos álcalis, dependendo do tempo, da temperatura e das dimensões da partícula, todos os silicatos ou minerais de sílica podem reagir com soluções alcalinas, embora um grande número de minerais reaja em grau insignificante (Mehta; Monteiro, 2014).

O pipocamento e a exsudação de fluido viscoso são as manifestações superficiais mais salientes do fenômeno, podendo ser observadas expansões na peça, mostrando um esquema de fissuração que se aproxima de um mapa (*map cracking*), conforme mostram as Figs. 2.20 e 2.21.

Fig. 2.20 *AAR em bloco de concreto armado*
Fonte: FHWA (2006).

Fig. 2.21 *Bloco de fundação com AAR*
Fonte: acervo pessoal do Prof. Andrade.

Praticamente não existem mecanismos para eliminar as reações já iniciadas. Alguns profissionais apontam que a melhor alternativa de intervenção nos elementos de fundação com AAR é o controle das variáveis influentes no processo, como umidade e temperatura, seguido do permanente monitoramento da superestrutura, acompanhando fissuras que se desenvolvam em revestimentos, vedações e elementos da estrutura.

Esse fenômeno geralmente costuma se desenvolver de modo imperceptível nas edificações, uma vez que sua maior frequência de ocorrência se dá nos elementos enterrados, sob condições específicas de umidade e temperatura. A vistoria para uma avaliação da integridade desses elementos envolve escavações, muitas vezes arriscadas pelo desconfinamento que promovem aos elementos de fundação, além dos transtornos aos moradores das edificações em que essa atividade é realizada. No Brasil, não há registro de edificação que entrou em colapso devido à AAR. Apesar disso, a NBR 15577 (ABNT, 2018), dividida em sete partes, prescreve, por meio de procedimentos laboratoriais de análise, os limites aceitáveis de reatividade dos agregados, além de medidas mitigadoras e fatores de prevenção do problema.

A regional de Recife da Associação Brasileira de Engenharia e Consultoria Estrutural (Abece) publicou, em 2005, um documento orientativo para realização de vistoria de edificações em concreto armado que possam estar submetidas à AAR. O documento recomenda que inspeções detalhadas em fundações sejam feitas nos edifícios com mais de dez anos de uso, independentemente da incidência de sintomas patológicos na superestrutura. Nesses casos, as fundações (sapatas ou blocos de coroamento das estacas) devem ser avaliadas com uma amostragem mínima de 30%, conforme descreve o documento. Certamente esse é um exemplo peculiar e pouco comum, não recomendado pelos autores deste livro, uma vez que, para inspecionar 30% da fundação, o profissional provavelmente se valerá de escavações e desconfinamento de elementos, mesmo para edificações sem qualquer indício de AAR ou qualquer outra manifestação.

A elaboração do trabalho da Abece foi motivada pelos casos de AAR na cidade de Recife. O edifício Areia Branca, construído em 1978, colapsou em 14 de outubro de 2004 e, entre as hipóteses preliminares, chegou-se a suspeitar de AAR. As investigações e análises realizadas demonstraram que a origem do problema, na realidade, foi má execução e má concretagem dos "pescoços" (trecho que vai da sapata até o nível da face superior da primeira laje), e o laudo pericial apontou que a causa principal foram deficiências de concretagem dos pilares na interface com as fundações, e não a AAR. Ainda assim, o caso permanece no inconsciente de muitos profissionais e deu origem ao maior plano de vistorias na região, e nesse caso, sim, foram encontradas várias fundações com problemas graves de AAR.

Na sequência, serão listados os principais fatores intervenientes na AAR.

a) Agregados reativos

Os minerais constituídos por sílica pertencem à classe dos tectossilicatos. Mais de 60% em volume das rochas que constituem a crosta terrestre são formados por minerais dessa classe. A estrutura cristalina básica dessas rochas, assim como no caso dos demais silicatos, é um retículo constituído por tetraedros SiO_4, em que os átomos de silício são coordenados por quatro átomos de oxigênio, formando uma unidade tetraédrica fundamental.

Entretanto, nem todos os agregados provenientes dessas rochas sílicas são reativos. A susceptibilidade ao ataque alcalino em um determinado agregado de rocha dessa natureza é estabelecida pela condição mineralógica. As estruturas amorfas representam estruturas ocas e oferecem uma maior superfície específica do que as cristalinas, mais fechadas. Quanto mais desorganizada e instável a estrutura do mineral no agregado, mais reativa será a fase.

A estrutura do quartzo é uma molécula de átomos de silício associada a quatro átomos de oxigênio, e cada um desses oxigênios está unido a outro átomo de silício vizinho, que, por sua vez, repete essa combinação com outros átomos de oxigênio, formando uma molécula complexa e de grandes dimensões. Assim, as macropartículas de quartzo possuem uma estrutura fechada (cristalina) e uma superfície específica pequena, acarretando uma reação apenas superficial e menos intensa; o quartzo, então, não é considerado como um agregado reativo, uma vez que o seu potencial de reação com os álcalis do cimento Portland hidratado é ínfimo.

Já os minerais silícios amorfos apresentam uma estrutura aberta e imperfeita, de maior superfície específica. É evidente que, se a partícula se reduz de tamanho, a superfície específica aumenta e a reatividade incrementa proporcionalmente. A opala e a ágata, pouco comuns no Brasil, pertencem a esses tipos de minerais.

b) Cimento

Os cimentos contendo altos teores de álcalis, quando participam de reações de hidratação no concreto, formam produtos como os silicatos cálcicos hidratados (C-S-H) e as fases aluminato, liberando íons hidroxila (OH^-). Os principais álcalis deletérios responsáveis pela alcalinidade da solução dos poros no concreto são o sódio Na^+ e o potássio K^+.

A presença de álcalis em solução gera um aumento no pH da solução dos poros do concreto, proporcionando um aumento na concentração dos íons hidroxila, que são os responsáveis pela AAR.

A norma brasileira NBR 15577 (ABNT, 2018) define os álcalis (sódio e potássio) que participam da reação álcali-agregado como sendo solubilizáveis, provenientes de qualquer fonte interna ou externa ao concreto, como o cimento, os aditivos e a água de amassamento, ou do próprio agregado.

c) Reação química entre agregados e cimento

Há diversas teorias que buscam explicar o processo químico da AAR, todas provenientes de uma evolução da hipótese apresentada por Hansen em 1940. A mais aceita pelos autores, atualmente, é a de Prezzi, Monteiro e Sposito (1997), na qual a reação de expansão é descrita por meio de conceitos básicos de química de superfície.

Segundo essa teoria, quando uma fase sólida entra em contato com uma fase líquida, há um acúmulo de cargas na superfície sólida. Dessa forma, quanto maior o pH do meio, maior a tendência de ocorrer a dissociação em água dos íons hidroxila na superfície do agregado.

A sílica (SiO_2) presente em rochas e minerais reage quimicamente com essas hidroxilas (OH^-), devido à despolimerização do complexo silíco por ruptura das uniões oxigênio-silício. Como consequência, verifica-se a substituição do oxigênio por uma hidroxila, formando um composto do grupo silanol (Si-OH). Posteriormente, o grupo silanol (Si-OH) formado na superfície do agregado é rompido novamente pelos íons hidroxila em excesso, causando a liberação de água. A Eq. 2.10 descreve esse processo. Os íons SiO^- liberados passam a ser atraídos por cátions alcalinos contidos na solução dos poros, formando gel sílico-alcalino, conforme Eq. 2.11 (Hoobs, 1988).

$$\underbrace{Si-OH}_{\text{Silanol}} + \underbrace{OH^-}_{\text{Hidroxila}} \rightarrow \underbrace{Si-O^-}_{\text{Ânion}} + \underbrace{H_2O}_{\text{Água}} \text{ (reação tipo ácido-base)} \qquad (2.10)$$

$$\underbrace{Si-O^-}_{\text{Ânion}} + \underbrace{Na^+}_{\text{Álcalis}} \rightarrow \underbrace{Si-ONa}_{\text{Gel sílico-alcalino}} \text{ (reação secundária)} \qquad (2.11)$$

Em continuidade, outra reação também ocorre simultaneamente entre as hidroxilas em excesso e as pontes de siloxano (Si-O-Si) existente na sílica amorfa. Em ambos os casos, o produto da reação é um gel sílico-alcalino de caráter expansivo, devido à absorção de água.

d) Tipos de ataque por álcalis

O processo de decomposição química por álcalis é classificado de três formas distintas, segundo a mineralogia dos agregados reativos envolvidos no processo. São elas: (I) reação álcali-sílica, (II) reação álcali-silicato ou (III) reação álcali-carbonato.

Entretanto, muitos especialistas têm restringido a abordagem em apenas dois processos: a reação álcali-sílica e a álcali-carbonato. A principal justificativa é que a reação álcali-sílica e a álcali-silicato são muito semelhantes, distinguindo-se apenas em relação à estrutura mineralógica das partículas do agregado e ao tempo de desenvolvimento da reação.

- Reação álcali-sílica

A reação álcali-sílica é a forma mais frequente encontrada de reação álcali-agregado. É um tipo de AAR em que participam a sílica reativa dos agregados e os álcalis, na presença de hidróxido de cálcio ($Ca(OH)_2$) originado na hidratação do cimento, formando um gel sílico alcalino expansivo.

A existência de álcalis no cimento e de sílica no agregado determina a possibilidade de destruição do concreto. A reação ocorrerá somente com uma determinada temperatura e umidade do concreto.

- Reação álcali-silicato

É um tipo específico de reação álcali-sílica, sendo que alguns autores sequer consideram essa classificação, tratando-a como reação álcali-sílica. É o tipo de AAR mais encontrado no Brasil. Apresenta natureza mais lenta e complexa que os outros tipos de reação (Silva, 2007, p. 14).

Segundo a NBR 15577-1 (ABNT, 2018), os silicatos reativos mais comuns são o quartzo tensionado por processos tectônicos e os minerais da classe dos filossilicatos, presentes em ardósias, filitos, xistos, gnaisses, entre outros.

Por estar associada à reação álcali-sílica, o diagnóstico da reação álcali-silicato pode ser difícil num primeiro momento. Dessa forma, é necessária a análise petrográfica do agregado constituinte do concreto atacado para auxiliar na conclusão.

- Reação álcali-carbonato

Ocorre de maneira distinta das demais, pois participam do processo os álcalis e os agregados rochosos carbonáticos. A forma mais conhecida de deterioração proporcionada por essa RAA é a desdolomitização da rocha e o consequente enfraquecimento da ligação pasta-agregado. O produto dessa reação não forma o gel-alcalino expansivo, mas sim compostos cristalizados, como brucita, carbonatos alcalinos, carbonatos cálcios e silicato magnesiano.

A reação, em termos gerais, ocorre quando o constituinte dolomítico é quimicamente atacado pelos álcalis do cimento, conforme a Eq. 2.12.

$$\underbrace{CaMg(CO_3)_2}_{\text{Dolomita}} + 2MOH \rightarrow M_2CO_3 + \underbrace{Mg(OH)_2}_{\text{Brucita}} + \underbrace{CaCO_3}_{\text{Calcita}} \qquad (2.12)$$

Já a reação de regeneração do hidróxido encontra-se na Eq. 2.13, como mostra Silveira (2006):

$$M_2CO_3 + Ca(OH_2) \rightarrow 2MOH + CaCO_3 \qquad (2.13)$$

em que M representa K, Na ou Li.

Ataques químicos ao concreto armado

Nessa seção descrevem-se os agentes químicos que desencadeiam o processo de corrosão das armaduras inseridas no concreto. Inicialmente, revisa-se os fundamentos do processo eletroquímico e, posteriormente, os ataques químicos relevantes.

i) Corrosão

Corrosão é, conceitualmente, a interação destrutiva de um metal com o ambiente, promovendo a sua dissolução em íons metálicos por meio de reações químicas ou eletroquímicas. O mecanismo de corrosão eletroquímica, mais frequente, é fundamentado no desencadeamento de reações de oxidação (regiões anódicas) e de redução (regiões catódicas), conforme Fig. 2.22.

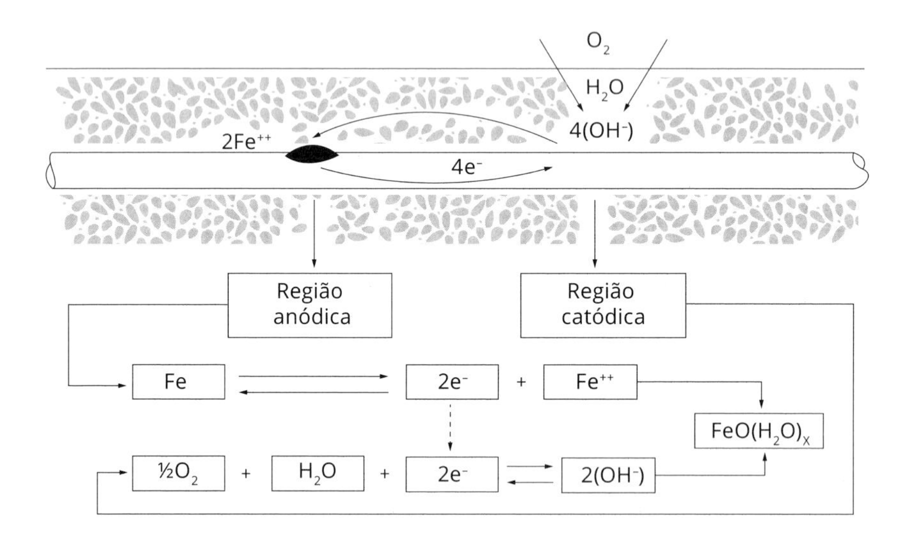

Fig. 2.22 *Mecanismo de corrosão eletroquímica*
Fonte: adaptado de CCAA (2009).

Nas regiões anódicas, o metal é dissolvido e transferido para a solução como íons Fe^{++}, liberando elétrons. Os elétrons gerados se deslocam do metal até as áreas catódicas, combinam-se com o oxigênio dissolvido na solução e promovem a formação de íons hidroxila OH^-.

Os íons hidroxila são conduzidos ao encontro dos íons Fe^{++}, formando o hidróxido metálico ($Fe(OH)_2$), que se deposita na superfície do metal. O hidróxido metálico não é estável e, na presença de água e oxigênio, se oxida, formando $Fe(OH)_3$. O composto, descrito por $FeOOH + H_2O \cdot FeOOH$, segundo Pannoni (2015), é a ferrugem comum, de cor avermelhada ou amarronzada. A cada nova reação, o produto formado é mais volumoso que o original, podendo chegar a seis vezes o diâmetro original, causando problemas nos elementos atacados, conforme mostra a Fig. 2.23.

Nas estruturas de concreto armado, o concreto possui papel fundamental na proteção das barras metálicas à corrosão, pois promove a proteção física e química. A proteção física é uma barreira à entrada de agentes agressivos e, quanto

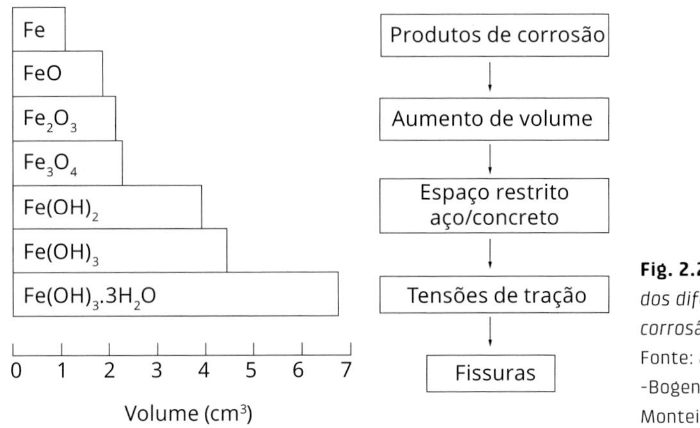

Fig. 2.23 *Consequências dos diferentes produtos de corrosão produzidos*
Fonte: adaptado de Beton--Bogen (1981 apud Mehta; Monteiro, 2014).

melhor o concreto, mais eficiente é a barreira. Já a proteção química é baseada na elevada alcalinidade dos poros do concreto, devido aos hidróxidos produzidos na hidratação do cimento, como os de cálcio e potássio. Com alta alcalinidade, não ocorre a corrosão, pois a barra de aço está passivada.

Segundo o modelo já consagrado de Tuutti (1982), a vida útil do concreto armado, do ponto de vista da corrosão das armaduras, é dividida em duas etapas. A primeira, de iniciação, é o tempo necessário para que os agentes agressivos (CO_2, Cl^-) penetrem no concreto até atingir as armaduras. A segunda, de propagação, é iniciada após a despassivação do aço e é o momento em que o processo corrosivo se instala e produtos de corrosão são gerados. O modelo de vida útil de Tuutti é apresentado na Fig. 2.24.

Os dois fatores que despassivam o aço e iniciam o processo de corrosão, de acordo com Tuutti (1982), são a carbonatação e a presença de íons cloreto acima dos níveis críticos, conforme previsto na NBR 6118 (ABNT, 2014a).

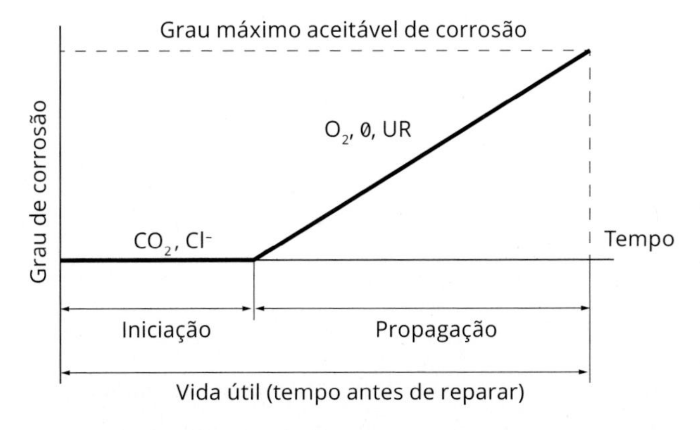

Fig. 2.24 *Modelo de vida útil proposto por Tuutti*
Fonte: Tuutti (1982).

A etapa final de propagação da corrosão se dá por meio do teor de oxigênio, da resistividade do material e da umidade relativa do ambiente no entorno do metal.

No Brasil, para muitos pesquisadores, quando os agentes agressivos atingem a armadura, independentemente das reações de corrosão, a VUP da estrutura é considerada como finalizada. Pelo fato de se admitirem na análise apenas o gás carbônico e os íons cloreto, o modelo se aplica às edificações convencionais. Segundo Tuutti (1982), são as condições de exposição da estrutura que deflagram o ingresso de agentes agressivos no interior do elemento, até o momento de despassivação das barras. Uma vez despassivada a barra, o mecanismo de velocidade de corrosão cinética do processo é comandado pela quantidade de oxigênio (O_2), pela umidade relativa do ar (UR) e pela temperatura (θ) do entorno.

Quando identificadas manifestações patológicas na superfície do concreto, como ferrugem e fissuras, as armaduras já estão em um processo avançado de corrosão, visto que as aberturas são originadas pelo aumento diametral da área anódica da barra que, superando a tensão resistente à tração do concreto, gera a fissuração. A Fig. 2.25 mostra os diferentes estágios de evolução das manifestações patológicas notadas em uma viga. As fissuras que se formam acompanham o alinhamento das armaduras em um primeiro estágio de manifestação. Dependendo do agente agressor que gerou a despassivação das barras, a camada de cobrimento pode se encontrar comprometida e friável, facilitando o desplacamento e a exposição das armaduras, que é o último e mais alarmante estágio do processo. A intervenção e a paralisação do uso da estrutura, nesse caso, devem ser imediatas.

Na Fig. 2.26, que mostra uma fase mais avançada do fenômeno, já é possível notar, além da fissura que acompanha as armaduras longitudinais, o desplacamento do concreto de cobrimento na região dos estribos. Já a Fig. 2.27 representa

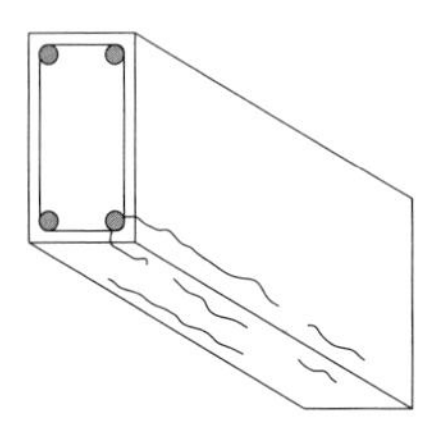

Fissuras paralelas à direção dos esforços principais $Ø \leq 2\%$

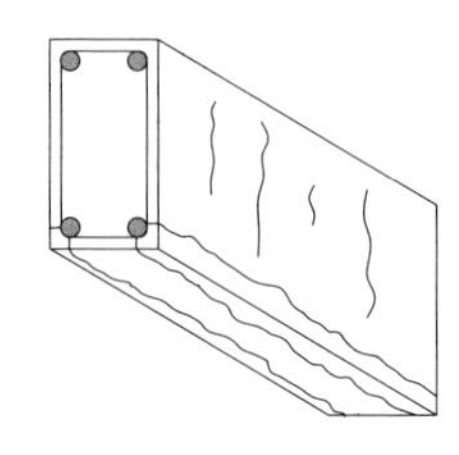

Fissuras paralelas à direção dos esforços principais e estribos $2\% \leq Ø \leq 5\%$

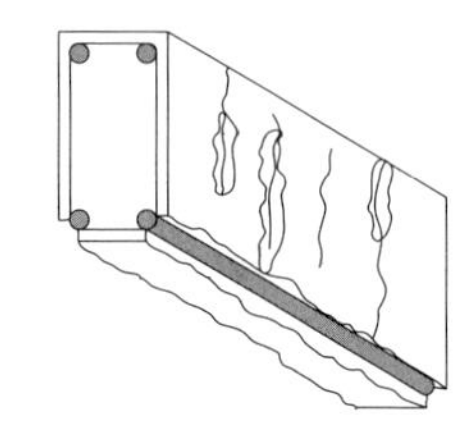

Desprendimento do cobrimento de concreto com exposição da armadura $Ø \geq 5\%$

Fig. 2.25 *Evolução das manifestações patológicas de viga de concreto afetada por mecanismos de corrosão*

Fonte: Benitez et al. (2007).

Fig. 2.26 *Fissura e desplacamento do concreto na região dos estribos, junto à aresta de um pilar, na cidade de Mérida, México*

Fig. 2.27 *Estado avançado de corrosão das armaduras da face inferior de uma viga na região metropolitana de Porto Alegre, Brasil*

o último estágio de um processo de corrosão instalado em uma peça, com desplacamento do concreto de cobrimento, expondo a armadura ao ambiente.

ii) Carbonatação

A carbonatação é um processo físico-químico que consiste na reação do dióxido de carbono (CO_2), presente no ar, dissolvido no interior da fase aquosa dos poros do concreto, com os hidróxidos do cimento Portland hidratado. A reação se desenvolve, principalmente, com o hidróxido de cálcio ($Ca(OH)_2$), resultando no carbonato de cálcio ($CaCO_3$), o qual acidifica o concreto. A reação de carbonatação é apresentada na Eq. 2.14.

$$CO_2 + Ca(OH)_2 \rightarrow CaCO_3 + H_2O \tag{2.14}$$

O concreto possui um pH da ordem de 12,5, devido ao $Ca(OH)_2$ (Silva, 1995). Contudo, ao se ter o $Ca(OH)_2$ do interior dos poros da pasta de cimento hidratado consumido, com sua transformação em $CaCO_3$, o pH reduz para valores abaixo de 9,0, o que compromete a camada passivadora das armaduras, tornando-as susceptíveis à corrosão.

O fenômeno da carbonatação também pode ocorrer por meio da decomposição do silicato de cálcio hidratado (C-S-H) e das fases aluminato do concreto. Todavia, a carbonatação mais relevante é a do $Ca(OH)_2$, uma vez que este é o mais solúvel dentre os produtos de hidratação do cimento e o que mais rapidamente reage com o CO_2.

As substâncias agressivas, como o CO_2, não permitem a formação da película passivadora, ou a destroem, caso ela exista. Com a carbonatação, o aço corrói de forma generalizada, como se estivesse exposto à atmosfera sem qualquer proteção, com o agravante da presença de umidade no interior do concreto, tendo as condições ideais para o desenvolvimento do mecanismo da corrosão.

O fenômeno da carbonatação, uma vez iniciado, diminui sua velocidade de ação com o tempo. Esse processo é devido à hidratação crescente do cimento, bem como aos próprios produtos de carbonatação, como o $CaCO_3$, os quais, caso não sejam lavados pela água da chuva, colmatam os poros mais superficiais, dificultando o acesso e a renovação do CO_2. Tuutti (1982) propõe que a velocidade dessa reação é de $t^{1/2}$, sendo t o tempo.

Visualmente, é difícil determinar se um concreto está ou não carbonatado. Essa verificação pode ser realizada por meio da aspersão de fenolftaleína ($C_20H_{14}O_4$), indicador colorimétrico, junto à peça que se deseja avaliar. Quando em contato com a fenolftaleína, o concreto com pH abaixo de 8,2, aproximadamente, fica com a tonalidade original, mostrando que está carbonatado. Com o pH entre 8,2 e 9,8, a cor resultante é rosa. Por fim, com pH acima de 9,8, a cor é vermelho--carmim, o que mostra uma boa condição do concreto. O detalhe da espessura de carbonatação de um concreto, após a aplicação da fenolftaleína, é apresentado na Fig. 2.28A. Nota-se que a espessura de cobrimento das armaduras do corpo de prova extraído de um elemento estrutural é de 16 mm, sendo que 10 mm estão carbonatados. Os demais 6 mm estão com o processo de carbonatação iniciado, porém ainda não comprometido, como se observa pela cor rosa. A Fig. 2.28B mostra um corpo de prova extraído que não possui carbonatação, marcado pela coloração totalmente vermelho-carmim do testemunho.

A solução de fenolftaleína deve ser elaborada com 1 g de indicador, 50 mL de água e 50 mL de álcool etílico. Todos os produtos são facilmente encontrados.

As referências divergem em relação à carbonatação ser ou não prejudicial às estruturas de concreto. Enquanto uma corrente defende que a perda da alcalinidade do concreto desencadeia processos corrosivos, a outra acredita que esse fenômeno eletroquímico não é capaz de se propagar, devido à colmatação dos poros proporcionada pelo $CaCO_3$ gerado.

iii) Íons cloreto

Diferentemente da carbonatação ou da exposição a ambientes ácidos, o ataque por íons cloreto é capaz de despassivar a armadura mesmo em condições de pH elevado. Quando grandes quantidades de íons cloreto estão presentes, o concreto tende a reter mais umidade, o que também se torna um risco para a corrosão do aço, devido à diminuição da resistividade elétrica (Mehta; Monteiro, 2014).

Os íons cloreto podem vir do ambiente externo ou ser incorporados na fase de produção da estrutura de concreto. Como fonte externa, os íons cloreto são originados de maresia ou névoa salina, zonas de respingo ou variação de maré, sais de degelo de neve, solos contaminados e limpezas com uso de ácido muriático. Como fonte interna, podem ser incorporados por meio de aditivos aceleradores

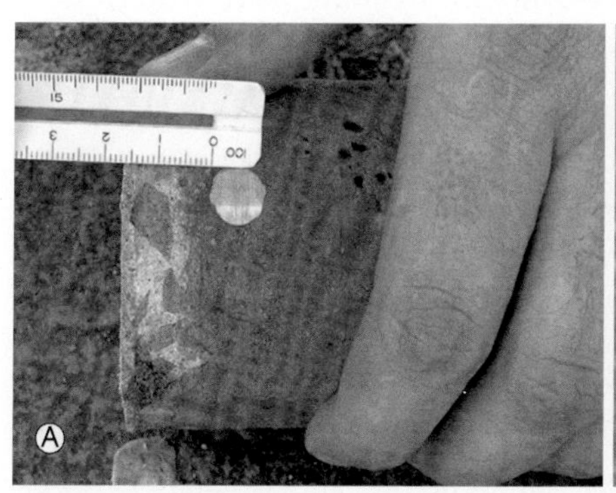

Fig. 2.28 *Concreto da camada de cobrimento (A) carbonatado e (B) não carbonatado*

de pega e de endurecimento, água de amassamento contaminada, adições e agregados contaminados.

De acordo com Figueiredo e Meira (2011), os parâmetros que influenciam a penetração dos íons cloreto no concreto são praticamente os mesmos envolvidos na penetração de CO_2. São eles: o tipo de cimento, a relação água/cimento, o grau de saturação dos poros, o efeito do cátion que acompanha o íon cloreto, a existência de fissuras, a carbonatação e a temperatura.

A ação dos íons cloreto na armadura de aço se dá por meio das reações descritas nas Eqs. 2.15, 2.16 e 2.17 (Helene, 1997).

$$Fe^{2+} + 2Cl^- \rightarrow FeCl_2 \tag{2.15}$$

$$FeCl_2 + 2H_2O \rightarrow Fe(OH)_2 + 2Cl^- \tag{2.16}$$

$$6FeCl_2 + O_2 + 6H_2O \rightarrow 2Fe_3O_4 + 12H^+ + 12Cl^- \tag{2.17}$$

Conforme se constata, a corrosão das armaduras devido aos íons cloreto é mais preocupante do que a corrosão devido à carbonatação, pois os íons cloreto não são consumidos nas reações, ficando livres. Mehta e Monteiro (2014) ressaltam que o teor-limite de íons cloreto para se iniciar o processo de corrosão está entre 0,6 kg e 0,9 kg de Cl^- por m^3 de concreto, mas esse teor é muito variável de caso a caso em função de outros fatores, tais como a umidade relativa (RH) do ambiente e do concreto.

A NBR 12655 (ABNT, 2015b) limita o teor de íons cloreto (percentual sobre a massa de cimento) em 0,05% para concreto protendido, 0,15% para concreto armado exposto a íons cloreto, 0,40% para concreto armado exposto a condições não severas e 0,30% para concreto armado submetido a outras exposições. Para concreto armado convencional, outras normas e códigos internacionais recomendam valores similares aos da nossa normativa, como se observa na Tab. 2.6, medidos em percentual de massa de cimento.

Os elementos estruturais submersos em água do mar estão susceptíveis aos processos de corrosão, dependendo das condições de umidade, oxigênio e temperatura. Porém, se estiverem sempre submersos, não há corrosão, não sendo uma preocupação para os profissionais. Mas, no caso dos elementos submetidos a zonas de oscilação de água do mar, ou respingos de maré, a elevação do nível da água promove uma saturação dos poros e, com a diminuição do nível de água, a cristalização do sal retido. A repetição do processo promove um acúmulo de sais cristalizados nos poros, os quais podem se expandir e submeter o concreto a tensões internas, gerando fissuras. Elementos em contato com vapor de água salina são submetidos a processos semelhantes, pela concentração de cristais de sal provindos do vapor de água. Esse fenômeno é comum na face inferior das vigas e lajes dos tabuleiros de pontes, por exemplo. Esses casos são preocupantes e devem ser previstos em projeto, observando-se a profilaxia.

Tab. 2.6 Valor crítico de íons cloreto segundo normas internacionais

País	Norma	Limite máximo de cloreto em relação à massa de cimento
Estados Unidos	ACI 318	≤ 0,15% em ambiente de Cl^-
		≤ 0,30% em ambiente normal
		≤ 1,00% em ambiente seco
Austrália	AS 3600	≤ 0,22%
Espanha	EH 91	≤ 0,40%
Europa	Eurocode 2	≤ 0,22%
Japão	JSCE-SP 2	≤ 0,60 kg/m³ em relação à massa de concreto fresco

Fonte: baseado em Gentil (2012) e Pellizzer (2015).

Água como agente de deterioração química

O transporte de agentes nos poros do concreto se desenvolve em condições específicas de umidade. Ollivier e Torrenti (2014) citam que as espécies iônicas só podem se difundir por meio da fase líquida intersticial, ao passo que o dióxido de carbono se difunde mais rapidamente no ar do que na água.

A água tem participação decisiva nos mecanismos químicos de deterioração, seja por (I) diluir os agentes agressivos e facilitar o ingresso deles no interior do concreto, (II) viabilizar as transformações químicas, funcionando como um reagente ou (III) inibir o ingresso de gases no interior do concreto, os quais causam transformações de natureza química. Segundo Ollivier e Torrenti (2014), a quantidade de água líquida dentro do concreto depende tanto da sua estrutura porosa quanto da umidade relativa do ar do ambiente no qual ele se encontra.

A origem da água pode ser o contato direto da estrutura com chuva ou água de rio ou mar, a umidade contida nos poros do concreto ou o meio ambiente. A água contida dentro dos poros é chamada de água livre.

A Tab. 2.7 lista os mecanismos químicos, correlacionando-os com uma determinada faixa de umidade e definindo o risco de agressão atrelado a eles.

Observa-se que a intensidade de carbonatação é máxima quando a umidade relativa dos poros do concreto está compreendida entre 45% e 65%, e é bem desenvolvida com a UR entre 65% e 85%. Caso o concreto possua seus poros cheios de água, o gás carbônico não pode penetrar e se difundir, e a reação química que deflagra a carbonatação não se desenvolve. O concreto saturado evita a entrada de CO_2, funcionando como uma barreira ao ingresso do gás, uma vez que este é pouco solúvel na água e a ação do anidrido carbônico depende do teor de CO_2 presente no meio. É também por esse motivo que não há risco de corrosão em estruturas permanentemente submersas.

Tab. 2.7 Correlação entre mecanismo de deterioração e umidade relativa dos poros do concreto na probabilidade de deterioração

Umidade relativa	Mecanismo*			
	Carbonatação	Corrosão eletroquímica metálica		Ataque químico ao concreto
		Em concreto carbonatado	Em concreto contaminado por íons cloreto	
Muito baixa (< 45%)	1	0	0	0
Baixa (45-65%)	3	1	1	0
Média (65-85%)	2	3	3	0
Alta (85-98%)	1	2	3	1
Saturada (> 98%)	0	1	1	3

*0 = insignificante, 1 = risco baixo, 2 = risco médio e 3 = risco alto.

Fonte: baseado em CEB (1992).

No tocante à corrosão metálica, sabe-se que a pilha galvânica se desenvolve quando há diferença de potencial, umidade e oxigênio. Nos casos de concretos já carbonatados, em que a camada passivadora do aço está rompida e as barras desprotegidas, a corrosão se desenvolverá em uma umidade maior do que a necessária para viabilizar o ingresso dos gases desencadeadores da carbonatação. A formação do eletrólito é dependente da umidade dos poros, sendo fundamental que ela seja alta, porém não saturada a ponto de tornar o ambiente circundante da barra isento de oxigênio, o que impossibilita as reações catódicas. Assim, a umidade crítica para o desencadeamento da corrosão em concretos já carbonatados está compreendida entre 65% a 85%.

Essa umidade é muito semelhante à observada na corrosão por íons cloreto. O ingresso e a percolação desses íons ao interior do concreto só é possível com altos teores de umidade nos poros. A água da porosidade funciona como um meio de transporte. Quanto mais próximo do teor de saturação, tanto maior a quantidade de água contida nos poros e mais facilmente será o transporte desses íons até as armaduras. Todavia, na ausência de oxigênio, as reações eletroquímicas de corrosão não ocorrem. Dessa forma, o grau de umidade crítico à corrosão por íons cloreto está compreendido entre 65% e 98%.

No caso de ataques químicos não atrelados à corrosão das armaduras e aos processos que envolvem gases como reagentes, o grau de saturação absoluto não se torna um inibidor. É o caso de mecanismos químicos de deterioração, como o ataque por sulfatos, a reação álcali-agregado e o ataque por ácidos. Os reagentes dissolvidos na água em contato com a estrutura são responsáveis por dissolver os compostos hidratados do cimento, gerando processos expansivos e degradação mecânica, independentemente da quantidade de oxigênio do meio.

Portanto, com umidade muito baixa, abaixo dos 45%, não há grandes riscos de corrosão, independentemente do agente agressivo presente. Nas regiões mais secas do país, como o Cerrado, o mecanismo de deterioração das estruturas não é muito observado. Já em regiões úmidas, como o sul do País e toda a costa marítima, a corrosão é o grande problema patológico encontrado nas edificações.

No caso de elementos estruturais construídos na água, uma discussão quanto aos mecanismos de deterioração pode ser feita, como apresentado na Fig. 2.29.

Na região chamada de atmosférica, isto é, aquela em que não se tem o contato direto com a água ou é submetida a ciclos de molhagem e secagem, o mecanismo de degradação química mais comum é o da carbonatação. A corrosão, seja em um concreto contaminado por íons cloreto ou em um concreto carbonatado, só ocorrerá se o ambiente circundante da armadura tiver um teor de umidade suficiente

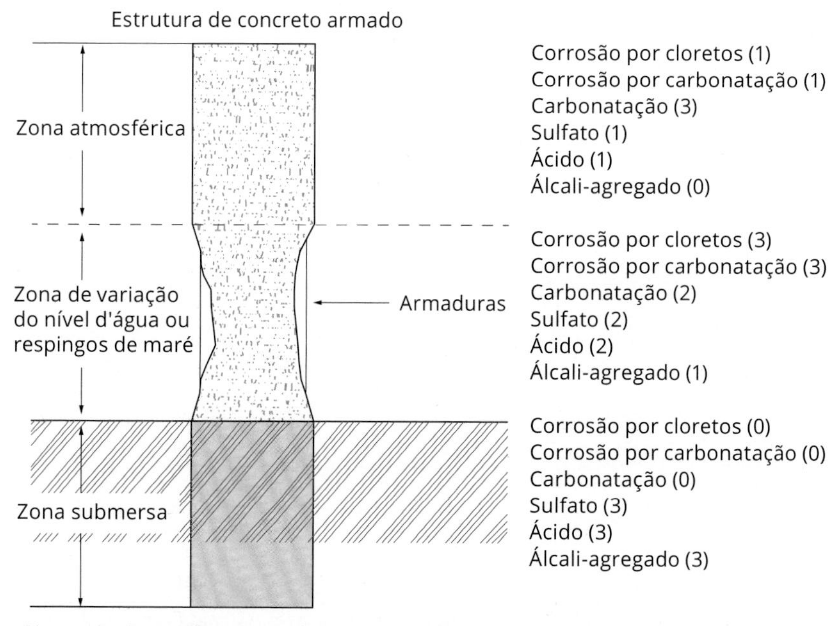

Fig. 2.29 *Riscos de deterioração em estruturas construídas na água*
Fonte: adaptado de Mehta (1980).

para deflagrar o mecanismo. As reações por sulfato e ácido são improváveis, salvo se a peça tiver um contato com água da chuva. Mesmo assim, a reação ocorrerá mais lentamente do que no caso de peças em contato direto com águas contaminadas por esses agentes. No caso da reação álcali-agregado, a necessidade de umidade elevada, permanente e próxima à saturação praticamente inibe o desenvolvimento do processo nessa região.

A região da peça submetida à variação do nível de água ou a respingos de maré acaba se tornando crítica para o desencadeamento do mecanismo de corrosão, dada a combinação entre a umidade, capaz de funcionar como um eletrólito, e o oxigênio, capaz de deflagrar as reações catódicas. A carbonatação do concreto não é intensa, principalmente por causa da variação de umidade nos poros, o que inibe o ingresso dos gases durante os períodos de umidade elevada. O ataque por ácido e sulfatos se desenvolve mais lentamente do que na condição submersa da peça, tanto maior o tempo de molhagem-secagem-molhagem da superfície, o que produz a formação de sucessivas etapas de exposição, reação e lavagem dos respectivos produtos de reação gerados. A reação álcali-agregado ocorre lentamente, uma vez que a umidade adequada não é permanente.

Já na condição submersa, a saturação dos poros do concreto faz com que o mecanismo de corrosão não se desenvolva, e tampouco sua carbonatação, devido à inibição do ingresso do gás oxigênio e do gás carbônico. Todavia, o contato permanente com a água, se contaminada, torna a peça susceptível aos processos de deterioração gerados por ácidos e sulfatos, desagregando compostos hidratados mais rapidamente. A reação álcali-agregado, dependendo dos materiais usados, possui as condições ideais para desencadear esse processo.

2.1.2 Mecanismos físicos de deterioração

Os mecanismos físicos de deterioração se desenvolvem devido a agentes que submetem a peça a esforços internos, como os esforços produzidos pela movimentação térmica volumétrica ou pelo congelamento da água nos poros do concreto, que tencionam o elemento. Quando ultrapassada a resistência à tração, surgem fissuras. Nesses mecanismos, a causa do fenômeno é mecânica, ou seja, é a insuficiência estrutural da peça a solicitações produzidas internamente no material.

No caso da movimentação térmica, o esforço interno é produzido pelo aumento do volume do concreto aquecido pela alta temperatura. Quando as tensões de expansão volumétrica são maiores do que a resistência à tração do concreto, ocorre a fissuração. Já no caso do congelamento da água nos poros, a transformação do estado físico do fluido o submete a um aumento de volume da ordem de 9% que, nos casos em que os poros existentes no concreto são insuficientes, gera uma fissuração. A armadura ajuda na absorção dos esforços; logo, quanto mais armada, menos a peça sofre com as ações.

Os mecanismos físicos também podem se desenvolver no estado fresco do concreto ou devido aos desgastes superficiais, no estado endurecido, originados por processos de atrito entre uma fonte externa e a superfície do concreto. Como consequência, são produzidas erosões e cavitações nos elementos.

A seguir, abordam-se os mecanismos de retração do concreto, movimentação térmica, ação de gelo e degelo e desgaste superficial por erosão ou cavitação.

Retração do concreto

A retração do concreto é dividida em retração por secagem, por assentamento plástico, autógena e por carbonatação.

A retração por assentamento plástico é quando o concreto se adensa e, após o endurecimento, elementos fixos e rígidos restringem a sua movimentação, como eletrodutos e barras de aço (Fig. 2.30).

Já a retração autógena ocorre devido ao volume dos compostos hidratados, o qual é menor que o volume do cimento mais o da água. Ou seja, toda partícula de cimento que hidrata provoca uma pequena contração na mistura. Logo, é uma manifestação patológica que ocorrerá, mais comumente, em concretos com elevados consumos de cimento, como os concretos de alta resistência.

A retração por carbonatação é parecida com a autógena, pois também é uma contração química. Ocorre quando o hidróxido de cálcio ($CaOH_2$) do concreto hidratado reage com o dióxido de carbono (CO_2) do ambiente, formando o carbonato de cálcio ($CaCO_3$). Porém, o $CaCO_3$ é menor do que o $CaOH_2$, causando a retração do concreto. Assim, a retração por carbonatação ocorre ao longo da vida útil do elemento e dominantemente em ambientes mais agressivos e com concretos desprotegidos.

Observa-se que as retrações por assentamento plástico, autógena e por carbonatação não são comuns no dia a dia da construção civil nem resultam em

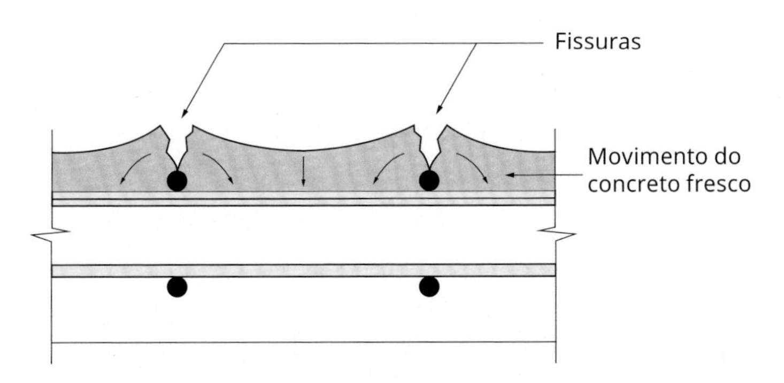

Fig. 2.30 *Retração por assentamento plástico*
Fonte: adaptado de Carmona Filho e Carmona (2013).

danos menores e mais pontuais, pois ocorrem em situações específicas. A que é comum, que acontece em muitos casos, é a retração por secagem, também conhecida como retração por dessecação superficial.

Na retração por secagem, a maior parte das fissuras ocorre na etapa de produção do concreto, antes do início da pega, ou após a pega, em até 48 horas. O concreto continuará retraindo por até dois anos, mas grande parte do fenômeno acontece nas 48 horas iniciais. Esse mecanismo se desenvolve devido à perda excessiva, por evaporação, da água livre do concreto. Essa perda d'água pode ocorrer imediatamente após o lançamento do concreto, isto é, antes do início da hidratação do cimento Portland, provocando uma retração volumétrica na pasta, submetendo-a a esforços internos que não são absorvidos, uma vez que a resistência do concreto, nessa etapa, é ínfima. Normalmente, o fenômeno ocorre em dias de forte insolação, com altas temperaturas, baixa umidade do ar e incidência de ventos, muitas vezes acompanhadas de uma cura mal realizada. O ábaco do ACI mostra como estimar a probabilidade de se gerar a fissuração e está apresentado na Fig. 2.31.

No ábaco do ACI é possível notar que, em um dia com temperatura do ar de 35 °C, com umidade relativa do ar de 40%, com temperatura da superfície do concreto – medida com um termômetro convencional – de 35 °C e com velocidade do vento do entorno de 30 km/h, a probabilidade de se ter um concreto fissurado é de 100%. Destaca-se que o ábaco do ACI é prático e direto, podendo ser utilizado com ferramentas manuais simples, como termômetros e anemômetros manuais, ou com termo-higrômetro, equipamento portátil que mede temperatura, umidade e velocidade do vento, além de obter imagens térmicas, como mostra a Fig. 2.32.

As fissuras por retração por secagem se apresentam quase sempre em linhas horizontais e na superfície externa da peça, com abertura máxima de 0,5 mm. Quanto maior a superfície de exposição e menor a espessura do elemento, maior é a chance de ocorrência do fenômeno, segundo os princípios de variação térmica volumétrica. Logo, no caso de elementos com espessura variável, as fissuras se propagarão nas zonas mais delgadas. Em razão disso, os elementos mais suscetíveis são lajes, muros de arrimo, cortinas de contenção, paredes maciças e pavimentos rígidos de concreto, pelas grandes dimensões que possuem e pela grande área de superfície diretamente exposta à luz solar (calor). A principal manifestação desse mecanismo é uma distribuição aleatória das fissuras na superfície, interceptando-se em ângulos retos.

A Fig. 2.33 mostra uma laje com fissuração típica de dessecação superficial. Esse tipo de fissuração é conhecido, coloquialmente, por *pele de galinha*, *casca de laranja* ou *pele de crocodilo*.

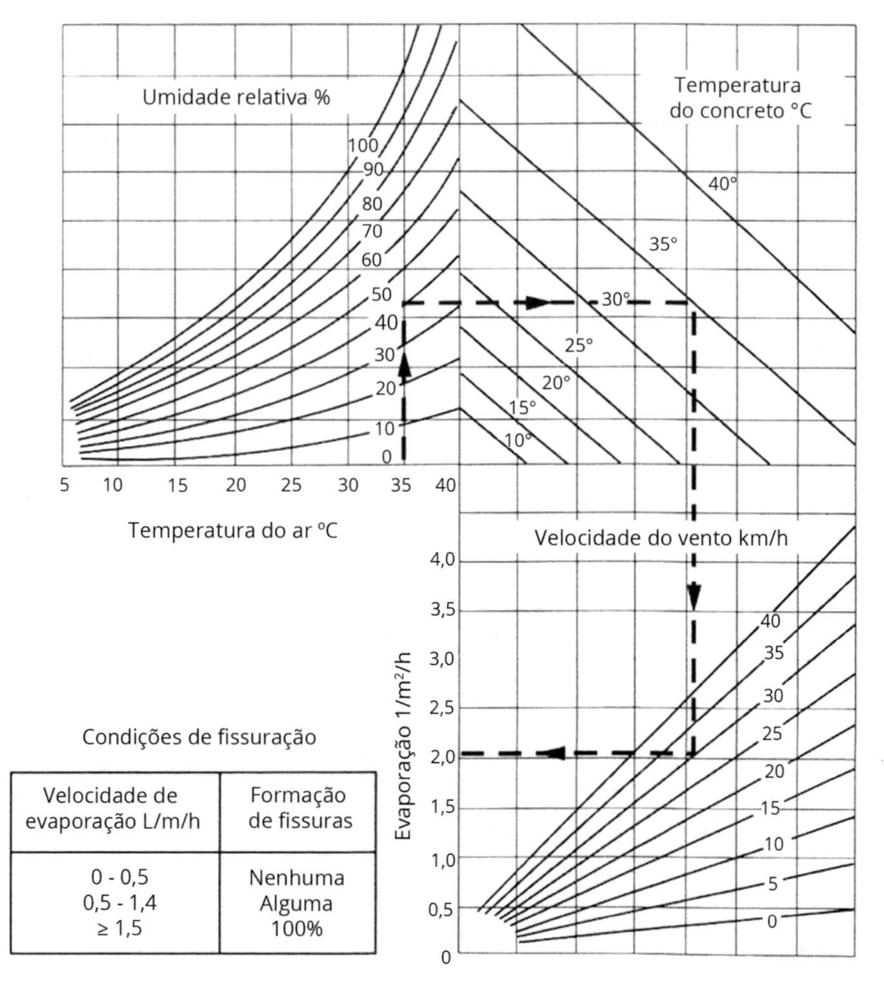

Velocidade de evaporação L/m/h	Formação de fissuras
0 - 0,5	Nenhuma
0,5 - 1,4	Alguma
≥ 1,5	100%

Fig. 2.31 *Ábaco para determinar condições de fissuração*
Fonte: adaptado de ACI (1999).

Para se evitar essa retração, recomenda-se a concretagem em dias ou horários com menor temperatura, menor incidência de vento e maior umidade ambiental. Caso as condições não sejam propícias, deve-se tentar minimizar as condições adversas, como começar a concretagem o mais cedo possível, molhar os agregados na central de concreto, umedecer a forma, usar o concreto o mais rápido possível (não o deixar muito tempo parado na obra), usar aditivos estabilizadores de hidratação ou retardadores de pega, ou até usar gelo em substituição de parte ou da totalidade da água de amassamento. De qualquer forma, é aconselhável verificar as condições climáticas no momento da concretagem.

Em projetos estruturais mais criteriosos, concebidos, por exemplo, para obras no norte do Brasil, sabidamente de maior temperatura média e maiores períodos de insolação em relação às outras regiões brasileiras, alguns projetistas colocam

Fig. 2.32 *Termo-higrômetro e imagem térmica gerada por ele*

Fig. 2.33 *Retração por secagem, ou dessecação superficial, em pavimento de concreto do aeroporto Salgado Filho Internacional (RS)*

uma nota sob o selo das plantas, alertando o executor quanto aos períodos do dia ideais à construção dos elementos projetados, geralmente antes das 10h e após as 15h. O objetivo do calculista, nesse caso, é evitar fissuras desagradáveis que venham a gerar críticas ao seu projeto, como se nota geralmente em peças de concreto não revestidas, como pisos industriais. A preocupação com durabilidade e vida útil sempre acompanha os bons projetos.

Movimentação térmica do concreto

As mudanças de temperatura no concreto ocasionam mudanças de volume, como em qualquer outro sólido. Quando submetida ao calor, a peça se expande e, quando submetida ao frio, se contrai: essa é a essência do mecanismo de movimentação térmica. A principal manifestação provocada são fissuras. Porém, o concreto é um bom isolante térmico, e bem dificilmente as temperaturas moderadas provocadas pelo aquecimento solar provocarão danos severos à estrutura, uma vez que as camadas mais internas da seção da peça sequer sofrerão a influência da temperatura.

A retração e expansão volumétrica das peças de concreto se originam da mudança de temperatura do ambiente. Quando o movimento de dilatação natural da estrutura é restringido internamente (armaduras) e/ou externamente (vinculações), tensões diferenciais são produzidas no elemento, culminando, caso ultrapassado o limite resistivo do material, no surgimento de fissuras por retração ou dilatação térmica do concreto.

As solicitações de natureza térmica se sobrepõem às tensões produzidas pelo uso ou carregamento normal da peça estrutural. Há, portanto, uma sobreposição de efeitos que deve ser considerada no dimensionamento da peça. A negligência de projeto é, portanto, um fator decisivo no surgimento do fenômeno, até porque, em muitos elementos, essa solicitação é predominante. Com o avanço da computação aplicada à engenharia, já se têm disponíveis avançados métodos de análise estrutural que calculam as tensões internas nos elementos estruturais para diferentes gradientes de temperatura. Antigamente, essas solicitações internas produzidas eram tomadas com base na experiência e no conservadorismo do profissional, que algumas vezes se mostravam insuficientes.

Observa-se que é possível a ocorrência de uma inversão dos diagramas de momentos fletores ou o incremento das solicitações internas nos sistemas estruturais, devido à variação volumétrica. No caso das lajes de cobertura de grandes vãos e engastadas em vigas de grande inércia, a face submetida à insolação direta possuirá uma temperatura superficial maior do que a interna, voltada ao cômodo, provocando uma tensão de flexão contrária à admitida no projeto, normalmente oriunda das cargas verticais. Segundo Meseguer, Cabré e Portero (2009), é esperado que ocorra fissuração quando houver diferencial térmico superior a 20 °C entre superfícies do concreto, se não armadas.

No caso de lajes apoiadas em vigas de periferia, por exemplo, tem-se a possibilidade de a variação volumétrica da laje provocar esforços de torção na viga. As vigas do pavimento normalmente não são armadas para esse esforço, o que pode produzir fissuras de torção nelas dentro de alguns cenários.

Logo, as manifestações produzidas estão atreladas à inércia das vinculações dos elementos que estão submetidos à dilatação. No caso de sistemas aporticados, se uma viga de grande inércia sofre uma dilatação ou retração volumétrica, e sendo os apoios de menor inércia, incapazes de restringir o efeito, fissuras serão deflagradas nos pilares. Armaduras insuficientes de esforço cortante, os estribos, também podem colaborar nesse processo. Caso a viga sofra expansão, a face interna do pilar é tracionada e fissuras de tração na flexão ocorrerão nas proximidades de sua ligação com a viga, elemento promotor do esforço. Do contrário, a face externa do pilar é tracionada, e fissuras de tração na flexão ocorrerão nos pontos onde essa restrição ocorrer, isto é, nas proximidades do apoio, na base do pilar. Nos dois casos, as fissuras se desenvolverão nos pontos onde momentos fletores dos pilares já podem ser máximos, havendo uma sobreposição de esforços. A Fig. 2.34 ilustra a provável locação dessas fissuras.

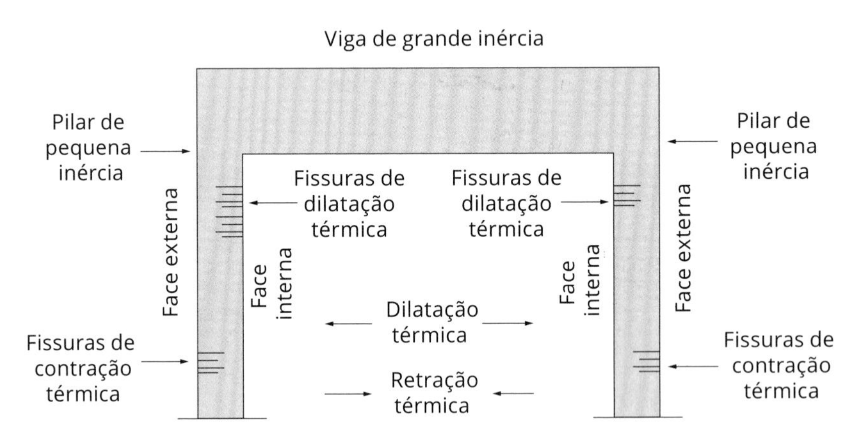

Fig. 2.34 *Fissuras de retração e dilatação térmica restringida, com vigas de grande inércia e pilares de pequena inércia*

Caso a viga submetida às variações térmicas possuir uma inércia menor do que a de suas vinculações, e sendo estas suficientemente rígidas, será na viga que fissuras aparecerão se não forem absorvidas. Caso a viga sofra dilatação, a restrição dos pilares à sua movimentação promoverá um incremento do momento positivo, e fissuras de flexão, no meio do vão, poderão surgir, por insuficiência de armaduras. Se, ao contrário, ocorrer um movimento de retração, esforços de tração serão produzidos junto à interface da viga com os apoios, e fissuras perpendiculares ao seu eixo serão formadas, principalmente na região de interface com o pilar. A Fig. 2.35 mostra a provável locação das fissuras.

As fissuras por retração térmica dos elementos de concreto ainda dependem, segundo Thomaz (2007), das dimensões da peça, da taxa de armaduras e da distribuição destas ao longo da seção transversal. O autor comenta que, no caso de vigas altas, e na inexistência ou insuficiência das armaduras de pele, as fissuras ocorrerão no terço médio da altura da viga, sendo verticais, lineares e regularmente espaçadas, conforme mostra a Fig. 2.36.

O diferencial de temperatura é frequente em pavimentos de concreto construídos em regiões de forte oscilação térmica, principalmente em algumas

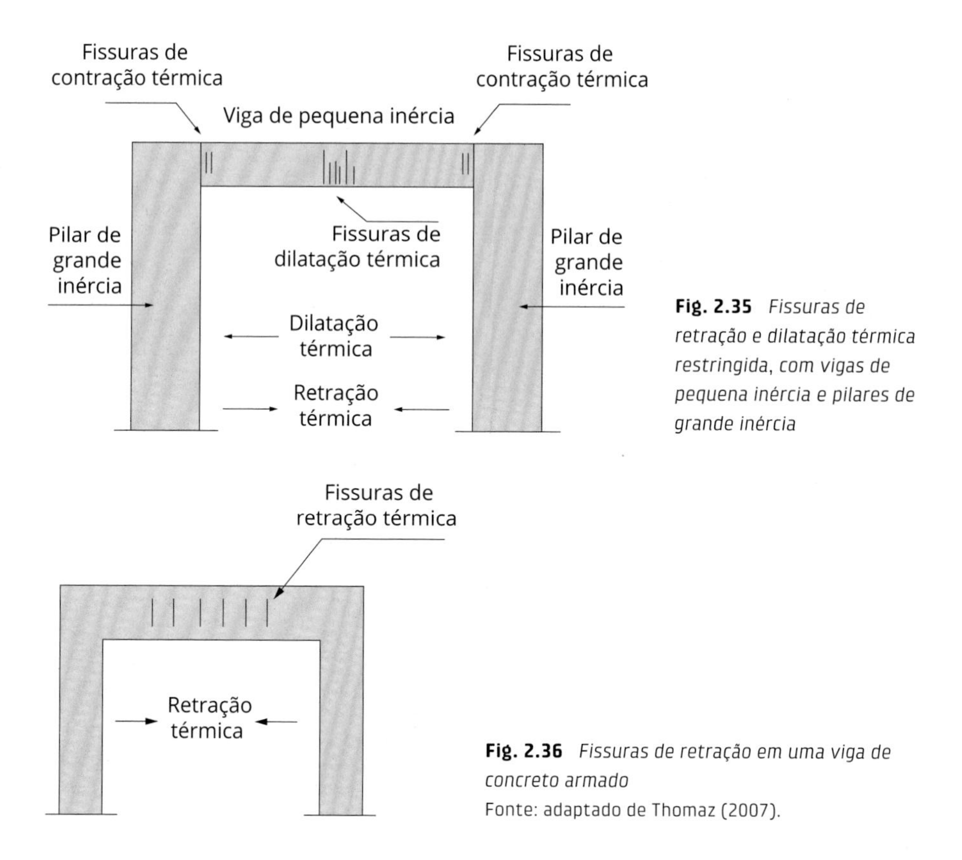

Fig. 2.35 *Fissuras de retração e dilatação térmica restringida, com vigas de pequena inércia e pilares de grande inércia*

Fig. 2.36 *Fissuras de retração em uma viga de concreto armado*
Fonte: adaptado de Thomaz (2007).

estações do ano, como no outono e na primavera. Nessas estações, e particularmente no sul do Brasil, os dias são marcados por tardes quentes e noites frias, com ciclos de calor e frio. Além disso, locais com maior incidência de sol estão mais susceptíveis a essa manifestação, como as fachadas voltadas para a direção Norte e Leste e as partes mais altas dos edifícios. É uma manifestação comum de ocorrer em coberturas, por exemplo, que não contêm com um bom isolamento térmico ou proteções solares, como *brises* e telhados com ventilação.

Placas de concreto também são submetidas ao contato direto com os raios solares em somente uma das faces e, na grande maioria dos casos, são concebidas sem armaduras de retração, tornando-as vulneráveis a fissuras. A experiência tem demonstrado que peças não armadas, com dimensões superiores a 5 m e construídas em regiões subtropicais e temperadas, são susceptíveis a fissuras por movimentação térmica. A Fig. 2.37 ilustra uma fissura típica de dilatação térmica em uma placa de concreto que compõe o pavimento rígido de uma rodovia no Estado do Rio Grande do Sul, na região metropolitana, a ERS-118. É uma fissura linear, paralela à menor dimensão da placa e localizada no centro do elemento.

Fig. 2.37 *Fissura devida à dilatação térmica em pavimento de concreto*

Em lajes planas, o tipo das fissuras segue o aspecto de um mosaico, ocorrendo em uma ou ambas as faces da peça. Contudo, caso essas lajes possuam engastamento em vigas de maior inércia dentro do sistema, as fissuras aparecerão com traçado paralelo às armaduras e serão tanto mais numerosas, juntas e finas quanto maior a quantidade de armadura. As consequências da movimentação térmica dos elementos estruturais de concreto armado atingem os sistemas de vedação que os entornam.

Ação do gelo-degelo

O estudo da ação do gelo-degelo deve considerar dois períodos: (I) no estado fresco ou algumas horas após o início da pega do concreto e (II) durante a vida útil da estrutura.

Para o período (I), na ocorrência do congelamento da água de amassamento, o processo de hidratação do cimento será suspenso, sendo retomado após o descongelamento.

A água, na sua alteração de fase, tem uma variação volumétrica, o que justifica a manifestação no período (II). Em temperaturas inferiores a 0 °C, a água tem um aumento de até 9% do seu volume. Esse congelamento, caso não seja absorvido pelos poros, e a subsequente expansão volumétrica promovem o surgimento de tensões internas na peça que, se ultrapassarem a tensão resistente à tração do concreto, culminarão no surgimento e na propagação de fissuras.

Nesse caso, a condição de umidade do concreto no ato do congelamento deve ser analisada. Existe uma quantidade de umidade crítica para a ocorrência dos danos, a chamada *saturação crítica do concreto*. Caso o material tenha um índice de poros maior ou igual ao incremento de volume da água (ou seja, 9%), as tensões produzidas serão absorvidas por esses vazios.

Essa presunção se aplica nas regiões propensas a temperaturas negativas por períodos prolongados e sucessivos, visto que o dano produzido pelo gelo-degelo não é imediato. Para que esse fenômeno produza dano, são necessários numerosos ciclos de gelo e degelo. Isso justifica a necessidade de concretos com reduzida permeabilidade em regiões onde as temperaturas negativas ocorrem ocasionalmente.

Desgaste superficial

O desgaste superficial pode ser originado pelo contato de partículas ou materiais sólidos com o elemento de concreto, o que ocasiona a erosão; ou pelo movimento de água corrente sobre a peça, originando a cavitação. A primeira situação é mais comum em pavimentos rígidos de concreto, pelo atrito dos pneus dos veículos que trafegam. A segunda, mais frequente em estações ou galerias subterrâneas, provém do aparecimento de bolhas de vapor de água que explodem, principalmente nos casos em que o fluido tem repentina mudança de direção.

A Fig. 2.38 ilustra o desgaste superficial por erosão de uma placa de concreto que compõe o pavimento rígido de uma rodovia, principalmente na borda da placa, na região da junta de movimentação, provocado pela passagem dos veículos. Dada a susceptibilidade à ocorrência do fenômeno, é recomendado o uso de lábios poliméricos nas juntas das placas de pavimentos rígidos, principalmente no caso de pontes, que também estão susceptíveis ao fenômeno, conforme Fig. 2.39.

Quando há desgaste mecânico superficial, o fenômeno é a erosão. Quando há quebra das arestas, próximo à junta de movimentação ou dilatação, a manifestação patológica gerada é o esborcinamento.

2.1.3 Mecanismos biológicos de deterioração

A agressão de cunho biológico é produzida no concreto aparente por fungos, bactérias, algas ou musgos. Os agentes são encontrados em zonas úmidas e com baixa ventilação, como em ambientes voltados para a direção Sul e Oeste no hemisfério sul, e para o Norte e Leste no hemisfério norte, áreas marítimas e locais próximos a redes de esgoto.

A principal consequência da formação dessas espécies é a segregação de ácidos húmicos, com a dissolução da pasta de cimento Portland hidratada pela atividade metabólica dos microrganismos, reduzindo as propriedades da pasta de cimento, expondo os agregados e eventualmente gerando fissuras e alteração do aspecto visual das peças contaminadas. Por se tratar de seres vivos, a proliferação desses indivíduos é forte indicativo da existência de umidade interna no elemento, visto que eles necessitam de água para a sobrevivência. Com a estrutura com baixo pH e a presença de umidade, é possível que ocorra o fenômeno da corrosão, dependendo da espessura de cobrimento.

Além disso, a presença dos microrganismos torna a peça susceptível à deterioração por ciclos de gelo e degelo em regiões mais frias, pois os seres crescem

Fig. 2.38 *Desgaste superficial por abrasão no corpo e na borda de placas de concreto de pavimento rígido*

Fig. 2.39 *Esborcinamento do bordo de placas que compõem o tabuleiro de uma ponte*

e formam um biofilme na superfície de concreto. A atividade metabólica desses seres promove a excreção de ácidos e de nitratos, que se acumulam junto ao biofilme. Alguns microrganismos, chamados de hidrofílicos, têm a característica de reter água. Logo, o crescimento bacteriano resulta no aumento do teor de água junto à superfície do concreto e, consequentemente, nos poros desse material, como explica Shirakawa (1994).

A Fig. 2.40 ilustra a aparência superficial dos elementos de concreto com mecanismos biológicos de deterioração instalados, sendo evidenciada a excessiva umidade superficial, que promove a formação de liquens e de manchas superficiais.

Fig. 2.40 *Formação de liquens (A) em um pilar de concreto armado em edificação em Havana, Cuba e (B) junto a uma fissura longitudinal de uma cortina atirantada no sul do Brasil*

Nesse tipo de agressão, é possível notar o crescimento de vegetação e raízes nas juntas de dilatação ou fissuras, devido ao acúmulo de umidade. O crescimento de vegetação promove a deterioração mecânica da peça, por causa das tensões produzidas por raízes de algumas espécies arbóreas que se desenvolvem, gerando esforços internos e propagação de fissuras. Isso também pode gerar a deterioração do cobrimento das armaduras, expondo-as e potencializando os mecanismos de corrosão.

A Fig. 2.41 ilustra o piso de concreto armado da sacada de uma edificação em Havana, Cuba, evidenciando o processo de corrosão das armaduras, já em estágio avançado. Nota-se uma desagregação de pedaços de concreto e fissuras disseminadas, o que potencializa o fenômeno.

No caso dos elementos em contato com o esgoto, como tubos e galerias de concreto, as bactérias anaeróbias do gênero *Thiobacillus* podem transformar o sulfato dos dejetos do esgoto em ácido sulfídrico que, oxidado pelas bactérias, é transformado em ácido sulfúrico, promovendo um ataque ácido ao concreto. As bactérias capazes de gerar essa transformação são as chamadas quimiolitotróficas, as quais excretam ácidos inorgânicos.

Autores como Shirakawa (1994) também descrevem a corrosão microbiológica, isto é, a corrosão metálica promovida por agentes biológicos. O fenômeno ocorre pela geração de substâncias corrosivas pelos microrganismos, como

Fig. 2.41 *Crescimento de raízes junto ao piso de concreto em sacada de uma edificação em Cuba*

álcalis, ácidos e sulfetos, os quais originam pilhas de aeração diferencial, gerando uma diferença de potencial e formando as condições ideais para o processo ocorrer. No entanto, a autora destaca que o mecanismo de corrosão do aço desenvolvido é de natureza eletroquímica.

2.1.4 Mecanismos mecânicos de deterioração

Nesta seção, descrevem-se as manifestações patológicas que independem dos mecanismos químicos, físicos ou biológicos. São mecanismos que afetam a resistência estrutural do elemento, com origem no projeto, execução ou uso ineficiente.

O mecanismo mecânico de utilização resulta da extrapolação da capacidade resistente da peça, seja por esforços simples ou combinados, seja por carregamento excessivo ou deficiência portante da peça. Independentemente da causa, a solicitação será maior do que a capacidade resistiva do elemento. Como consequência, fissuras são formadas com geometrias características, indicando uma extrapolação da capacidade portante do elemento a um determinado esforço.

Diante dos carregamentos externos, o concreto fica submetido a um estado tensional complexo, fato que pode dificultar o diagnóstico. Dependendo da magnitude e condição do carregamento, as fissuras não necessariamente significam eminência do colapso. Diferentemente de outras soluções estruturais, as estruturas de concreto armado, salvo em alguns casos de estruturas pré-fabricadas, formam um sistema hiperestático. Logo, a perda de parte da capacidade portante, ou sobrecarga, ocasiona, após a fissuração, a redistribuição de esforços aos elementos estruturais vizinhos. Dessa forma, em uma análise global do sistema estrutural, a insuficiência portante de determinado elemento isolado repercute na produção de efeitos de segunda ordem na estrutura, submetendo-a a esforços não admitidos.

As origens de manifestações nesses casos podem ser diversas: um projeto mal realizado, com negligência nas solicitações de cálculo, lançamento estrutural equivocado, falha no modelo de cálculo ou no detalhamento das peças; um uso inadequado, com sobrecarga por alteração de uso; ou uma execução errônea, com erro na leitura do projeto, concreto deficiente, mau lançamento do material ou sua desforma prematura. Para a avaliação dos mecanismos mecânicos, pode ser interessante a modelagem dos elementos ou do sistema estrutural, testando as hipóteses que se entendem como as prováveis origens. Dessa forma, é possível identificar o tipo e a magnitude da solicitação atuante em cada elemento. Uma análise conjunta com o projetista da estrutura, ou com um segundo projetista, pode se tornar uma alternativa rápida e produtiva.

A seguir são mostradas algumas manifestações provenientes de mecanismos mecânicos. Elas foram separadas pelo tipo de esforço atuante.

Compressão

A solicitação de compressão, mais comum em pilares, provoca instabilidades que dependem de seu comprimento lateral destravado (flambagem), inércia, área da seção transversal, travamento lateral e vinculação, ou seja, fatores que remetem ao índice de esbeltez. Com base nesse cenário, pilares classificados pela NBR 6118 (ABNT, 2014a) como curtos e/ou medianamente esbeltos são, de modo geral, submetidos a esforços de compressão predominantemente simples, principalmente numa condição de pilares intermediários, como mostra a Fig. 2.42, desde que as vigas adjacentes possuam carregamentos e vãos semelhantes. Nesses casos, e sob a condição de sobrecarga, o esmagamento do concreto pode produzir fissuras como as mostradas na Fig. 2.43A, típicas de esforço bem próximo ao axial. Instabilidades laterais podem ocorrer, principalmente nos pilares localizados no canto ou na extremidade (Fig. 2.42), onde serão desenvolvidas fissuras em apenas algumas faces. Em tal caso, o estado de fissuração é semelhante ao mostrado na Fig. 2.43B, com fissuras típicas de tração e compressão nos respectivos lados em que os esforços atuam.

O esmagamento do concreto do pilar pode se dar por uma instabilidade lateral das barras de armaduras longitudinais que o compõem, conforme as Figs. 2.44 e 2.45. No caso de uma instabilidade lateral dos pilares por flexocompressão excessiva, o esmagamento da face comprimida da seção poderá ou não ser notado, conforme Fig. 2.46, em que se mostra a condição de instabilidade lateral sem esmagamento do concreto, tampouco das barras.

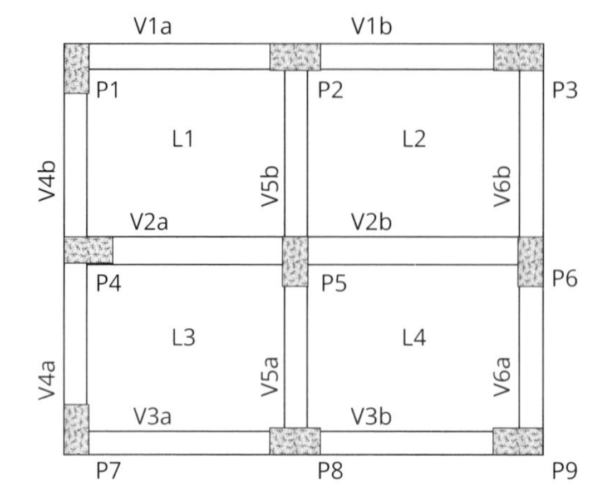

Fig. 2.42 *Locação dos pilares em planta*

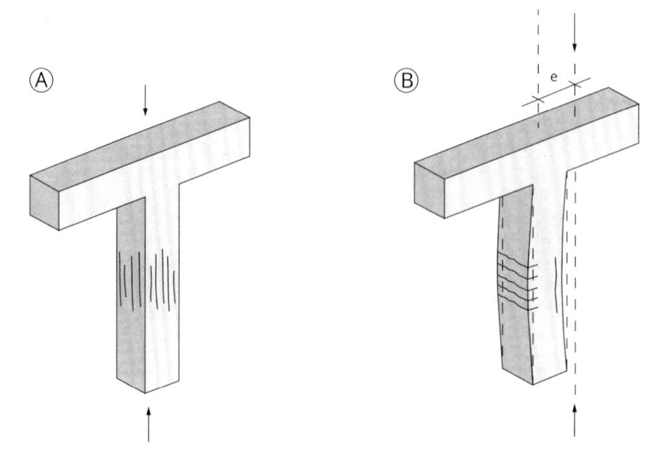

Fig. 2.43 *Fissuras características de (A) esforços de compressão aproximadamente axiais e (B) esforços de flexão na compressão*

Se o pilar está bem construído, com os estribos adequadamente dispostos, inicialmente o concreto de cobrimento das armaduras é destacado pelas barras, que tendem a se instabilizar lateralmente. A peça segue suportando o esforço de compressão por mais algum tempo, até que os estribos não conseguem mais resistir e se rompem. Caso o carregamento de compressão siga progredindo, ocorre a instabilidade lateral das barras longitudinais e o esmagamento do pilar, que colapsa.

As Figs. 2.47 e 2.48 ilustram a condição de pilares de concreto submetidos a esforços excessivos, com a armadura longitudinal promovendo o desplacamento do concreto de cobrimento. Apresenta-se nessas figuras uma instabilidade das armaduras longitudinais promovida pelos excessivos esforços atuantes de

Fig. 2.44 *Fendilhamento de pilar comprimido de concreto*
Fonte: Hernandes (2015).

Fig. 2.45 *Esmagamento do concreto de pilar comprimido*
Fonte: Blog Hidrodemolición (https://blog.hidrodemolicion.com).

Fig. 2.46 *Instabilidade lateral de pilar comprimido*
Fonte: Hernandes (2015).

Fig. 2.47 *Compressão excessiva de pilar de concreto armado, com flambagem das barras*
Fonte: Dogangun et al. (2013).

Fig. 2.48 *Esmagamento do pilar e flambagem das barras*
Fonte: Hernandes (2015).

compressão, além da inexistência do confinamento provocado pelos estribos que – provavelmente – se romperam. Também é notado o grande espaçamento entre as armaduras transversais.

Cabe destacar que a predominância de esforços aproximadamente axiais de compressão no comportamento real de pilares intermediários não remete aos critérios de cálculo definidos pela NBR 6118 (ABNT, 2014a). Nos pilares, mesmo que as vigas adjacentes não promovam transmissão direta de momentos fletores e, portanto, haja tendência de compressão simples, o cálculo é feito para a flexão composta, pela exigência normativa de excentricidades mínimas no projeto, inerentes às imperfeições de execução (isto é, não linearidade geométrica), de excentricidade dos eixos entre a viga e o pilar, de efeitos locais de segunda ordem e de fluência do concreto, por exemplo.

Outra observação a ser feita é em relação ao termo *flambagem* empregado em alguns textos, o qual se evitou, em alguns momentos, neste trabalho. Entende-se por flambagem uma instabilidade lateral de equilíbrio que provoca a ruptura da peça, por compressão axial, antes de ser atingida a capacidade máxima a esse esforço. Todavia, dificilmente se terá um pilar de concreto submetido a esforços axiais, pelos motivos já relatados. É importante mencionar também que o termo *flambagem* sequer aparece na NBR 6118 (ABNT, 2014a). A norma prefere o termo *instabilidade*.

Muitas das manifestações dessa natureza podem ser originadas em equívocos de projeto, devido ao modelo estrutural adotado pelo projetista. Uma interessante aplicação foi feita pelo engenheiro Lucas Ramires, mestre em Estruturas, que tem se dedicado ao treinamento de projetistas no tocante a erros considerados ocultos em projetos estruturais assistidos por computador. Nessa aplicação, utilizou-se como exemplo a análise de um pilar isolado (Fig. 2.49A), travado na sua altura total *L3* e nos comprimentos *L1* e *L2* por uma viga de inércia típica de rigidez *k*, remetendo a um modelo de cálculo mostrado na Fig. 2.49B. A rigidez da viga intermediária é determinante para a definição do comprimento lateral destravado desse pilar. Caso seja admitido em projeto que essa viga tenha rigidez adequada para promover o travamento do pilar, os momentos fletores atuantes terão o diagrama da Fig. 2.49C, e serão menores do que os obtidos no caso de uma viga intermediária sem condições para travar, o que resulta em um comprimento lateral destravado maior e, portanto, em solicitações maiores do que as obtidas no primeiro modelo, conforme Fig. 2.49D.

Comparando situações em um projeto estrutural de edificação convencional, com pilares de seção quadrada de lado de 30 cm e pé-direito de 6 m, de mesma f_{ck}, com e sem travamento intermediário de uma viga, o engenheiro Lucas Ramires chegou, em seu modelo de cálculo e situação de projeto, a resultados que remetem a taxas de aço discrepantes. No primeiro modelo, de comprimento lateral destravado de 3 m, a área de armaduras é de 12,56 cm²

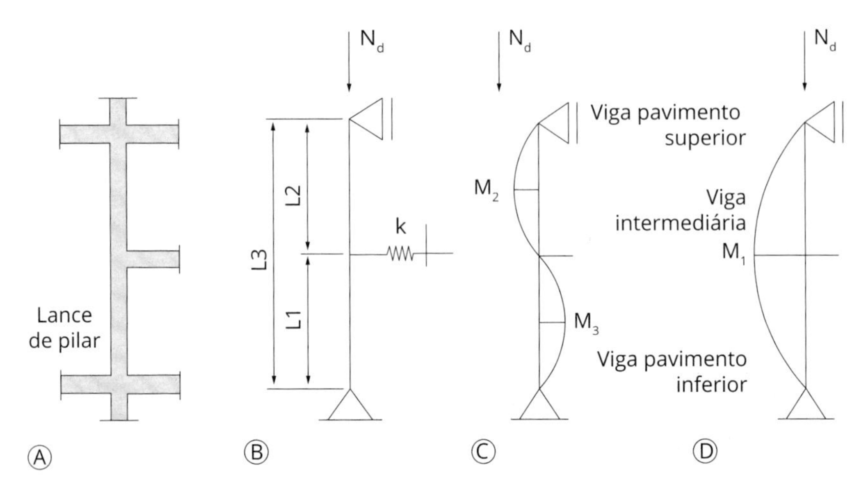

Fig. 2.49 *Detalhe de (A) lance de pilar, (B) modelo de cálculo e (C, D) possíveis diagramas de solicitações internas*

Fonte: acervo de Lucas Ramires.

(Fig. 2.50A), ao passo que no segundo modelo, de 6 m, a área de armaduras é de 39,25 cm² (Fig. 2.50B), ou seja, 314% superior ao primeiro modelo. Isso exemplifica que a sensibilidade estrutural do projetista no lançamento da estrutura pode produzir fissuras por carregamento excessivo (subdimensionamento), apoiado na insuficiência estrutural do elemento, ou até um superdimensionamento.

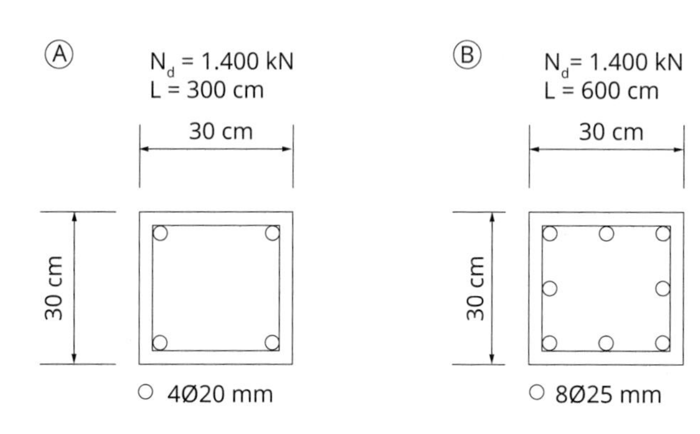

Fig. 2.50 *Detalhamento das armaduras dos pilares com comprimento de flambagem de (A) 300 cm e (B) 600 cm*
Fonte: acervo de Lucas Ramires.

O estudo evidencia a importância de se realizar uma análise crítica das condições de contorno dos elementos estruturais para se conceberem modelos de cálculo precisos, fidedignos e consistentes. É o que se chama de *sensibilidade estrutural*, ainda pouco praticada em universidades, mas que deve ser premissa para todo bom engenheiro de estruturas. O perigo está em acreditar – e há muitos profissionais que acreditam – que o *software* faz tudo sozinho, e esquecer de dedicar tempo de estudo à teoria, análise crítica, conferências manuais. De fato, programas computacionais devem fazer parte do projeto, isso é uma realidade e, talvez, necessidade da nossa era. Essas ferramentas trazem velocidade, precisão, qualidade das pranchas que são entregues, otimização, compatibilização racional de projetos, entre outras tantas. Porém, cabe destacar que esses programas devem ser entendidos como "ferramentas auxiliares", e não devem substituir o papel e a atribuição do engenheiro. Não se esqueça: quem tem o diploma é você, e não o *software*.

Tração

Os esforços de tração axial são comuns em pilares em que a ação predominante é a horizontal, como a do vento. O concreto, nesse caso, possui um bom comportamento quando submetido a esforços de compressão, mas o mesmo não ocorre para a tração. Apesar de a tração axial pura ser um tipo de solicitação pouco frequente nas estruturas de concreto armado convencionais, quando incidente, e desde que a peça não consiga suportá-la, surgem fissuras perpendiculares às armaduras principais ou ao eixo longitudinal da peça, atravessando a seção de uma face à outra. Essas fissuras se formam quase que simultaneamente e em geral se localizam nos pontos onde estão instalados os estribos, conforme ilustra a Fig. 2.51.

Tração na flexão e cortante

No caso das vigas, o dimensionamento das peças é feito no estádio III de deformação proposto pela NBR 6118 (ABNT, 2014a). Nesse estágio, para efeitos de otimização da seção, o momento fletor de projeto é aquele próximo ao da ruína do elemento, isto é, do seu estado-limite último (ELU). Como consequência, a peça encontra-se fissurada na região tracionada. Essas fissuras, todavia, são limitadas por norma, para efeitos de durabilidade. Cabe ao projetista verificar e evitar a fissuração excessiva das peças, por meio da verificação de deformações e aberturas máximas de fissuras ou do estado-limite de serviço (ELS). As fissuras nas estruturas de concreto são avaliadas durante o seu serviço e não nos instantes que antecedem o colapso.

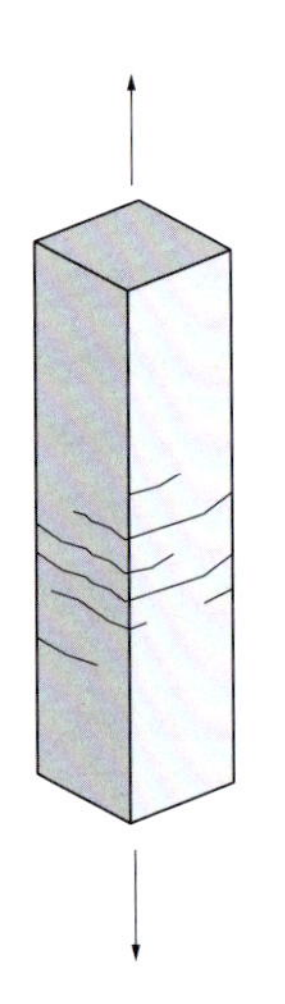

Fig. 2.51 *Fissuras características de esforços de tração*

As aberturas máximas de fissuras, analisadas no ELS-W (estado-limite de abertura de fissuras) pela NBR 6118 (ABNT, 2014a), são limitadas em função da agressividade química do ambiente onde a peça está inserida, de acordo com as classes de agressividade ambiental.

Independentemente da origem, as fissuras produzidas por esforços excessivos de flexão se manifestam com uma forma bem característica e ocorrem apenas na parte tracionada da seção. Toma-se como exemplo uma viga biapoiada com duas cargas concentradas de magnitude P, mostrada na Fig. 2.52.

Com o carregamento dessa viga, as trajetórias de tensão de tração e compressão que nela atuam são apresentadas na Fig. 2.53.

As tensões de tração são paralelas ao eixo longitudinal da viga no trecho em que a flexão pura ocorre, ou seja, no vão central dessa viga. Nos demais trechos, as trajetórias são inclinadas, devido à influência de outros esforços, como os cortantes. Nas extremidades da viga, as trajetórias são perpendiculares entre si, portanto as fissuras se desenvolverão perpendicularmente às direções das tensões de tração. Com base nessas linhas de tensão, Thomaz (2007) comenta que, no meio do vão, as fissuras tendem a ser perpendiculares ao eixo longitudinal da peça e, próximo aos apoios, essas fissuras se inclinam a aproximadamente 45° com a horizontal. Nas vigas altas, essas fissuras podem chegar a 60° de inclinação.

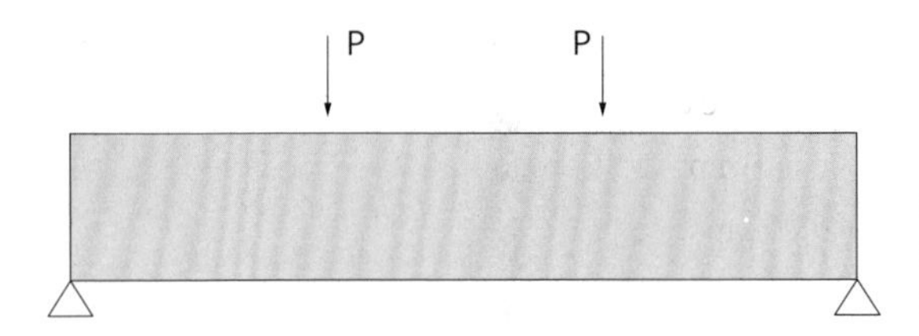

Fig. 2.52 *Discriminação das condições de carregamento e armação de uma viga hipotética*

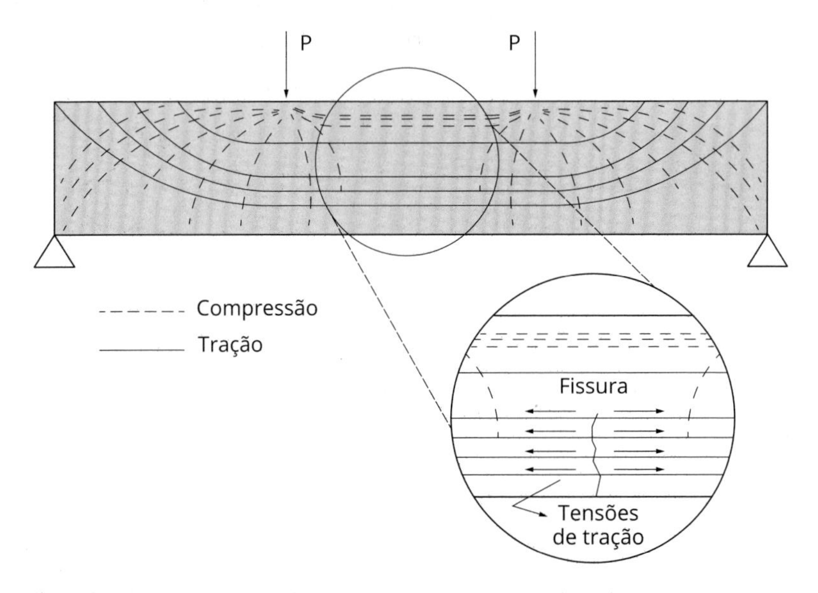

Fig. 2.53 *Trajetória das tensões principais atuantes na viga hipotética*

Nas vigas biapoiadas com momentos fletores positivos, onde a seção abaixo da linha neutra é tracionada, as fissuras ocorrem mais intensamente na sua face inferior, na qual as tensões de tração são máximas, e se propagam até a região em que as tensões de tração se anulam, isto é, nas proximidades da linha neutra. Nesse caso, pelo fato de os momentos fletores positivos serem maiores no meio do vão, há uma maior densidade de fissuras nesse ponto.

A Fig. 2.54 ilustra o modo de manifestação das fissuras em vigas. Nos casos de momento negativo, a face superior da viga fissura. No concreto armado, salvo nas situações em que se têm deficiências excessivas de armaduras, os elementos submetidos a essa condição apresentam propagação lenta das fissuras, acompanhada de estalos, havendo razoável tempo entre a identificação da anomalia e o colapso do sistema.

A Fig. 2.55A destaca um pórtico cuja viga apresentou fissuras de flexão acompanhadas de deformação excessiva em uma estrutura que compõe um edifício-garagem no centro da cidade de Porto Alegre, no Rio Grande do Sul, provavelmente provocadas pela excessiva esbeltez dos pilares em torno do eixo de flexão da viga. Na Fig. 2.55B, dessa mesma edificação, as fissuras se deflagraram na metade superior da seção da viga, que está em balanço, devido ao momento negativo atuante. Nota-se que as fissuras de flexão se desenvolveram até a linha neutra da peça – essas fissuras de tração na flexão dificilmente se propagam para além da região comprimida. Caso isso ocorra, é provável que se tenha um colapso estrutural.

Fissuras na região comprimida podem indicar o esmagamento do concreto, e ocorrem sem que se notem fissuras na região tracionada, comuns em peças superarmadas no momento positivo (armadura positiva excessiva), conforme ilustra a Fig. 2.56.

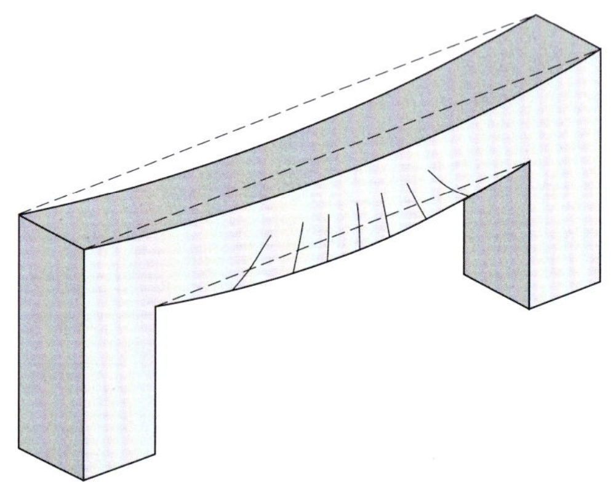

Fig. 2.54 *Fissuras características de tração na flexão em vigas isostáticas biapoiadas*
Fonte: adaptado de Thomaz (2007).

Fig. 2.55 *Fissuras de flexão devidas a (A) momento fletor positivo e (B) momento fletor negativo atuantes em um edifício-garagem na cidade de Porto Alegre (RS)*

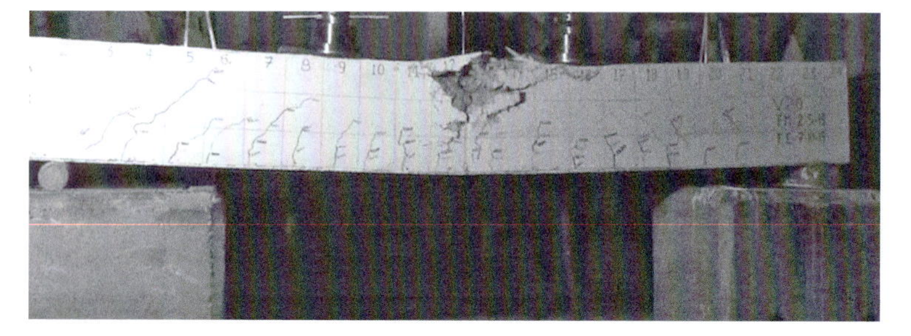

Fig. 2.56 *Esmagamento da região comprimida de viga de concreto armado*
Fonte: acervo de Prontubeam.

As fissuras serão mais frequentes nos trechos nos quais os maiores esforços de tração na flexão se desenvolvem. É importante identificar o diagrama de momentos fletores da peça, seja por meio de uma análise do projeto estrutural ou, na inexistência deste, por meio de uma projeção, aplicando raciocínios básicos de engenharia estrutural, conforme a Fig. 2.57.

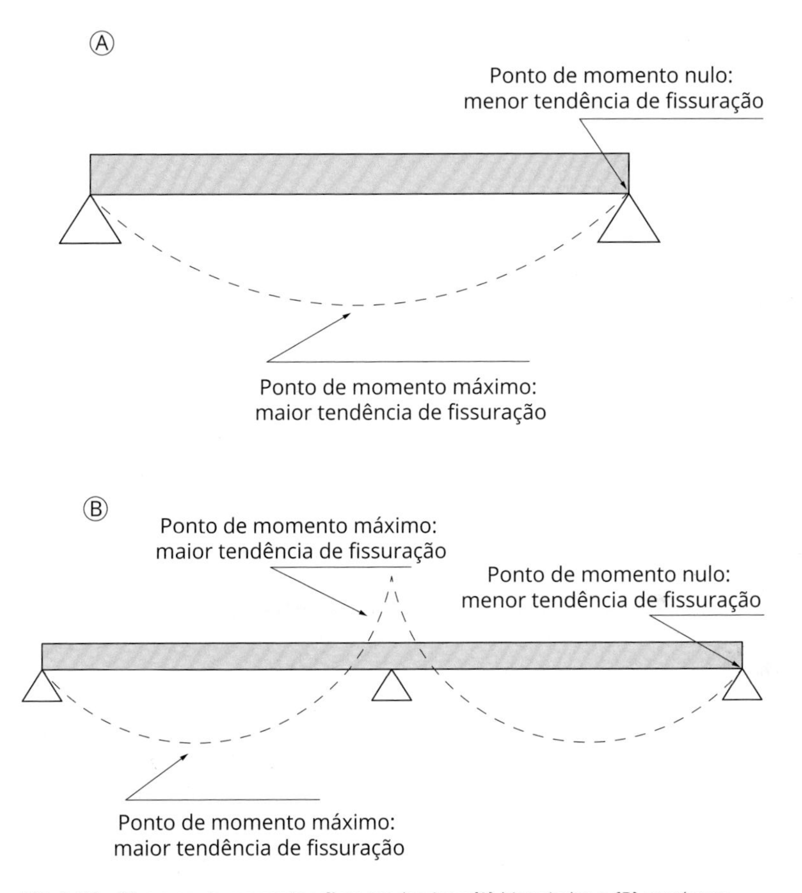

Fig. 2.57 *Diagrama de momentos fletores de vigas (A) biapoiadas e (B) contínuas*

Nas peças fletidas, as fissuras oriundas dos esforços cortantes podem ocorrer devido à insuficiência de armaduras transversais e à falta de ancoragem ou de amarração junto às barras longitudinais. Não raras vezes, descuido ou falta de capricho por parte dos executores em obra pode ser a origem dessas fissuras, dado o descumprimento do espaçamento máximo entre estribos prescrito no projeto. Diferentemente dos momentos fletores, os esforços cortantes são máximos junto aos apoios, conforme mostra a Fig. 2.58. Assim, a maior incidência e densidade de fissuras dessa natureza se dá nas proximidades da vinculação das vigas. O cortante é máximo quando o momento é nulo e o momento é máximo quando o cortante é nulo, para elementos não rotulados.

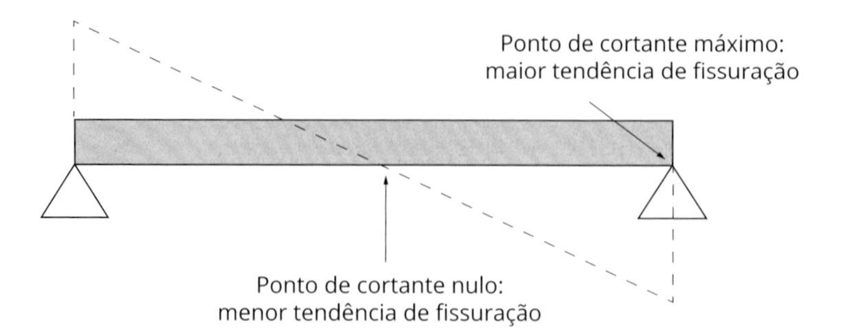

Fig. 2.58 *Diagrama de esforço cortante em vigas biapoiadas*

Além disso, Meseguer, Cabré e Portero (2009) evidenciam que, no caso de baixas intensidades de sobrecargas, as fissuras aparecem próximas umas das outras e desaparecem na remoção das sobrecargas. Em qualquer caso, essas fissuras são perpendiculares ao eixo da viga e inclinadas a 45° com a horizontal, conforme Fig. 2.59. Já a Fig. 2.60 mostra uma peça em estado terminal, devido a esforços excessivos de cisalhamento. Por fim, a Fig. 2.61 mostra um pilar submetido ao cisalhamento em viga solicitada à flexão, com fissuras inclinadas a 45° com a horizontal.

Os consolos de concreto armado são submetidos, predominantemente, à tração e ao cisalhamento. As peças são usadas, geralmente, em estruturas de concreto pré-fabricadas, servindo de apoio às vigas e auxiliando a montagem da estrutura. Também podem ser empregadas em estruturas mistas de aço e concreto, nos casos em que se opta por pilares de concreto para a redução dos custos de uma obra em aço, por exemplo.

A compreensão do modelo de cálculo dos consolos é fundamental para que algumas das manifestações patológicas de cunho mecânico sejam evitadas ou identificadas. Seu comportamento, mostrado na Fig. 2.62, indica um trecho predominantemente comprimido (trecho A-C) e outro predominantemente tracionado (trecho A-B).

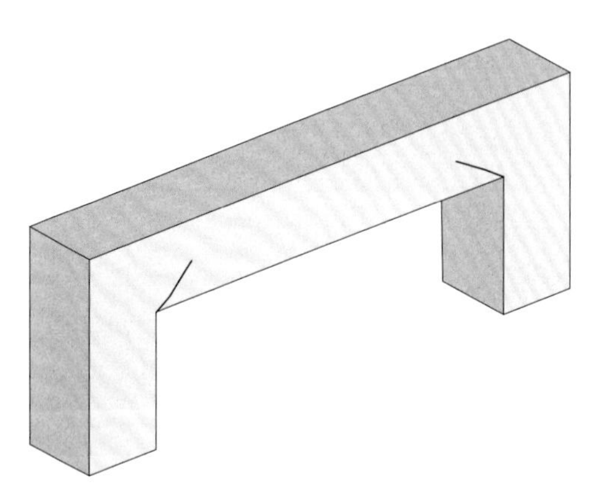

Fig. 2.59 *Fissuras características de esforços cortantes*
Fonte: adaptado de Thomaz (2007).

Fig. 2.60 *Ruptura de viga devido ao esforço cortante*
Fonte: Blog Hidrodemolición (https://blog.hidrodemolicion.com).

Fig. 2.61 *Ruptura por esforço de cisalhamento em pilar*
Fonte: Blog Hidrodemolición (https://blog.hidrodemolicion.com).

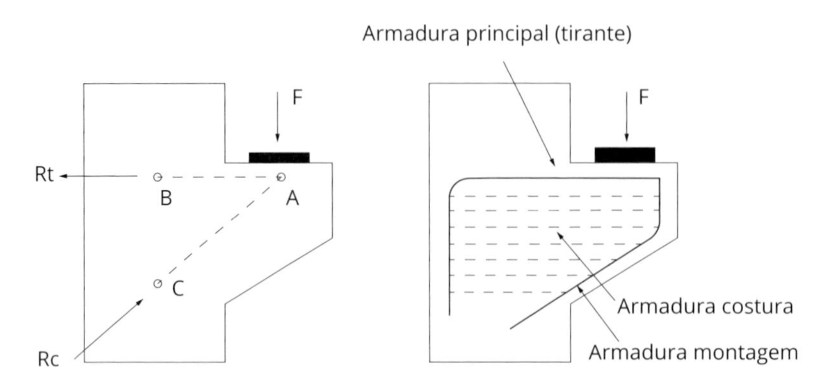

Fig. 2.62 *Modelo de cálculo de consolos e disposição das armaduras*

A armadura principal, empregada para resistir ao esforço de tração, é aplicada na borda superior do consolo. As fissuras por deficiência dessas armaduras – seja por dimensão, espaçamento ou ancoragem – são típicas de esforços excessivos de tração, sendo notadas fissuras geralmente equidistantes, como é mostrado na Fig. 2.63A. As armaduras de costura servem para incrementar a capacidade resistiva da biela de compressão formada na peça. Desse modo, fissuras na região compreendida pelo trecho A-C, como mostrado na Fig. 2.63B, indicam insuficiência de tensão resistente do concreto ou de armaduras de costura, que ajudam a confinar o concreto e, portanto, melhorar seu desempenho aos esforços de compressão.

Por fim, fissuras como a da Fig. 2.64 indicam um mau posicionamento da armadura principal (tirante), que não foi capaz de transmitir o esforço oriundo da reação da viga ao pilar. Outra possibilidade aponta que nessa armadura não foi feito o seu laço de continuidade na região do bordo, como mostra a Fig. 2.65.

Torção

A torção ocorre com mais frequência em vigas secundárias descontínuas que, ao fletirem, submetem a viga principal, na qual se apoiam, a um esforço de torção,

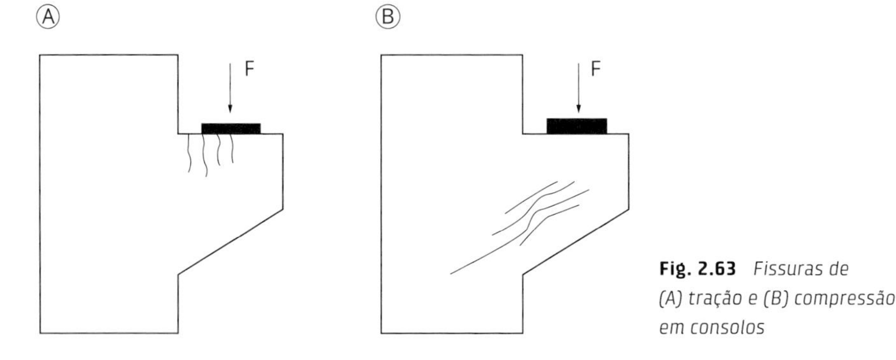

Fig. 2.63 *Fissuras de (A) tração e (B) compressão em consolos*

Fig. 2.64 *Fissura em consolo*
Fonte: acervo de Éverton Ayres.

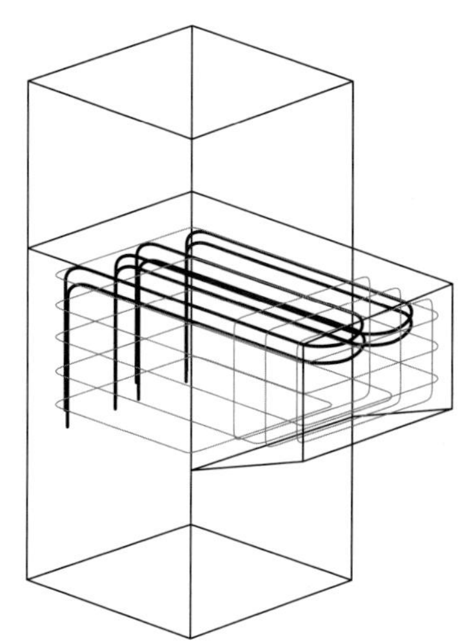

Fig. 2.65 *Armadura de tirante*
Fonte: <https://totalcad.com.br>.

principalmente quando a sua esbeltez é menor do que a da viga principal – o que não se recomenda –, conforme a Fig. 2.66. Essa condição depende muito do modelo de cálculo adotado pelo projetista.

A torção também pode ocorrer no caso de lajes em balanço descontínuas, engastadas no lado de menor inércia da viga, ou no caso de recalques de fundações. Em casos pouco frequentes, como vigas de transição, também é possível encontrar o fenômeno. Já em regiões sísmicas, essa solicitação é mais corriqueira.

As fissuras por torção se manifestam inclinadas a 45° e se desenvolvem com direção oposta nas diferentes faces da viga, formando um helicoide. Essa solicitação quase sempre é acompanhada por esforços de flexão e cisalhamento, produzindo tensões tangenciais à peça, similares às originadas por esforços cortantes.

Segundo Helene et al. (2003), as seções com maior solicitação à torção coincidem com a maior solicitação de cortante, o que acarreta, nesses casos, uma verificação e análise da viga, admitindo um efeito de superposição de tensões.

A Fig. 2.67A,B apresenta, respectivamente, a manifestação das fissuras de torção atuantes em vigas e lajes.

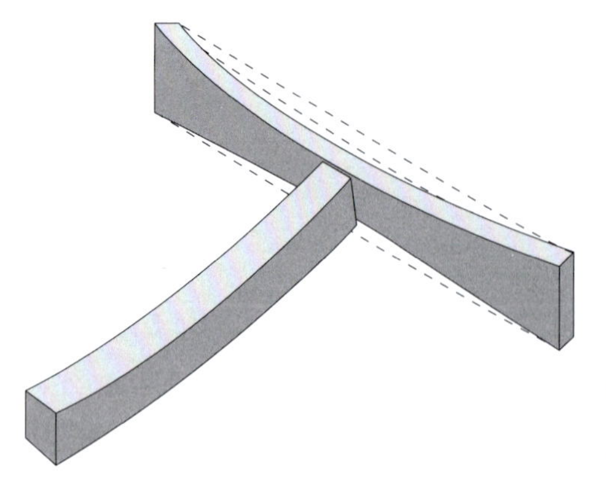

Fig. 2.66 *Viga principal de concreto armado submetida à torção pela viga secundária*
Fonte: adaptado de Puel e Coelho (2010).

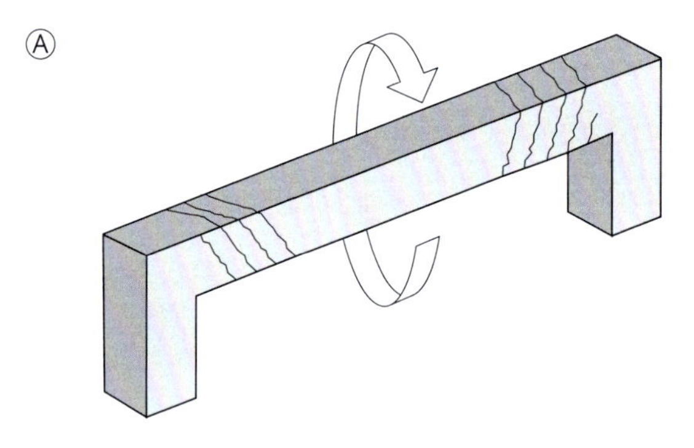

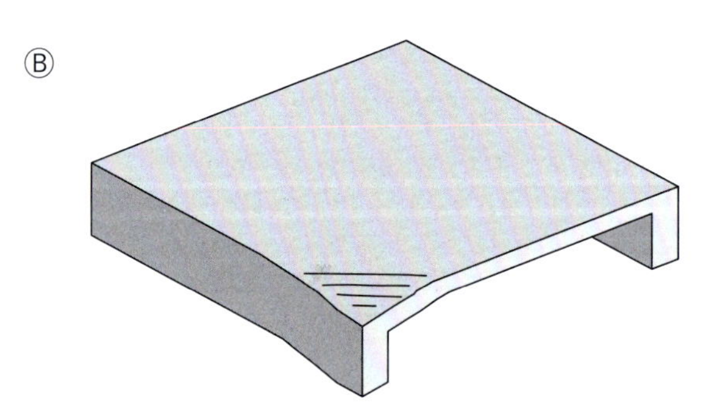

Fig. 2.67 *Fissuras de torção em (A) vigas e (B) lajes*
Fonte: (B) adaptado de Thomaz (2007).

Fluência do concreto

A deformação lenta de uma estrutura de concreto é chamada de fluência, e se explica pelo fato de a carga de longa duração, entendida como aquela mantida por 15 minutos ou mais, produzir deformações extras, isto é, além daquela inicial, instantânea ou imediata. A deformação final da estrutura, chamada de deformação plástica + elástica, pode ser de 2 a 5 vezes maior do que a deformação instantânea, inicial ou "elástica". O fenômeno tem origem nos carregamentos de longa duração atuantes na estrutura e é proporcional à tensão aplicada. Logo, quanto maior o carregamento constante, maior será a magnitude da fluência.

Além de ocasionar um aumento da deformação plástica permanente, a carga de longa duração também acarreta uma redução da capacidade resistente da peça, muitas vezes chamada de relaxação ou efeito Rüsch, o que resulta no fenômeno de fluência. Esse efeito reduz a resistência à compressão do concreto em até 27% ao longo de 50 anos, mantida a aplicação de uma carga constante. Cabe destacar que essa redução de resistência toma como referência aquele concreto que é submetido a uma compressão axial clássica, obtida no ensaio normalizado, que deve durar no máximo cinco minutos.

A Fig. 2.68 ilustra o comportamento desse fenômeno, descrito por Rüsch em 1960.

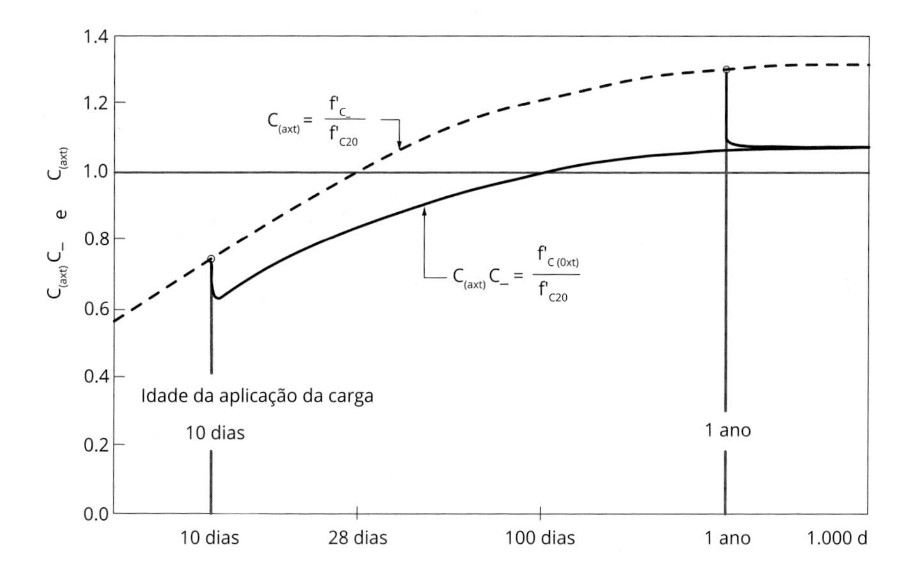

Fig. 2.68 *Descrição da evolução de resistência do concreto no tempo, submetido a cargas de longa duração*

Fonte: adaptado de Rüsch (1960).

De acordo com a *fib* (CEB-FIP) Model Code 2010 (FIB, 2010), o modelo matemático que representa a perda da resistência pelo efeito da carga de longa duração é mostrado na Eq. 2.18:

$$\frac{f_{c,sus,j}}{f_{c,t0}} = 0{,}96 - 0{,}12 \cdot \sqrt[4]{ln\{72 \cdot (j - t_0)\}} \tag{2.18}$$

em que $f_{c,sus,j}$ é a resistência à compressão do concreto sob carga mantida, na idade j dias, em MPa; $f_{c,t0}$ é a resistência potencial à compressão do concreto na idade t_0 antes da aplicação da carga de longa duração, em MPa; t_0 é a idade de aplicação da carga, expressa em dias; e j é a idade do concreto após t_0, também expressa em dias.

Observa-se que, no caso desse modelo, o crescimento da resistência com a idade é desprezado, sendo apenas considerado o efeito de redução devida à manutenção da carga.

Todavia, tomando-se 28 dias como a idade de referência, nota-se que o concreto apresenta aumento da sua resistência com o crescimento da idade, pela continuidade das reações de hidratação. Isso pode ser observado em corpos de prova rompidos a diferentes idades (superiores a 28 dias), mantidos sazonados em condições ideais de temperatura, umidade e sem aplicação de carga. Nessas condições, em média, a resistência do concreto geralmente cresce, dependendo do tipo de cimento. O efeito, descrito pelo *fib* (CEB-FIP) Model Code 2010 (FIB, 2010), é expresso pela Eq. 2.19:

$$\frac{f_{c,j}}{f_{c,28}} = e^{s\left(1-\sqrt{28/j}\right)} \quad (2.19)$$

em que j é a idade do concreto em dias; $f_{c,j}$, a resistência à compressão média do concreto na idade de j dias; $f_{c,28}$, a resistência à compressão média a 28 dias; e s, um coeficiente que depende do tipo de cimento. Cabe salientar que esse modelo é uma simplificação da natureza verdadeira, pois outros parâmetros influenciam essa taxa de crescimento, como a relação água/cimento, e não apenas o tipo de cimento, conforme já demonstrado por Helene e Terzian (1990).

Portanto, a análise final da estrutura dependerá da combinação entre a taxa de crescimento em função da hidratação e a taxa de decréscimo devida à carga de longa duração. A linha pontilhada da Fig. 2.68 mostra o crescimento de resistência do concreto, podendo chegar a um aumento acima de 17% da resistência aos 28 dias, dependendo do tipo de cimento e de outras variáveis. Porém, quando há o carregamento da estrutura, se mantido por períodos acima de 15 minutos, ocorre uma redução da capacidade resistente ao longo de toda a sua vida útil. A curva com traço cheio da Fig. 2.68, que é mostrada apenas após 1 ano de vida da estrutura, evidencia o produto do crescimento pelo decréscimo da resistência. O valor final é um coeficiente que deve – e, de fato, é – ser considerado nos dimensionamentos de estruturas de concreto armado.

A Fig. 2.69 destaca o mesmo fenômeno, porém de forma mais didática, em estudo dos professores Paulo Helene e Silva Filho (Helene; Silva Filho, 2011). A linha 1 representa o crescimento da resistência no tempo, a 2 representa a redução da resistência com aplicação da carga com 1 ano de idade e a 3 representa a combinação entre as duas curvas anteriores.

No modelo supracitado, os professores entendem que, no caso de edifícios de múltiplos pavimentos, o carregamento de uma estrutura para as cargas de projeto

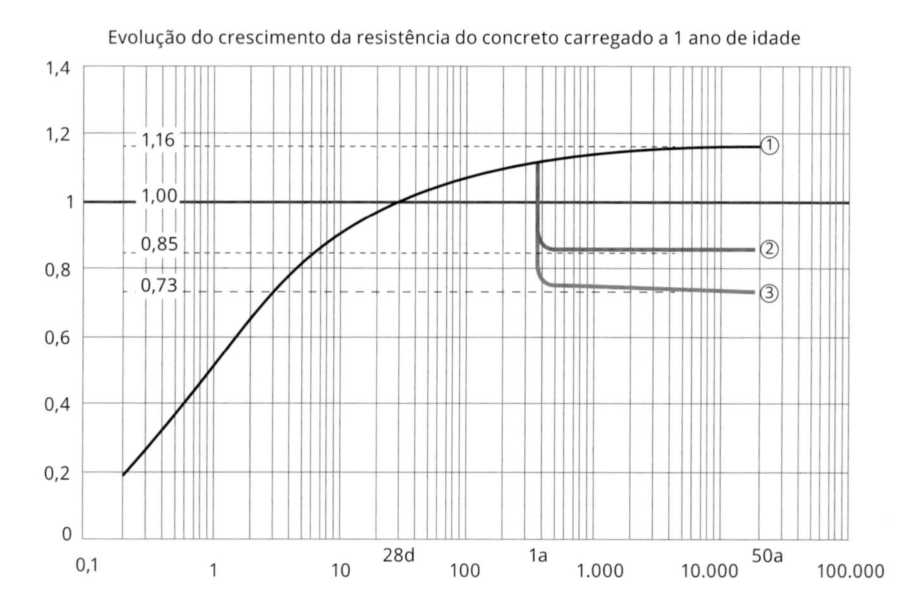

Fig. 2.69 *Comportamento do concreto no tempo, com carregamento da estrutura na idade de 1 ano, submetido a cargas permanentes de longa duração*

Fonte: Helene e Silva Filho (2011).

provavelmente não ocorrerá em 28 dias, pois, nessa idade, ainda não se tem todos os pavimentos construídos, a carga de uso e algumas permanentes não existem etc. A idade de 1 ano, para efeitos de análise e aplicação desse conceito, parece ser uma boa representação da realidade.

Logo, o crescimento de resistência do concreto em 50 anos, para os cimentos nacionais, pode variar, conservadoramente, entre 20% a 45%. Porém, a NBR 6118 (ABNT, 2014a) é ainda mais conservadora, e adota o crescimento de 28 dias a 50 anos, da ordem de 17%. Essa correlação, segundo diferentes referências, está mostrada na Tab. 2.8.

Tab. 2.8 Correlação entre o ganho e a perda da resistência do concreto segundo diferentes referências

Referência		Resistência do concreto no tempo		
		Cresce (hidratação)	Decresce (carga mantida)	Resulta (sobreposição dos efeitos)
Efeito Rüsch		1,30	0,75	0,98
FIB (2010)	CP III e CP IV	1,45	0,73	1,05
	CP I e CP II	1,28	0,73	0,92
	CP V e CAR	1,22	0,73	0,88
NBR 6118 (ABNT, 2014a)		**1,16**	**0,73**	**0,85**

Fonte: adaptado de Helene e Silva Filho (2011).

Por isso, para o dimensionamento das estruturas, considera-se o coeficiente igual a 0,85. A resistência de projeto (f_{cd}) é obtida seguindo a Eq. 2.20, sendo γ_c o coeficiente de ponderação da resistência do concreto no estado-limite último (ELU), que, para uma combinação normal das ações, é admitido como 1,4 no Brasil.

$$f_{cd} = \beta \cdot \frac{f_{ck}}{\gamma_c} = 0{,}85 \cdot \frac{f_{ck}}{1{,}4} = 0{,}607 \cdot f_{ck} \qquad (2.20)$$

Na grande maioria dos casos, a fluência do concreto influencia a deformação das peças. É possível que a amplitude das fissuras, junto às regiões tracionadas da seção, aumente e comprometa a durabilidade do elemento. A consequência desse fenômeno acaba se tornando mais perceptível nas alvenarias construídas sob as peças nas quais esse processo incide, podendo ocorrer fissuras e esmagamentos das alvenarias de fechamento.

Avaliação de concretos não conformes

Quando há dúvidas quanto à resistência do concreto, seja durante a execução da estrutura ou em edificações que sofreram algum tipo de dano, busca-se um estudo aprimorado do concreto por meio da extração de amostras, seguindo a NBR 7680 (ABNT, 2015a). Inclusive, a norma define que a extração pode ser necessária:

- "para aceitação definitiva do concreto, em casos de não conformidade da resistência à compressão do concreto com os critérios da ABNT NBR 12655: 2015", ou seja, durante a construção, quando a resistência à compressão do concreto não for atingida, verificada no controle tecnológico, com fins de aceitação definitiva;
- "para avaliação da segurança estrutural de obras em andamento, nos casos de não conformidade da resistência à compressão do concreto com os critérios da ABNT NBR 12655: 2015", ou seja, durante a construção, quando a resistência à compressão do concreto não for atingida, verificada no controle tecnológico, com fins de verificação da segurança estrutural. Este item apresenta finalidade similar à do anterior;
- para verificação da segurança estrutural em obras existentes, tendo em vista a execução de obras de *retrofit*, reforma, mudança de uso, incêndio, acidentes, colapsos parciais e outras situações em que a resistência à compressão do concreto deva ser conhecida", ou seja, no caso de obras existentes, para estudos em elementos sem um histórico confiável das propriedades ou quando houver um dano e/ou alteração das funções.

Porém, a extração de testemunhos não é a primeira opção quando há problema detectado no controle tecnológico de uma obra em andamento.

As ações corretivas devem seguir a sequência preconizada pela NBR 6118 (ABNT, 2014a):

- revisão do projeto, considerando o novo resultado de resistência característica do concreto à compressão obtido do controle de recebimento realizado por meio de corpos de prova moldados. Por exemplo, caso a f_{ck} de determinada obra for 30 MPa, e no controle tecnológico foi identificada a resistência à compressão estimada $f_{ck,est}$ de 22 MPa, esse resultado deve ser repassado ao projetista estrutural para verificação da segurança dos respectivos elementos com o valor mais baixo do que o previsto. Essa verificação deve considerar a segurança estrutural e a durabilidade da estrutura;
- permanecendo a insegurança, extrair testemunhos de acordo com a NBR 7680 (ABNT, 2015a), e estimar a nova $f_{ck,est}$ de acordo com a NBR 12655 (ABNT, 2015b). Portanto, caso o resultado inferior não seja suficiente para garantir a segurança estrutural ou a durabilidade, extrações serão necessárias;
- ainda permanecendo a insegurança:
  - o determinar as restrições de uso da estrutura – por exemplo, retirar uma piscina que estava prevista;
  - o providenciar o projeto de reforço;
  - o decidir pela demolição parcial ou total – essa é a última opção de todas as possíveis!

A NBR 7680 (ABNT, 2015a) prescreve os requisitos dos processos de extração, ensaio e análise dos resultados obtidos. Segundo essa norma, a resistência do concreto obtida por meio das amostras extraídas, $f_{ci,ext,inicial}$, deve ser corrigida utilizando quatro fatores, como determina a Eq. 2.21.

$$f_{ci,moldado} = [1 + (k_1 + k_2 + k_3 + k_4)] \cdot f_{ci,ext,inicial}$$

O coeficiente k_1 leva em consideração as dimensões do testemunho extraído. A norma determina que a relação entre a altura (h) e o diâmetro (d) deve ser corrigida se o resultado for menor do que 2. O valor do coeficiente a ser empregado é dado na Tab. 2.9.

Tab. 2.9 Valores de k_1

h/d	2,00	1,88	1,75	1,63	1,50	1,42	1,33	1,25	1,21	1,18	1,14	1,11	1,07	1,04	1,00
k_1	0,00	−0,01	−0,02	−0,03	−0,04	−0,05	−0,06	−0,07	−0,08	−0,09	−0,10	−0,11	−0,12	−0,13	−0,14

Fonte: ABNT (2015a).

Esse coeficiente visa estimar a resistência de um corpo de prova fora das dimensões normativas (h/d = 2) para as condições padronizadas de ensaio, uma vez que, quanto menor a relação altura/diâmetro do testemunho ensaiado, maior é a resistência à compressão obtida. Logo, a norma propõe que, quanto menor essa relação, maior será a redução da resistência do corpo de prova.

Já o coeficiente k_2 é relativo aos danos (broqueamento) causados pela extração dos testemunhos na estrutura acabada. Segundo a norma, o efeito do broqueamento deve ser considerado em todos os casos e será maior quanto menor for o diâmetro do testemunho extraído, conforme Tab. 2.10. A interpolação entre valores é permitida.

Tab. 2.10 Valores de k_2 em função do efeito do broqueamento, segundo o diâmetro do testemunho

Diâmetro do testemunho	≤ 25	50	75	100	≥ 150
k_2	Não permitido	0,12	0,09	0,06	0,04

Fonte: ABNT (2015a).

Por sua vez, o coeficiente k_3 leva em consideração a direção da extração em relação ao lançamento do concreto. A norma recomenda que os testemunhos sejam, sempre que possível, extraídos no mesmo sentido do lançamento e da compactação do concreto em obra. Estudos demonstram que testemunhos extraídos no sentido perpendicular ao de lançamento resultam em uma resistência de até 12% menor do que os extraídos no mesmo sentido do lançamento. Por exemplo, normalmente a concretagem de um pilar ocorre verticalmente, porém, a extração é na horizontal; nesse caso, como as extrações estão sendo realizadas no sentido ortogonal ao lançamento, o coeficiente k_3 a ser empregado é de 0,05. No caso de extrações realizadas no mesmo sentido, como no caso das lajes, o coeficiente deve ser igual a zero.

Por fim, o coeficiente k_4 leva em consideração o efeito da umidade nos testemunhos extraídos. Segundo a NBR 7680 (ABNT, 2015a), as amostras devem, preferencialmente, ser rompidas quando saturadas, e o valor desse coeficiente será zero. Caso o testemunho seja rompido seco ao ar, o valor de k_4 será 0,04. Entende-se que os corpos de prova saturados possuem uma maior uniformidade e homogeneidade dos resultados obtidos.

Após a determinação do $f_{ci,moldado}$, deve-se compará-lo com a f_{ck}, sendo que, se aquele for maior ou igual a esta, a estrutura estará aceita. Porém, a NBR 6118 permite que o coeficiente de segurança γ_c seja dividido por 1,1 nos casos de extração. O γ_c é um coeficiente que existe devido à grande variabilidade da estrutura de concreto, seja pelos procedimentos de cura, vibração ou moldagem, entre outros. Como a extração é realizada no concreto que passou por todos esses processos, admite-se que o valor da extração é mais confiável, portanto, a variabilidade é menor. O γ_c normalmente utilizado é de 1,4 para ações normais. Quando há a extração, aplica-se uma redução de 10% sobre o valor desse coeficiente, tornando-o igual a 1,26 na verificação da estrutura.

Por exemplo, em uma estrutura com f_{ck} de 30 MPa, sabe-se que a resistência de projeto (*design*), f_d, é calculada de acordo com a Eq. 2.22.

$$f_d = 0{,}85 \cdot \frac{f_{ck}}{\gamma_c} = 0{,}85 \cdot \frac{30}{1{,}4} = 18{,}2 \text{ MPa} \quad (2.22)$$

Ou seja, a resistência de projeto é de 18,2 MPa. Todavia, usa-se 30 MPa para que se atinja o valor de projeto, após a variabilidade natural do concreto, a deformação lenta e o crescimento de resistência do concreto. E quando se extraem amostras, diminuindo o coeficiente de segurança, pode-se retornar ao cálculo anterior, conforme Eq. 2.23.

$$f_d = 0{,}85 \cdot \frac{f_{ck}}{\gamma_c} = 0{,}85 \cdot \frac{27{,}0}{1{,}26} = 18{,}20 \text{ MPa} \quad (2.23)$$

Dessa forma, a resistência de extração, $f_{ci,ext}$, deve ser igual ou maior do que 27 MPa e menor do que 30 MPa, favorecendo a aceitação da estrutura.

Os autores do livro sugerem a leitura atenta do artigo de autoria do Prof. Paulo Helene, publicado na Revista ALCONPAT, volume 1, número 1 (janeiro-abril), em 2011 (Helene, 2011). O artigo pode ser acessado e salvo livremente no *site* da revista, sem custos. Nesse artigo, o autor descreve com muita propriedade o processo de extração, comparando várias normas internacionais e debatendo outros coeficientes que, até a edição deste livro, não estavam na NBR 7680 (ABNT, 2015a), mas que podem ser usados caso o profissional julgue adequado.

Além disso, é muito importante que, após as extrações, os furos sejam adequadamente reparados, para não prejudicar a estrutura existente, independentemente do valor encontrado. A NBR 7680 (ABNT, 2015a), em seu anexo A, recomenda o uso do método *dry pack*, como pode ser visto na Fig. 2.70.

Em trabalho acadêmico, Tauane Bartikoski, da Unisinos (RS), realizou estudo comparando diversos métodos de recuperação dos furos, chegando à conclusão de que o *dry pack* realmente é um método eficiente, juntamente com o graute autoadensável, este para furos verticais. Entretanto, sempre haverá perdas de resistência mecânica e de durabilidade entre os reparos e a estrutura existente.

Exemplo de avaliação de concreto não conforme

Como exemplo para verificar a resistência não conforme, descreve-se uma edificação que não apresentou resultados adequados nos corpos de prova durante a

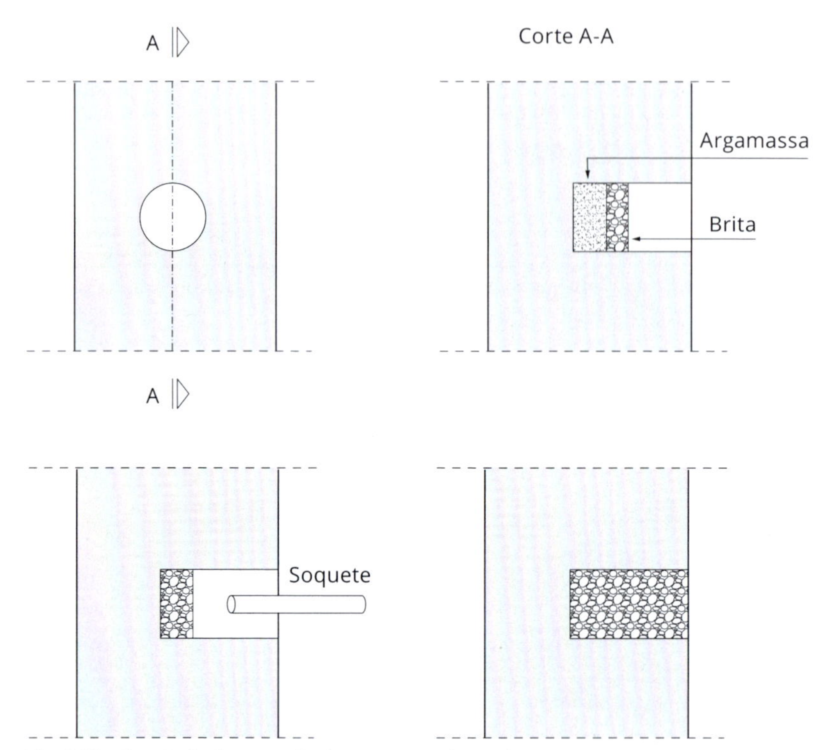

Fig. 2.70 *Sequência de execução de reparo por* dry pack
Fonte: ABNT (2015a).

execução da estrutura, sendo necessário um estudo no concreto para verificar a existência ou não de problema.

A referida obra era um prédio comercial no Rio de Janeiro (RJ) e o problema constatado foi na concretagem do quinto pavimento, de pilares, com volume de 35 m³. As vigas e lajes já haviam sido concretadas e não havia problema nesses elementos. A resistência à compressão de projeto, f_{ck}, era de 35 MPa, e os resultados de corpo de prova apontaram uma resistência de 28 MPa após os 28 dias, configurando uma não conformidade. O projetista redimensionou a estrutura com a nova resistência, porém a não conformidade permaneceu.

Dessa forma, decidiu-se pela extração de amostras no local, para tomada de decisão, de acordo com a NBR 7680 (ABNT, 2015a). Nessa atividade, a amostragem é definida de acordo com a Tab. 2.11.

Como o controle tecnológico do concreto era realizado com amostragem total (moldagem e rompimento de corpos de prova em todos os caminhões-betoneira) e com mapeamento, o número de testemunhos especificado foi 4. Porém, para efeitos de melhor análise, decidiu-se extrair oito amostras com diâmetro de 75 mm, para menor impacto na estrutura. Os resultados dos corpos de prova e coeficientes de correção obtidos são mostrados na Tab. 2.12.

Tab. 2.11 Mapeamento da estrutura, formação de lotes e quantidade de testemunhos a serem extraídos

Tipo de controle (conforme NBR 12655)	Mapeado (rastreabilidade)		Formação de lotes		Quantidade de testemunhos por lote[a]
	No lançamento	Por ensaios não destrutivos			
Amostragem total	Sim	Opcional	Cada lote corresponde ao volume de uma betonada ou de um caminhão-betoneira	Aplicado em um elemento estrutural	2
				Aplicado em mais do que um elemento estrutural	3
	Não	Sim	Conforme o mapeamento. Cada lote deve corresponder ao conjunto contido em um intervalo restrito de resultados dos ensaios não destrutivos[b]	Até 8 m³	3[c]
				Maior que 8 m³ e menor que 50 m³	4
Amostragem parcial	Indiferente	Sim	Conforme o mapeamento. Cada lote deve corresponder ao conjunto contido em um intervalo restrito de resultados dos ensaios não destrutivos[b]	Até 8 m³	4
				Maior que 8 m³ e menor que 50 m³	6
Casos excepcionais	Vale o critério de amostragem parcial conforme NBR 12655 (concreto preparado na obra)				

[a] Ver seção 6 da norma.

[b] Para o índice esclerométrico e velocidade de propagação de onda ultrassônica, recomenda-se que seja adotado como dispersão máxima do conjunto de resultados o intervalo de ±15% do valor médio.

[c] Em se tratando de um único elemento estrutural, a quantidade de testemunhos deve ser reduzida a dois, de forma a evitar danos desnecessários.

Fonte: ABNT (2015a).

Com base nos resultados finais, observa-se claramente que o concreto entregue apresentava a resistência máxima potencial de 35,6 MPa e que foram obtidos resultados inferiores por causa de deficiências normais de execução de estruturas durante concretagem, adensamento e cura.

Tab. 2.12 Resultados da extração, coeficientes de correção e resultado corrigido

Resultado da extração ($f_{ci,est,inicial}$) (MPa)	k_1	k_2	k_3	k_4	Fator de correção	$f_{ci,est}$ (MPa)
29,0	−0,01	0,09	0,05	0	1,13	32,8
25,8	0	0,09	0,05	0	1,14	29,4
27,5	0	0,09	0,05	0	1,14	31,3
31,2	0	0,09	0,05	0	1,14	35,6
31,0	−0,01	0,09	0,05	0	1,13	35,0
29,3	−0,01	0,09	0,05	0	1,13	33,1
27,8	0	0,09	0,05	0	1,14	31,7
28,0	−0,01	0,09	0,05	0	1,13	31,6

Para uma avaliação expedita, foi calculada a média aritmética do lote, a fim de verificar a segurança estrutural dos elementos. Nesse caso, o resultado final foi de f_{cm} = 32,6 MPa, abaixo da f_{ck} de projeto, de 35 MPa. Todavia, ainda se deve calcular a nova f_{ck}, com o coeficiente de segurança reduzido em 10%, conforme permite a NBR 6118 (ABNT, 2014a). Calcula-se, então:

$$f_{cd} = 0,85 \cdot \frac{f_{ck}}{\gamma_c}$$

$$f_{cd} = 0,85 \cdot \frac{35}{1,4} = 21,25 \text{ MPa}$$

f_{cd} **= 21,25 MPa** – resistência de dimensionamento previamente definida

$$f_{cd} = 0,85 \cdot \frac{f_{ck}}{\gamma_c}$$

$$21,25 = 0,85 \cdot \frac{f_{ck}}{1,26}$$

f_{ck} **= 31,5 MPa** – novo f_{ck} a ser buscado

Portanto, o lote foi aprovado, pois a resistência de extração foi maior que a nova f_{ck}, conforme a Eq. 2.24.

$$32,6 \text{ MPa} \geq 31,5 \text{ MPa} - \text{OK} \quad (2.24)$$

Assim, nada mais teve de ser feito, e a construção segue normalmente.

Mecanismos mecânicos induzidos

Nos mecanismos mecânicos induzidos, o agente é secundário e não atua diretamente na estrutura. É originado de falhas de outros sistemas, como o de fundações ou o de escoramentos, ou foge do domínio das atividades de construção, como no caso de um incêndio.

i) Recalque diferencial das fundações

O recalque diferencial das fundações é oriundo do assentamento diferencial da base da edificação no terreno. As causas podem ser diversas, como um projeto estrutural ou geotécnico deficiente, execução mal realizada, ensaio de soldagens inexistente ou mal produzido, desconfinamento do terreno pela construção de edificações vizinhas ou ruptura dos sistemas subterrâneos de drenagem ou esgoto.

O local mais famoso no Brasil que apresenta esse tipo de manifestação, de modo generalizado, é em Santos, São Paulo, observado na Fig. 2.71.

Em Santos, em diversos prédios construídos entre os anos 1940 e 1960, houve recalques, prejudicando o alinhamento dos edifícios, as instalações hidráulicas, os elevadores, as esquadrias, entre outros. Além disso, a construção de novas

Fig. 2.71 *Recalque diferencial de diferentes prédios em Santos (SP)*

edificações piorou o problema em muitos casos. Alguns prédios vêm sendo recuperados, em processo lento, devido ao custo imposto e à necessidade de adesão de 100% dos moradores, se não houver risco de colapso.

Quando todos os apoios de uma edificação se assentam de modo uniforme sobre o solo, não será evidenciada manifestação patológica na estrutura. Contudo, quando um pilar sofre um recalque distinto dos demais, as consequências sobre a estrutura são imediatas.

Verifica-se o surgimento de fissuras, principalmente nas vigas contínuas da estrutura do prédio. As manifestações ocorrem na extremidade inferior da viga junto ao pilar que recalca, e na superfície superior no extremo oposto da viga, junto aos pilares que não foram submetidos ao processo, conforme a Fig. 2.72. Nos pilares, as fissuras que se desenvolvem são aquelas produzidas por esforços de tração pura no pilar central que recalcou e de flexão na compressão junto aos pilares que absorveram os esforços do(s) pilar(es) que recalca(ram).

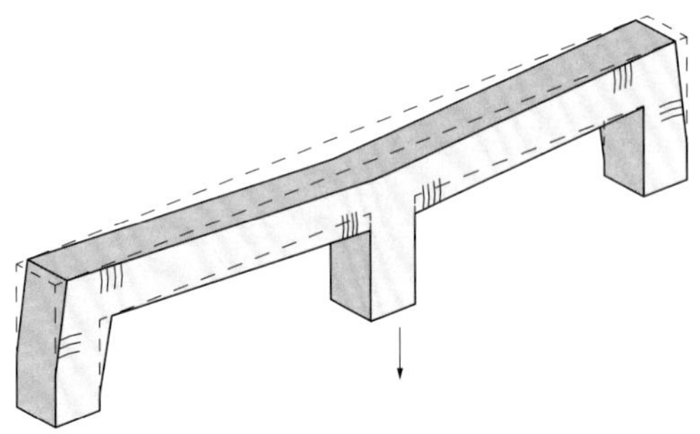

Fig. 2.72 *Fissuras em vigas provindas de recalque diferencial de pilares*

ii) Inadequação de escoramentos e formas

A deficiência de um projeto de formas ou do seu escoramento podem induzir manifestações patológicas no concreto ainda no estado fresco. A inexistência do projeto de escoramentos ainda é comum em muitas construções brasileiras, com exceção às de maior porte e às que usam escoramentos metálicos.

A insuficiência de estanqueidade das formas, como na Fig. 2.73, provoca a fuga de nata, podendo ocasionar falhas de concretagem, ou nichos, promovendo a exposição de agregados graúdos ou falta de material. Esse fato, além de comprometer a resistência da seção, dada a redução de área da peça, aumenta a porosidade do concreto e expõe as armaduras ao ambiente, conforme a Fig. 2.74, tornando a estrutura susceptível a mecanismos químicos, físicos e biológicos de deterioração. A aparência estética da superfície da peça é igualmente prejudicada.

Além dos problemas relacionados à estanqueidade, a falta de limpeza das formas também é uma causa corriqueira de manifestações patológicas nas estruturas de concreto. Dejetos de obra são esquecidos (Fig. 2.75) ou propositalmente deixados no fundo da forma ou incorporados ao concreto (Fig. 2.76), para economizar material, tornando o elemento de concreto susceptível a todo tipo de mecanismo de deterioração.

A falta de aplicação de desmoldantes nas formas antes da concretagem pode produzir uma superfície defeituosa e não uniforme, com mau acabamento.

Fig. 2.73 *Abertura na forma entre viga e pilar*

Fig. 2.74 *Consequência da falta de estanqueidade da forma de um pilar em uma ponte*

Fig. 2.75 *Fundo da forma de viga com restos de tubulação hidrossanitária*

Fig. 2.76 *Resíduos de construção incorporados na produção da estrutura*

Deficiências nessa etapa podem promover uma redução do cobrimento nominal das armaduras, deixando-as mais suscetíveis aos ataques ambientais, como mostrado na Fig. 2.77, que representa uma vista inferior da viga de seção caixão que compõe o tabuleiro de uma ponte de concreto armado, com exposição de armaduras.

A remoção incorreta ou prematura dos escoramentos e formas pode induzir ao surgimento de fissuras por deformações plásticas excessivas. Nessa etapa, admite-se que o concreto, ainda em processo de cura, não possui uma resistência mecânica suficiente. Qualquer esforço pode culminar em manifestações patológicas, muitas vezes intangíveis. Por isso, destaca-se a necessidade de um projeto adequado de formas e de retirada dos escoramentos. A Fig. 2.78 ilustra possíveis problemas oriundos de inconformidades dessa natureza.

iii) Incêndio

As principais manifestações desenvolvidas nas estruturas de concreto armado expostas às altas temperaturas são a deterioração mecânica, a deformação térmica e o desplacamento (*spalling*). Esses fenômenos são fundamentados nas alterações físico-químicas na pasta de cimento e nos agregados e na incompatibilidade térmica entre ambos. Cada mecanismo se desenvolve em uma faixa específica de temperatura, representativa da natureza química do material, gerando alterações microestruturais variadas. Apesar de as altas temperaturas proporcionarem transformações de cunho químico e físico no concreto armado, a fonte geradora do processo, o fogo, não é um agente que o agride quimicamente,

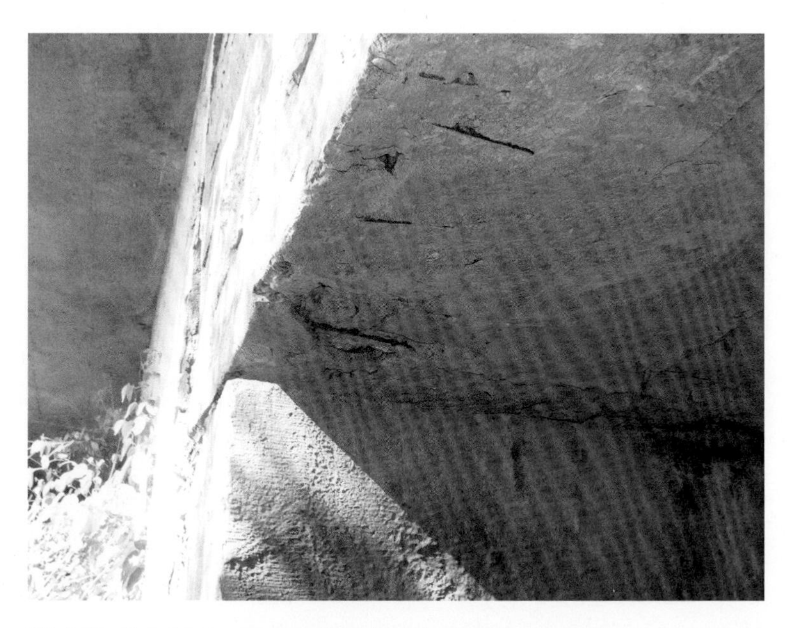

Fig. 2.77 *Vista inferior da viga caixão de ponte de concreto armado*

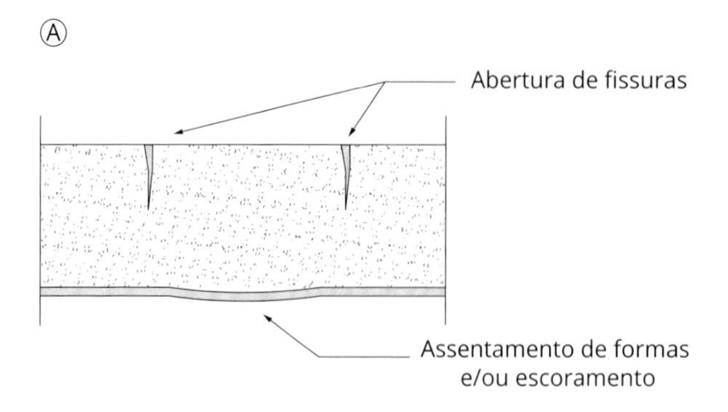

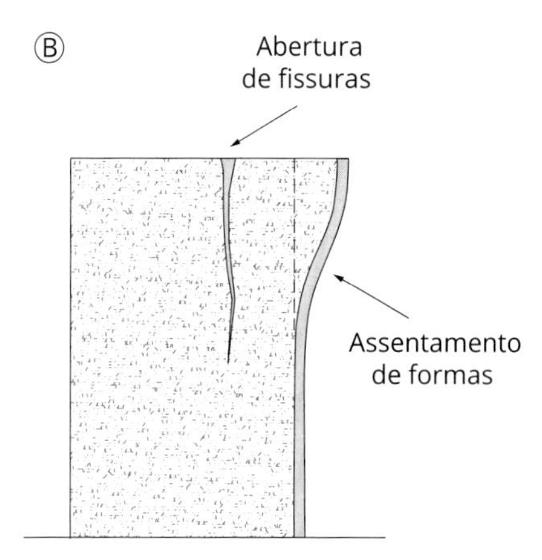

Fig. 2.78 *Anomalias provocadas pela insuficiência da forma (A) de laje e (B) de pilar*
Fonte: adaptado de Souza e Ripper (1998).

e o efeito físico produzido no concreto é uma das diversas formas em que essa ação se manifesta. É por esse conjunto de motivos que o incêndio não foi, neste livro, caracterizado como um mecanismo químico ou físico de deterioração. A gama de transformações envolvidas na justificativa dessas manifestações faz com que o incêndio seja classificado como um mecanismo mecânico de deterioração induzido.

As transformações físico-químicas observadas provêm da desidratação dos compostos da pasta de cimento Portland hidratada e dos agregados graúdos, devido ao fluxo de calor decorrido do fogo e à distribuição de temperatura na seção do elemento estrutural. O fluxo de calor está atrelado à taxa de aquecimento da estrutura e à duração do incêndio. Já a distribuição da temperatura depende do tipo de cimento, agregados, adições, geometria e seção transversal do elemento, grau de saturação da pasta, idade, relação água/cimento, incidência de fissuras e porosidade do concreto.

A rigor, essas transformações se verificam nas camadas mais superficiais do concreto. Por isso, há uma percepção generalizada de que as estruturas de concreto armado possuem um bom desempenho ao fogo, e de fato possuem.

São raros os casos em que ocorre colapso das estruturas de concreto armado, tendo como a causa principal as chamas. Apesar da perda parcial de resistência, deve-se, na incidência do incêndio, realizar uma avaliação da estrutura e, caso necessário, propor a recuperação para devolver os níveis de segurança estrutural admitidos no projeto. No entanto, os reparos se concentram, geralmente, nas camadas mais superficiais.

A despeito do bom desempenho estrutural do concreto ao fogo, são as armaduras que sofrem as piores consequências. O aço é sensível às altas temperaturas, entrando num processo de escoamento, perdendo capacidade mecânica e proporcionando deformações indesejáveis aos elementos, principalmente nos casos de pequena espessura de cobrimento das armaduras. Muitas vezes, faz-se necessária a inserção de barras complementares às estruturas de concreto armado incendiadas, uma vez que, após o resfriamento do aço, este não recupera integralmente a sua resistência.

A Fig. 2.79 ilustra o aspecto geral de uma laje de concreto armado após um incêndio de 50 minutos, no 7° pavimento de uma torre de um condomínio residencial na cidade de São Leopoldo, Rio Grande do Sul. Trata-se de uma edificação da década de 1980, com espessura de cobrimento das armaduras da ordem de 1 cm, acrescida de um concreto de baixa resistência e alta porosidade, o que faz com que a temperatura média das barras seja elevada, submetendo-as ao processo de escoamento e à perda gradual de resistência e impondo a laje a flechas excessivas.

Fig. 2.79 *Aparência de uma laje de concreto armado após o incêndio*

Nessas condições de exposição, as principais consequências e danos que os mecanismos químicos e físicos proporcionam ao concreto armado são a sua perda de resistência e o seu desplacamento.

a) Mecanismos físico-químicos originados pelas altas temperaturas

A temperatura do concreto aumenta após a evaporação completa da água livre dos macroporos, que se dá próximo aos 100 °C, apesar de aos 80 °C já ser evidenciado o início da decomposição de alguns compostos hidratados, como a etringita. Em temperaturas maiores, a perda da água dos poros mais finos e da água retida por adsorção promove redução da resistência do concreto. Em 300 °C, essa redução é da ordem de 15% a 40% da resistência inicial, e, em 550 °C, representa 55% a 70% da resistência original. Caso o vapor de água perdida não seja dispersado ao ambiente, devido à baixa permeabilidade da pasta, o concreto poderá desplacar, dadas as pressões de vapor internamente produzidas. A Fig. 2.80 mostra o comportamento do concreto em altas temperaturas.

Em 100 °C, a perda de massa e o aumento da porosidade acompanham a redução da resistência mecânica do concreto, marcando o início do processo, lento e gradual, de desidratação do C-S-H. Entre 300 °C e 400 °C, a diminuição da resistência prossegue, devido à continuidade da desidratação do C-S-H e da portlandita. Aos 700 °C, a sequência dessa decomposição já é marcante, mas é na

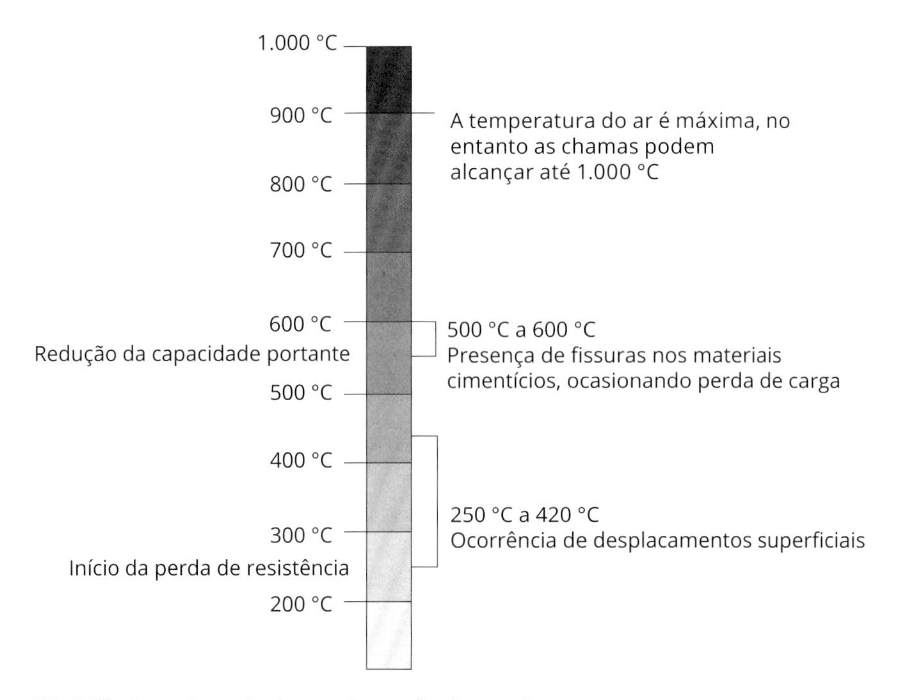

Fig. 2.80 *Comportamento do concreto em altas temperaturas*
Fonte: The Concrete Centre (2004).

faixa dos 900 °C que o processo de desidratação do C-S-H é completo. A Tab. 2.13 mostra as transformações durante o aquecimento do concreto.

A decomposição dos compostos hidratados promove profundas alterações na microestrutura da pasta de cimento Portland, formando microfissuras e aumentando a porosidade total do concreto. Algumas microfissuras são derivadas de variações volumétricas diferenciais entre os grãos não hidratados do clínquer, que se expandem, e da decomposição do C-S-H e da portlandita, que retraem a 400 °C. As microfissuras de retração autógena colaboram nesse processo. A decomposição do C-S-H contribui para o aumento da porosidade da pasta, principalmente nas temperaturas acima dos 700 °C. A variação volumétrica nas altas temperaturas se justifica pelo aumento da porosidade total e pela perda da água quimicamente combinada da pasta.

Tab. 2.13 Transformações durante o aquecimento do concreto

Temperatura (°C)	Transformação
20-80	Processo de hidratação acelerado, com perda lenta de água capilar e redução das forças de coesão
100	Aumento acentuado na permeabilidade da água
80-200	Aumento na taxa de perda da água por capilaridade e desidratação da água não evaporável
80-850	Perda da água quimicamente combinada do gel de cimento
150	Primeiro pico de decomposição do C-S-H
300	Ponto de aumento considerável da porosidade e de microfissuras
350	Fragmentação de alguns agregados de rio
374	Ponto crítico da água, liberação das águas livres
400-600	Dissociação do $Ca(OH)_2$ em CaO e água
573	Transformação dos agregados (quartzo e areias) da forma α para β
550-660	Aumento dos efeitos térmicos
700	Descarbonatação do agregado calcário ($CaCO_3$) em CaO e CO_2
720	Segundo pico de decomposição do C-S-H e formação de β-C_2-S e β-C-S
800	Substituição da estrutura hidráulica por uma cerâmica – modificação das ligações químicas
1.060	Início da fusão de alguns constituintes

Fonte: FIB (2007).

As transformações físico-químicas dos agregados são influenciadas por sua natureza. Temperaturas superiores a 550-600 °C são acompanhadas por forte expansão volumétrica. Do ponto de vista mineralógico, agregados quartzosos fissuram acima dos 573 °C, pela transformação química do quartzo da forma α em β, provocando expansão súbita da ordem de 0,85%. Nos agregados calcários, essa decomposição se inicia em 600 °C, pela decomposição do carbonato de cálcio.

Rochas carbonáticas, como a dolomita, tornam-se instáveis nas temperaturas superiores a 700 °C. Os agregados calcários possuem transformações mais intensas após o seu resfriamento, devido à reidratação proporcionada pela umidade do ar.

Quanto aos agregados basálticos, ainda se têm poucos estudos que remetem ao seu comportamento em altas temperaturas. Há uma estabilidade dessas rochas em temperaturas de até 900 °C, e elas derretem em temperaturas acima de 1.000 °C.

b) Desplacamento do concreto

Apesar dos avanços nos últimos anos, ainda não se tem um domínio absoluto de todas as circunstâncias que condicionam esse mecanismo, visto que o conjunto de fatores que influem no desenvolvimento desse processo não atuam de forma isolada, tornando complexa a análise.

De cunho termohidráulico e termomecânico, o desplacamento ou lascamento é um fenômeno que promove o desprendimento de camadas das superfícies expostas às altas temperaturas dos elementos de concreto. É um fenômeno semidestrutivo com origem na (I) distribuição não uniforme de temperatura na seção e (II) quantidade de água evaporável do concreto. Manifesta-se com pequena ou grande e repentina liberação de energia. A primeira, de baixa intensidade, promove uma fragmentação superficial do concreto, e a segunda, mais intensa, o desprendimento explosivo de camadas. Na maioria dos casos, o fenômeno se restringe à região do cobrimento das armaduras, às vezes expondo-as, conforme na Fig. 2.81.

Alguns autores citam que esse mecanismo independe do estado de tensão da peça (carregamento atuante), mas isso não é consenso. As condições de vinculação se mostram mais influentes que o carregamento atuante no elemento, principalmente em termos de restrição à dilatação térmica.

Fatores como taxa de aquecimento superficial, água livre interna e porosidade do material também contribuem na análise do fenômeno, que não necessariamente se desenvolve em todos os concretos. Como consequência, têm-se a

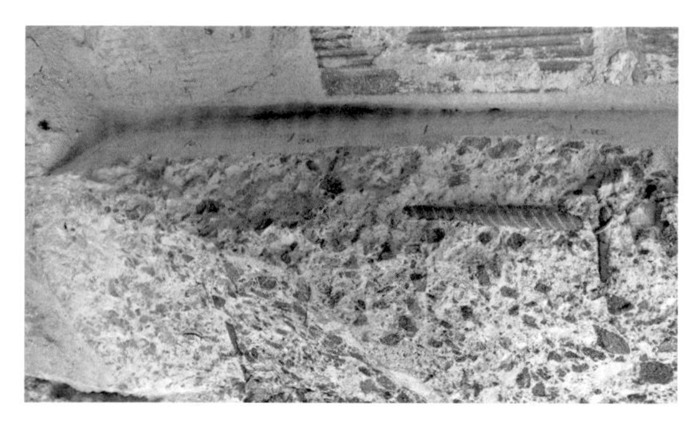

Fig. 2.81 *Desplacamento do concreto em ensaio laboratorial*
Fonte: Bolina (2016).

exposição direta das armaduras ao fogo, a redução da seção transversal e a perda do isolamento térmico do elemento.

O desplacamento ocorre quando (I) a taxa de aquecimento superficial for, em média, 3 °C por minuto, (II) a permeabilidade da pasta de cimento for baixa, menor que 5×10^{-11} cm² e (III) o grau de saturação do poro for elevado, de 2% a 3% da massa do concreto. A natureza e a granulometria do agregado graúdo empregado são fatores que contribuem. A idade, a temperatura máxima, a taxa de aquecimento da peça, a forma e o tamanho da seção transversal também influenciam no fenômeno, além de presença de fissuras, taxa de aço, arranjo das armaduras, presença de fibras e intensidade do carregamento do elemento estrutural.

c) Perda de resistência mecânica promovida pelas altas temperaturas

As altas temperaturas promovem a diminuição da resistência do concreto. Além das modificações na estrutura química do material, essa redução é atrelada à formação de microfissuras internas na peça, dada a dilatação térmica diferencial entre a pasta e os agregados. O efeito parede produzido na zona de transição entre a pasta e o agregado gera uma área de fragilidade que repercute na resistência final do conjunto.

Aos 300 °C, a redução da resistência do concreto é de cerca de 15%, e, aos 500 °C, de cerca de 40% do seu valor em temperatura ambiente. A temperatura compreendida entre 550 °C e 600 °C é a que promove perda da capacidade estrutural do concreto armado, sendo admitida como a temperatura crítica, como se observa na Fig. 2.82, extraída da NBR 15200 (ABNT, 2012d).

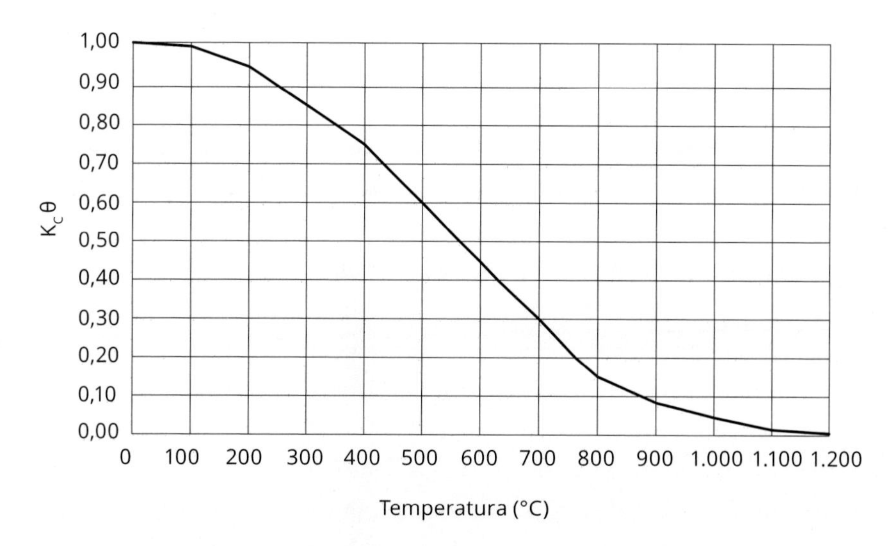

Fig. 2.82 *Perda de resistência do concreto em função da temperatura*
Fonte: ABNT (2012d).

Geralmente apenas as regiões mais superficiais do concreto são expostas às altas temperaturas, por causa da baixa difusão térmica do material, o que justifica apenas a temperatura das armaduras ser considerada para a tomada de decisão. Em algumas investigações de campo, notou-se que as temperaturas do incêndio atingiram 800 °C e as camadas de concreto, além do cobrimento das armaduras da ordem de 3 cm, não sofreram qualquer tipo de transformação.

A resistência do concreto à tração, praticamente desprezada nos cálculos estruturais, torna-se importante para evitar ou diminuir o mecanismo do desplacamento em estruturas de concreto expostas às altas temperaturas.

Exemplo de avaliação de estrutura exposta a altas temperaturas

Uma edificação industrial no Brasil sofreu um incêndio em seu subsolo, local usado para galvanoplastia e eletrólise de materiais com o uso de ligas metálicas. A edificação foi executada em estrutura de concreto armado pré-fabricada, utilizando laje alveolar com espessura de 26,5 cm, fios protendidos de diâmetro de 12,7 mm e cobrimento de concreto de 25 mm. A resistência à compressão característica do concreto da laje era de 30 MPa. A seção transversal da laje avaliada está representada no corte esquemático da Fig. 2.83.

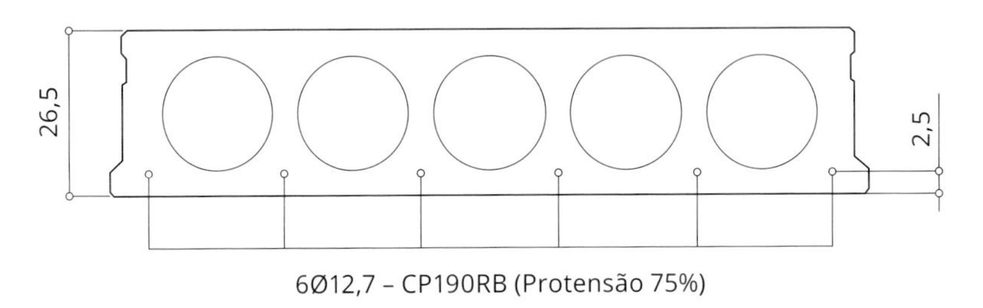

Fig. 2.83 *Detalhamento estrutural da laje (medidas em cm)*

A incidência das chamas ocorreu na parte inferior da laje do pavimento sinistrado, tendo como região mais afetada a área sobre o tanque de cromo. A Fig. 2.84A ilustra a área após o incêndio, e a Fig. 2.84B, a equipe trabalhando nas extrações.

A partir de uma aferição visual, definiu-se como foco do incêndio o local próximo ao tanque de cromo, de área crítica aproximada de 20 m². Desde o princípio das chamas até o final do incêndio, transcorreram-se mais de quatro horas. Uma das manifestações patológicas observadas na área das lajes foi o desplacamento do concreto.

Com base nas informações obtidas, consideraram-se as lajes como os elementos estruturais mais afetados, por apresentarem maior tempo de permanência sob a ação do fogo. Em virtude desse fato, optou-se pela avaliação do concreto das lajes alveolares. A fim de deduzir o estado de integridade desses elementos,

Fig. 2.84 *Estado geral da laje sinistrada do subsolo da edificação*

foram realizadas extrações em diversos pontos e em distintas profundidades da laje, até uma espessura de 40 mm. Os exemplares foram extraídos a partir da face inferior da laje em um trecho com 50% da área total do elemento sinistrado, nas profundidades de 10 mm, 20 mm, 30 mm e 40 mm, conforme Fig. 2.85.

As amostras consistiram em um material pulverulento. Os pontos de extração foram definidos com o auxílio de um detector eletromagnético de barras de aço (pacômetro), de modo que o processo de coleta não danificasse a armadura constituinte da laje. O material pulverulento extraído foi separado em recipientes selados e identificados, que foram transportados até o laboratório para análise. Após o processo de extração e transporte do material, este sofreu uma preparação preliminar antes de ser submetido aos ensaios de fluorescência e difratometria de raios X.

O ensaio de fluorescência de raios X foi realizado para a determinação e a identificação dos minerais constituintes, visando caracterizar a microestrutura cristalina. O equipamento utilizado para essa análise foi o espectrômetro de fluorescência de raios X, de marca EDX 720HS. A quantidade necessária de amostras para a realização dos ensaios em cada profundidade foi de cinco gramas.

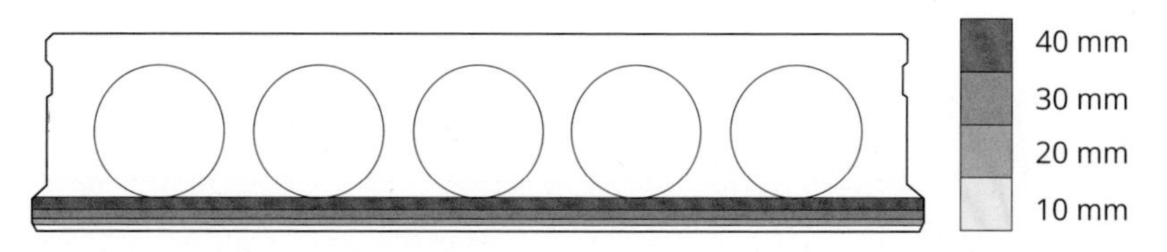

Fig. 2.85 *Espessuras analisadas*

De modo análogo, e complementando a caracterização dos testemunhos, o ensaio de difratometria de raios X foi empregado para obter informações sobre a estrutura atômica e molecular do material coletado, viabilizando a identificação da composição química do concreto de cada camada e de suas fases cristalinas. Empregou-se para esse ensaio o difratômetro de raios X de marca Siemens, modelo D5000. Para a realização do ensaio, foram necessários cerca de dez gramas de material, para cada amostra, e, para a interpretação dos dados obtidos, foi utilizado o programa PANalytical X'Pert HighScore. Todos os ensaios foram realizados na Unisinos, no Rio Grande do Sul.

A partir do ensaio de fluorescência de raios X, identificaram-se os elementos químicos presentes em cada uma das amostras, para cada profundidade analisada, conforme expressa a Tab. 2.14.

Tab. 2.14 Elementos químicos identificados nas amostras extraídas

Profundidade (mm)	Elementos (%)		
	(> 50)	(5 < x < 50)	(< 5)
40	Não identificado	Si, Ca, Fe, Al	K, Mg, Ti, S, Mn, Sr, Zr, Rb
30	Não identificado	Si, Ca, Fe, Al	K, Mg, Ti, S, Mn, Sr, Rb
20	Não identificado	Si, Ca, Fe, Al	K, Mg, Ti, S, Mn, Sr, Zr, Rb
10	Não identificado	Si, Ca, Fe, Al	K, Mg, Ti, S, Ba, Mn, Sr

A fim de complementar os resultados obtidos no ensaio de fluorescência de raios X, adotou-se também como parâmetro avaliativo o ensaio de difratometria de raios X. A Fig. 2.86A,B mostra, a título de exemplo, os resultados que foram extraídos das profundidades de 10 mm e 30 mm, respectivamente.

A Tab. 2.15 ilustra os valores das temperaturas identificadas nos ensaios de fluorescência e difratometria de raios X.

Tab. 2.15 Distribuição de temperaturas na seção da laje sinistrada

Profundidade (mm)	Temperatura provável do concreto (°C)	Perda de resistência provável do concreto (%)	Temperatura provável das armaduras (°C)	Perda de resistência provável das armaduras (%)
10	< 700	70	Sem armaduras	Sem armaduras
20	< 400	25	400 °C	40
30	< 100	Desprezível	–	–
40	< 100	Desprezível	–	–

Fonte: ABNT (2015a).

O silício (Si) possivelmente se originou dos agregados, e não foram encontrados teores de carbono em quantidades superiores a 5% em qualquer camada, o que indica que as temperaturas das camadas mais internas do elemento não atingiram temperaturas superiores a 800 °C. Ademais, notou-se que, pela marcante quantidade de silício (Si), cálcio (Ca), ferro (Fe) e alumínio (Al), houve indícios da presença dos produtos de hidratação, que indicam, pela quantidade observada de altas concentrações de silicato de cálcio hidratado (C-S-H), o que é positivo para a estrutura, uma vez que esse elemento é relacionado com a resistência do material.

Observou-se, pela Fig. 2.86A, que o material contido na camada de 10 mm não apresentou índices químicos contendo portlandita ($Ca(OH)_2$), o que indica que as temperaturas foram superiores a 420 °C, provavelmente atingindo 700 °C, uma vez que esse é ponto de início do processo de transformação do hidróxido de cálcio (CH) e de extinção completa da portlandita. A inexistência de etringita nessa camada

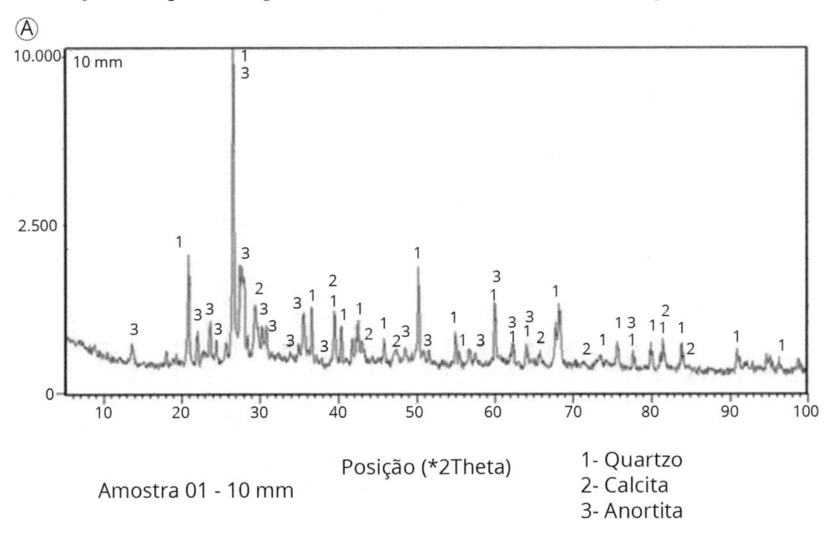

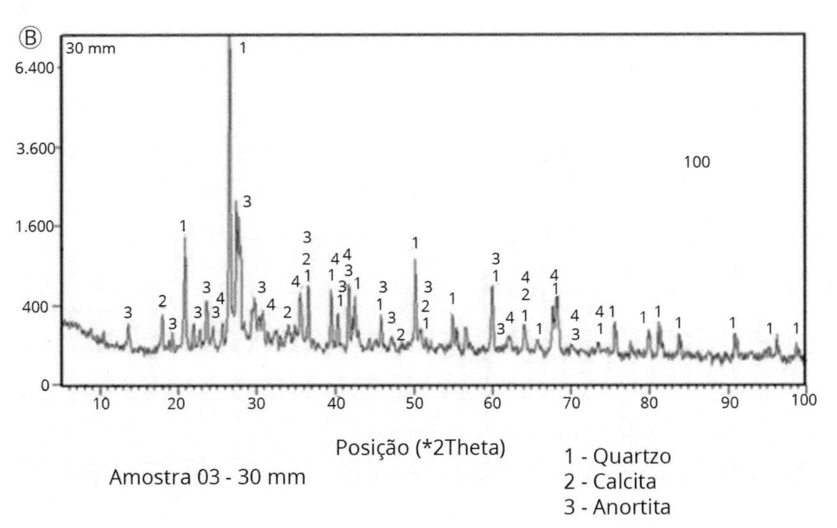

Fig. 2.86 *Difração de raios X: amostra com profundidade de (A) 10 mm e (B) 30 mm*

confirmou essa presunção, podendo ser um indício de que a temperatura superou 350 °C. Essa interpretação foi reforçada pela presença de calcita ($CaCO_3$).

Nas espessuras de 20 mm, 30 mm e 40 mm, notou-se a presença do hidróxido de cálcio. Não se observou carbonato de cálcio ou óxido de cálcio nas camadas superiores a 20 mm. Esses elementos são oriundos da desintegração do C-S-H, que ocorre em temperaturas superiores a 700 °C; portanto, nessas camadas, as temperaturas não chegaram nesse limite. Além disso, o hidróxido de cálcio observado indica que as temperaturas não foram superiores a 400 °C.

Nas camadas de 30 mm e 40 mm ainda se identificaram os compostos da pasta hidratada de cimento. Esse fato indica que o calor não promoveu profundas alterações químicas e, consequentemente, mecânicas na pasta, sendo possível determinar que a temperatura atingida foi inferior a 100 °C. O próprio grau de desplacamento do concreto observado *in loco* se limitou a uma espessura de 20 mm, confirmando a análise.

Examinando os resultados laboratoriais, observou-se que, nas camadas da laje mais profundas que 20 mm, as temperaturas não ultrapassaram 400 °C. Segundo a NBR 15200 (ABNT, 2012d), nessa faixa o concreto tem uma perda de 25% da sua resistência inicial em temperatura ambiente. Esse coeficiente é tratado como uma estimativa razoável da projeção das perdas de resistências, visto que esse parâmetro depende, além da natureza dos materiais constitutivos do próprio concreto, da idade do elemento, da forma de exposição às chamas, do grau de restrição à deformação linear, da geometria, entre outros.

Após os ensaios, depreendeu-se que o impacto das altas temperaturas na resistência à compressão do concreto foi desprezível na região da armadura e dos fios protendidos, de 25% e 70% nas camadas de 20 mm e 10 mm, respectivamente. Portanto, concluiu-se que a estrutura estava segura, sendo necessária a reconstituição das camadas mais superficiais, visando manter a durabilidade estrutural pós-sinistro.

Com a realização desse estudo, reforçou-se a hipótese de que ensaios de caracterização avançada apresentam indícios que podem ser relacionados com o efeito do fogo e de elevadas temperaturas em estruturas de concreto armado e protendido. Inicialmente, por meio da inspeção visual, foi possível avaliar as principais características da edificação, onde se identificaram a ocorrência de desplacamento e a área de abrangência do sinistro. A complementação dos resultados segundo uma caracterização química da matéria mostrou-se importante na confiabilidade dos valores encontrados.

Para mais informações sobre esse estudo, consultar artigo *Avaliação da resistência residual de lajes alveolares em concreto armado em uma edificação industrial após incêndio* (Zamis et al., 2017).

Mecanismos mecânicos congênitos

São mecanismos que nascem com a estrutura, incorporados em alguma das diversas atividades de projeto ou execução. As manifestações patológicas congênitas dificilmente se deflagram na etapa de produção; normalmente, manifestam-se na fase de uso. Por exemplo, a corrosão de armaduras devida à insuficiência de cobrimento pode demorar dez anos ou mais para se manifestar, dependendo das condições de exposição.

Na sequência, são listadas algumas dessas manifestações.

i) Falta de aderência ou de ancoragem das armaduras

As fissuras por falta de aderência ou de ancoragem das armaduras são manifestações patológicas com necessidade imediata de intervenção. As armaduras, quando não são devidamente ancoradas na estrutura de concreto, deslizam e perdem a eficácia, e o elemento estrutural, sob essas condições, não é capaz de absorver as solicitações impostas. Nessas circunstâncias, o colapso da estrutura é possível.

O indicativo da ocorrência desse fenômeno são fissuras lineares, que geralmente acompanham as armaduras principais de flexão, como mostra a Fig. 2.87. Essa manifestação patológica, pouco comum, é induzida devido à falha do projeto estrutural, por não admitir um comprimento de ancoragem adequado à barra, ou a uma leitura errônea do projeto em obra. A falta de gancho na ancoragem da peça também é uma anomalia que pode induzir a manifestação.

ii) Deficiências na posição das armaduras

Caso o elemento estrutural seja mal dimensionado, detalhado ou executado, as armaduras serão dispostas de modo divergente do esperado, e a peça estrutural será submetida a solicitações que não terá condições de absorver, podendo levar ao colapso da edificação.

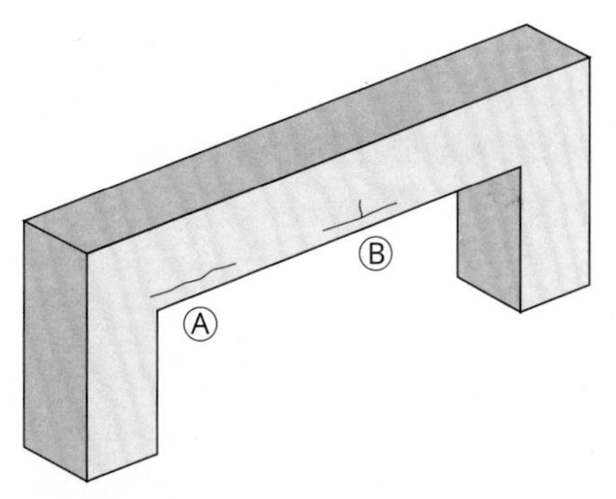

Fig. 2.87 *Fissuras devidas à falta de ancoragem das armaduras*

Essa manifestação não possui uma tipologia característica de fissuração. As fissuras se dão sob as condições e a natureza das solicitações impostas à estrutura, seguidas da sua incapacidade de absorver o esforço.

iii) Cobrimento insuficiente das armaduras

O cobrimento insuficiente das armaduras torna a estrutura de concreto mais suscetível à deterioração por corrosão de barras, devido à agressividade ambiental.

Essa manifestação patológica não se evidencia instantaneamente. É um processo que envolve um conjunto de condicionantes, como oxigênio, umidade (isto é, o eletrólito) e diferença de potencial, conforme já discutido. As consequências dessa deficiência serão percebidas durante a vida útil da estrutura, em um período que depende da magnitude dessas condicionantes. As manifestações produzidas são as mesmas já debatidas na abordagem do mecanismo de corrosão.

iv) Falha de conexão entre elementos

A execução do comprimento de ancoragem correta e o efetivo traspasse das barras das armaduras fazem-se necessários para que os diversos esforços atuantes no sistema estrutural sejam transferidos entre os elementos que o compõem. Ademais, é a efetiva interação entre esses elementos que garantirá a efetividade do modelo estrutural admitido no cálculo e, consequentemente, as solicitações atuantes em cada elemento. Por exemplo, no caso de uma viga biapoiada, admitida engastada nos apoios no modelo estrutural, se a ancoragem nos apoios não for eficiente, o apoio funcionará como rótula, em vez de engaste, ou será estabelecida uma vinculação intermediária entre a viga e o apoio, submetendo a viga a momentos fletores solicitantes certamente superiores ao projetado. Como consequência, fissuras de tração na flexão podem ocorrer no vão central da viga, e até o colapso, em casos críticos.

A falta de monolitismo entre os elementos, dependendo do modelo estrutural adotado, pode comprometer a estabilidade global do sistema, principalmente na incidência de ações horizontais, como a do vento. Para o projetista, é sempre um desafio a tarefa de tornar efetivo o modelo de cálculo do sistema estrutural. As vinculações tornam-se um aspecto importante de projeto, principalmente no que tange ao dimensionamento de cada um dos elementos estruturais que compõem o sistema, importante para a definição de sua estaticidade.

v) Erros construtivos

Alguns erros que acarretam o surgimento de manifestações patológicas nas estruturas de concreto armado são: o concreto inadequado, que dificulta a construção; o congestionamento de armaduras (Figs. 2.88 e 2.89), que causa a

Fig. 2.88 *Densidade de armaduras negativas em uma viga*

Fig. 2.89 *Densidade de armaduras numa região de encontro de pilar e viga*

retenção da passagem dos agregados, tornando o elemento heterogêneo; a espessura de cobrimento das armaduras menor que a admitida em projeto (Fig. 2.90), que torna as peças susceptíveis à deterioração de cunho químico; a incompatibilização entre projetos de outras disciplinas (Fig. 2.91), que compromete o desempenho da estrutura; a disposição errônea das armaduras detalhadas em projeto (Fig. 2.92); e a segregação do concreto em obra (Figs. 2.92 e 2.93).

Esses problemas obviamente devem ser evitados, até por se tratarem de falhas simples que o profissional deve estar atento para não cometer. No Brasil, a NBR 14931 (ABNT, 2004) especifica os cuidados de execução e os cuidados da estrutura de concreto armado.

Fig. 2.90 *Armaduras de viga sem espaçadores*

Fig. 2.91 *Excesso de tubulações passantes no elemento*

Fig. 2.92 *Segregação do concreto e estribos dispostos de forma não uniforme*

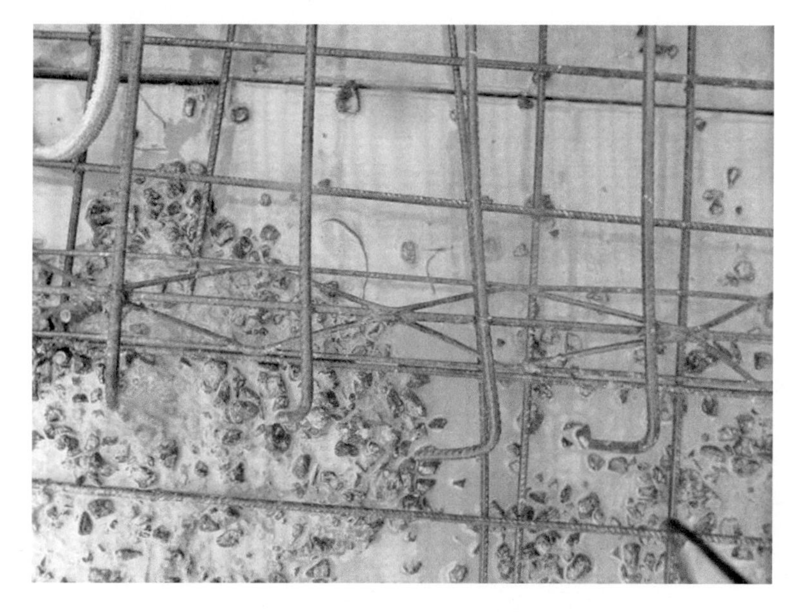

Fig. 2.93 *Concreto segregado*

2.2 Diagnóstico

A determinação das manifestações patológicas nem sempre é realizada de forma direta. O estudo do tipo de fissuras é um indicativo de comprometimento funcional da peça, mas não é o único. Algumas vezes, a depender da complexidade da falha e da importância da estrutura de concreto, faz-se necessária a utilização de instrumentos para auxiliar na interpretação mais apurada dos mecanismos e processos que culminaram no surgimento do problema.

Os equipamentos ou materiais empregados para o diagnóstico podem ou não produzir danos na estrutura. Dessa forma, os ensaios são classificados em *não destrutivos* ou *semidestrutivos*.

2.2.1 Ensaios não destrutivos

Os ensaios não destrutivos não danificam o elemento estudado; por isso, são os mais recomendáveis para serem especificados, sempre que possível. A seguir, detalham-se os principais, como fissurômetro, esclerometria, ultrassom, pacometria, resistividade elétrica, permeabilidade, termografia infravermelha e extensometria elétrica.

Fissurômetro

O fissurômetro é um instrumento que objetiva medir a magnitude da abertura da fissura de determinada peça. Além de estruturas de concreto armado, o instrumento também pode ser usado em revestimentos, alvenarias, entre outros. O uso do fissurômetro não indica a origem ou o mecanismo de deterioração que está instalado no concreto fissurado; todavia, ele serve como balizador da magnitude da manifestação que incide (Fig. 2.94). Pode ser usado junto com outros ensaios de maior precisão.

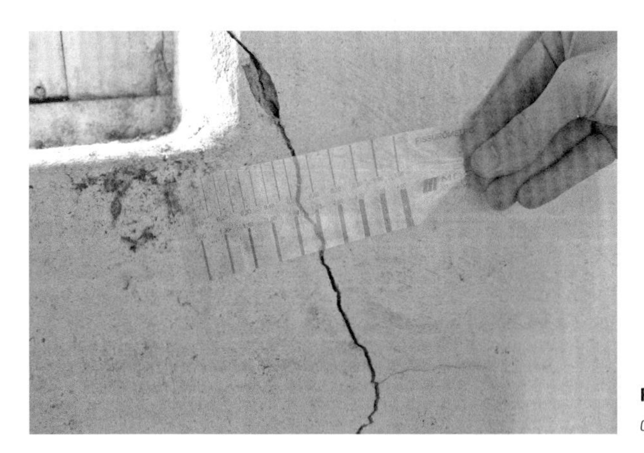

Fig. 2.94 *Análise de fissura com fissurômetro*

Medidas sucessivas da abertura das fissuras, em tempos predefinidos pelo profissional, podem indicar se o processo de deterioração instalado é ou não ativo. Esse fato pode informar se o mecanismo prossegue no tempo, o que ajuda na definição sobre a origem e a causa. Dificilmente as análises com fissurômetro são conclusivas, cabendo ao profissional realizar uma análise crítica das medições feitas.

Esclerometria

O ensaio de esclerometria, ou ensaio esclerométrico, segue as prescrições da NBR 7584 (ABNT, 2012c) e é realizado com o auxílio de um equipamento conhecido como martelo de Schmidt ou martelo de rebote. O nome origina-se do inventor do ensaio, o engenheiro suíço Schmidt, que o desenvolveu na década de 1940. O experimento consiste num martelo que, quando impulsionado por uma mola de rigidez conhecida, choca-se na superfície de concreto por meio de uma haste com ponta em forma de calota esférica. O martelo causa impacto num êmbolo, e a massa controlada pela mola do equipamento sofre um rebote, registrando o índice esclerométrico, que remete à dureza superficial do elemento. O equipamento está mostrado na Fig. 2.95.

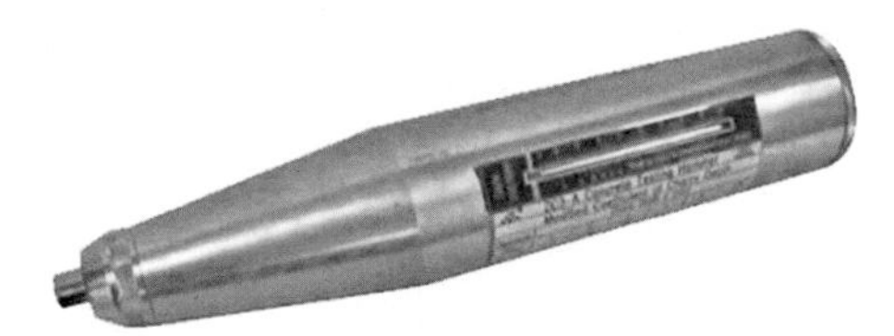

Fig. 2.95 *Martelo de Schmidt*

É um ensaio simples, rápido, econômico e com danos praticamente nulos à superfície do material. Contudo, os resultados obtidos apresentam pouca precisão, pois os valores fornecidos variam com a uniformidade da superfície, a condição de umidade, a carbonatação superficial, entre outros. Assim, esse ensaio não é conclusivo; é um parâmetro de comparação, e deve ser aplicado com outros ensaios semidestrutivos de maior precisão. Serve para otimizar os ensaios semidestrutivos mais danosos e caros, ou seja, para diminuir o número de amostras.

A esclerometria não deve ser usada para determinar a resistência característica à compressão do concreto, como alguns profissionais ainda insistem em fazer. Trata-se de um equívoco, pois pode produzir resultados discrepantes e contra a segurança. O ensaio só deve ser aplicado nesse contexto se o profissional já tiver desenvolvido a correlação entre propriedades mecânicas do concreto com o índice esclerométrico, para famílias conhecidas de concreto.

A Tab. 2.16 mostra os resultados da esclerometria realizada nos dez pilares estudados da edificação que passou por um incêndio, de cuja estrutura se buscava determinar os pontos mais afetados. Pelo fato de já se ter estrutura danificada, não era recomendável o uso de ensaios semidestrutivos. Entretanto, se necessário, deve-se utilizá-los na menor quantidade possível. Desse modo, foi realizada a esclerometria, entre outros ensaios não destrutivos, para apontar as regiões

Tab. 2.16 Resultado dos índices esclerométricos conforme cálculo da NBR 7584 (ABNT, 2012c)

Pilar 1		Pilar 2		Pilar 3		Pilar 4		Pilar 5	
Pontos	Valor	Pontos	Valor	Pontos	Valor	Pontos	Valor	Pontos	Valor
1	34	1	38	1	30	1	32	1	32
2	34	2	42	2	36	2	34	2	34
3	30	3	42	3	28	3	32	3	36
4	36	4	42	4	26	4	30	4	30
5	36	5	38	5	34	5	34	5	32
6	36	6	36	6	30	6	28	6	34
7	34	7	34	7	26	7	30	7	36
8	24	8	34	8	30	8	28	8	32
9	34	9	36	9	30	9	30	9	36
10	38	10	34	10	38	10	30	10	36
11	34	11	38	11	34	11	26	11	32
12	34	12	34	12	30	12	24	12	30
13	36	13	38	13	30	13	30	13	30
14	26	14	34	14	32	14	36	14	32
15	34	15	36	15	32	15	28	15	30
16	34	16	34	16	30	16	29	16	32
Média	33,38	Média	36,88	Média	31,00	Média	30,06	Média	32,75
Média corrigida	34,67	Média corrigida	35,69	Média corrigida	30,83	Média corrigida	29,73	Média corrigida	32,75
(–10%)	30,04	(–10%)	33,19	(–10%)	27,90	(–10%)	27,06	(–10%)	29,48
(+10%)	36,71	(+10%)	40,56	(+10%)	34,10	(+10%)	33,07	(+10%)	36,03
Pilar 6		Pilar 7		Pilar 8		Pilar 9		Pilar 10	
Pontos	Valor	Pontos	Valor	Pontos	Valor	Pontos	Valor	Pontos	Valor
1	38	1	38	1	32	1	32	1	38
2	26	2	30	2	40	2	30	2	36
3	30	3	38	3	40	3	28	3	30
4	28	4	32	4	32	4	26	4	32
5	26	5	32	5	32	5	30	5	32
6	28	6	28	6	34	6	32	6	34
7	26	7	34	7	32	7	30	7	26
8	22	8	32	8	32	8	26	8	36
9	32	9	34	9	32	9	26	9	40
10	24	10	30	10	32	10	32	10	32
7	22	11	32	11	32	11	28	11	28
12	28	12	32	12	32	12	24	12	32
13	24	13	34	13	28	13	24	13	32
14	28	14	30	14	34	14	30	14	36
15	26	15	32	15	32	15	34	15	26
16	22	16	32	16	34	16	32	16	34
Média	26,88	Média	32,50	Média	33,13	Média	29,00	Média	32,75
Média corrigida	26,40	Média corrigida	32,00	Média corrigida	32,46	Média corrigida	29,33	Média corrigida	33,27
(–10%)	24,19	(–10%)	29,25	(–10%)	29,81	(–10%)	26,10	(–10%)	29,48
(+10%)	29,56	(+10%)	35,75	(+10%)	36,44	(+10%)	31,90	(+10%)	36,03

mais afetadas, as quais deveriam passar por ensaios e procedimentos mais rigorosos. Observa-se que, nesse caso, a esclerometria não foi usada como resultado conclusivo, apenas como balizador para otimizar os danos aos elementos. Cada amostra (ensaio) possui 16 medidas, para o cálculo da média aritmética. Depois desse cálculo, excluiu-se qualquer valor que se afastou em mais de 10% da média, resultando em uma nova média aritmética, que serve de índice esclerométrico definitivo do elemento.

Observou-se que os pilares 3, 4, 6 e 9 foram os mais afetados, coincidindo com a análise visual do local e com os outros ensaios não destrutivos, como o ultrassom. Com isso, definiram-se esses pilares como os elementos que deveriam passar por estudos mais aprofundados, com ensaios semidestrutivos ou outros mais refinados para a tomada de decisão.

Inclusive, a NBR 7680 (ABNT, 2015a) determina que ensaios não destrutivos, como a esclerometria e o ultrassom, sejam realizados antes de se efetuarem extrações de corpos de prova para análise da resistência do concreto.

Ultrassom

O ensaio de ultrassom, ou ensaio ultrassônico, consiste na determinação da velocidade de propagação de ondas ultrassônicas através da estrutura de concreto. Para determinar essa velocidade, são utilizados equipamentos capazes de medir o tempo necessário para a passagem do pulso de um ponto a outro. Como a distância entre os transdutores é conhecida, divide-se essa distância pelo tempo fornecido pelo aparelho, resultando na velocidade média do pulso ultrassônico ao longo do percurso.

O ensaio é usado para a verificação da homogeneidade do concreto, detectando eventuais falhas de concretagem, existência e profundidade de fissuras, bem como zonas de alta e baixa qualidade do concreto. É também utilizado como um parâmetro de verificação das variações do material no tempo, como aquelas decorrentes da agressividade produzida pelo ambiente. Além disso, o ensaio é capaz de estimar a resistência à compressão do concreto, seja em corpos de prova moldados durante a concretagem ou em testemunhos, desde que correlacionados com os resultados do rompimento de corpos de prova extraídos da mesma estrutura.

Como qualquer outro ensaio não destrutivo, esse método possui limitações. Vários fatores influenciam a propagação de ondas na peça de concreto, alterando os resultados, que devem ser analisados com cautela. Entre esses fatores, destacam-se a quantidade de agregado graúdo, a frequência dos transdutores, a presença de armaduras etc. Ademais, o ensaio não fornece a profundidade das regiões em que se constata a não homogeneidade nem as características geométricas dessas anomalias. O método para realização do ensaio segue as prescrições da NBR 8802 (ABNT, 2013b) e ASTM C597 (ASTM, 2016). A realização do ensaio é apresentada na Fig. 2.96.

Pacometria

Esse ensaio é realizado pelo instrumento chamado de pacômetro, ou detector eletromagnético de barras metálicas, com o qual é possível medir, em tempo real, a posição e o diâmetro das armaduras e a espessura de cobrimento da peça de concreto, numa profundidade máxima que, dependendo do fabricante, pode chegar a 18 cm. O ensaio baseia-se na interação entre o metal das armaduras e a frequência do campo eletromagnético criado pelo equipamento. De posse da combinação entre a intensidade e a frequência, as barras de aço são identificadas e informadas por meio de um leitor audiovisual. Cabe ao inspetor deslocar o leitor junto à superfície do elemento estrutural, e, na presença de armaduras, o equipamento produz o alerta. Um demonstrativo do ensaio sendo realizado é mostrado na Fig. 2.97.

Fig. 2.96 *Ensaio de propagação de ondas longitudinais conhecido por ultrassom*

Fig. 2.97 *Identificação das armaduras por pacometria*

O ensaio é feito para a conferência de um projeto estrutural já executado ou para definir a situação de projeto de uma estrutura construída, no caso da inexistência das pranchas de detalhamento estrutural. Essa última situação é frequente dentro da prática da atividade de patólogo, sendo geralmente encontrada nas edificações com idades avançadas.

Aplica-se principalmente para definir distribuição, diâmetro, número de camadas e espaçamento das armaduras de uma peça estrutural de concreto, sem a necessidade de sua destruição. O ensaio também é empregado para a locação das armaduras com o objetivo de viabilizar, de forma segura, a extração de testemunhos do concreto que compõe o elemento.

Resistividade elétrica

A resistividade elétrica é a propriedade que caracteriza a dificuldade com a qual os íons se movimentam no interior da massa de concreto, através da solução aquosa dos poros. A resistividade elétrica é sensível ao teor de umidade dos poros, à microestrutura da pasta – volume e interconectividade dos poros –, à concentração de sais e à temperatura do ambiente, entre outros; assim, os resultados desse ensaio devem ser analisados com cautela e conforme a experiência do inspetor.

Segundo Cascudo (1997), a resistividade elétrica do concreto, juntamente com a disponibilidade de oxigênio e eletrólito (umidade interna), fundamenta a velocidade do processo eletroquímico de corrosão das barras de aço. Já para Polder e Peelen (2002), após iniciado o processo corrosivo, a resistividade elétrica do concreto controla a taxa de corrosão. Dessa forma, o ensaio é importante para compreender o meio no qual as armaduras de um elemento estão inseridas, normalmente sendo usado para antever o início do processo de degradação.

O ensaio é aplicado no monitoramento de estruturas construídas em ambiente de elevada agressividade, sendo também adequado para estimar a vida útil da estrutura frente a um processo de corrosão já iniciado, uma vez que a mobilidade iônica entre as regiões anódica e catódica é um fator de controle das reações. Esse procedimento também é capaz de indicar as regiões de maior porosidade do concreto, passíveis de servir como entrada para os íons agressivos e, consequentemente, de deflagrar processos de degradação.

O método mais conhecido e empregado para a determinação da resistividade elétrica superficial do concreto é feito por meio de quatro pontos. Trata-se de quatro contatos igualmente espaçados que são colocados sobre a superfície do elemento e uma pequena corrente alternada (I) é aplicada nos contatos externos. A diferença de potencial (ΔV) resultante entre dois contatos internos é medida. Na Fig. 2.98 são mostrados um dos equipamentos disponíveis no mercado para esse fim e a elaboração do ensaio em um corpo de prova cilíndrico de concreto.

Fig. 2.98 *Elaboração do ensaio de resistividade em pilar de concreto*

Permeabilidade

O grau de ataque e deterioração de uma estrutura inserida em um ambiente de alta agressividade é proporcional ao índice, à dimensão e à interconectividade dos poros do concreto. O índice de poros é medido pelo ensaio de permeabilidade do concreto, que se fundamenta na determinação da taxa de ingresso de água ao interior do concreto. Partindo do pressuposto de que os agentes agressivos normalmente se encontram dissolvidos, a extrapolação é aceita e representativa.

A absorção d'água é dependente dos seguintes fatores: (I) traço do concreto; (II) composição química e física dos componentes cimentícios; (III) composição física dos agregados; (IV) modo e grau de lançamento e adensamento do concreto; (V) tipo e tempo de cura; (VI) grau de hidratação da pasta; (VII) presença de microfissuras; e (VIII) presença de tratamento superficial da estrutura. Esse ensaio não define qual fator preponderou para se justificar a permeabilidade do material – cabe ao profissional ampliar o campo de investigação caso queira determinar a origem da permeabilidade informada pelo ensaio.

Para determinar valores de permeabilidade do material, os ensaios podem ser feitos *in loco* ou em laboratório. Em campo, a permeabilidade pode ser estimada por vários métodos, como o método do anel de ensaio (permeabilidade à água sob pressão); o método de Autoclam (permeabilidade ao ar e à água e absorção de água); o método da agulha (utiliza oxigênio como fluido); o método de Parrott (permeabilidade ao ar); e o método de Figg (permeabilidade ao ar e à água).

Entre os mais recentes métodos utilizados para definição da permeabilidade *in situ* do concreto, destaca-se o aparato GWT (*german water permeability test*). É um cilindro instalado junto à superfície do concreto, o qual possui água sob pressão constante, medida por meio de um manômetro anexado a um micrômetro, que aumenta ou diminui de volume conforme a variação da pressão. Esse dispositivo é ancorado na estrutura por meio de grampos, os quais permitem que o instrumento seja instalado sobre um plano horizontal ou vertical da peça. Os grampos podem ser substituídos por adesivos, se necessário. Um detalhe e a operação do equipamento são mostrados na Fig. 2.99.

A Associação Brasileira de Normas Técnicas, na NBR 10787 (ABNT, 2011a), a qual avalia o coeficiente de permeabilidade de concreto segundo ensaios laboratoriais, sugere a adoção desse ensaio. Para a aplicação da pressão d'água sobre o corpo de prova, a norma estabelece o uso de qualquer tipo de equipamento, desde que seja possível acomodar o corpo de prova e transmitir as pressões à face da amostra.

Termografia infravermelha

Trata-se de um ensaio não destrutivo utilizado para obter a temperatura superficial das estruturas de concreto. Com o equipamento, é possível localizar anomalias não aparentes. Dessa forma, pode-se antever as intervenções necessárias e evitar que manifestações patológicas surjam ou se desenvolvam.

A termografia infravermelha fundamenta-se na perturbação do fluxo de calor, gerado interna ou externamente à peça estrutural. As perturbações produzem desvios na distribuição da temperatura superficial do objeto, os quais são captados pelo equipamento termográfico, gerando uma imagem. A termografia apresenta como vantagem a rapidez e a facilidade de inspeção, pois produz as imagens em tempo real. Soma-se a esses atributos a vantagem de ser um ensaio não destrutivo.

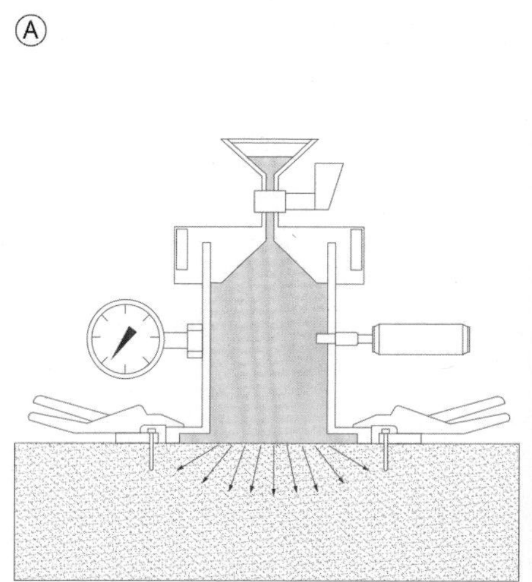

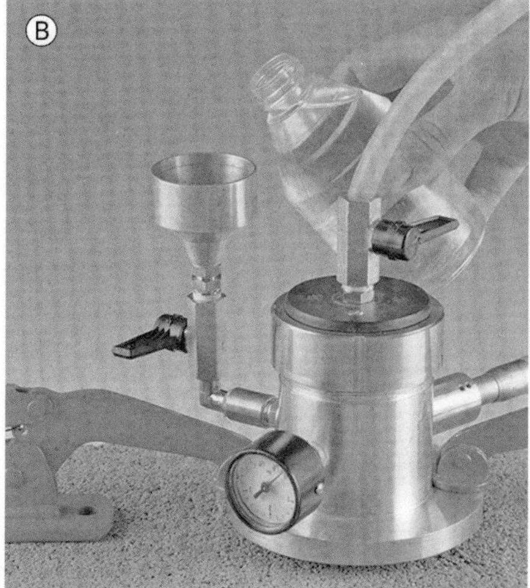

Fig. 2.99 *(A) Detalhe e (B) operação do aparato GWT*
Fonte: <https://www.ele.com>.

Como desvantagem, o método, conforme ressalta Barreira (2004), apresenta o risco de confundir defeitos do objeto com irregularidades na temperatura superficial, devidas a fatores externos, tais como (I) condições térmicas do objeto e do meio em que ele se encontra (antes e durante o ensaio); (II) condição da medição (temperatura do ar, distância entre câmera e objeto, posição de observação); e (III) presença de fatores externos (sombras, reflexão, diferentes acabamentos da superfície).

A Fig. 2.100A mostra uma região de maior umidade nas proximidades da cobertura de uma edificação histórica. O mesmo ocorre com a região nas proximidades da soleira dessa mesma obra, como mostra a Fig. 2.100B, provavelmente devido a uma umidade ascensional provinda do terreno.

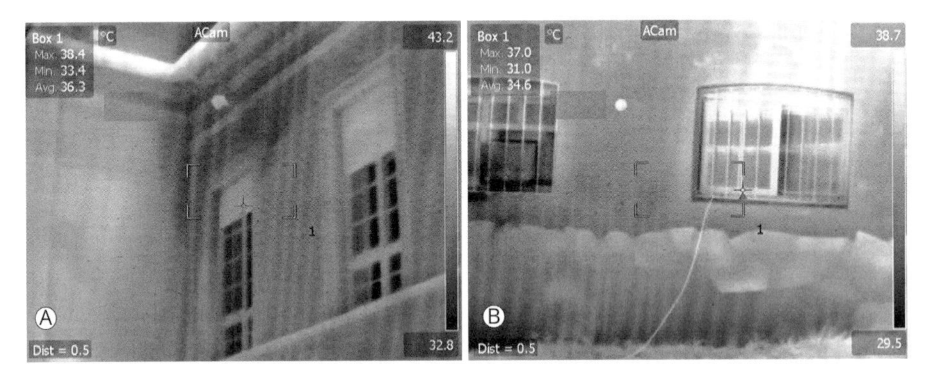

Fig. 2.100 *Foto termográfica próximo à (A) cobertura e (B) soleira de edificação na cidade de São Leopoldo (RS)*
Fonte: acervo de Fernanda Pacheco.

Nota-se que as imagens termográficas não são conclusivas, mas ainda auxiliam na tomada de decisão e na provável justificativa de processo de deterioração instalado, identificando os pontos em que se faz necessária uma investigação mais detalhada, com ensaios mais refinados.

2.2.2 Ensaios semidestrutivos

Os ensaios semidestrutivos promovem um dano localizado, normalmente de dimensões reduzidas em relação ao tamanho total do elemento investigado. Em geral envolvem a alteração da estética da peça, causando desconforto ao usuário; com isso, ao fim do processo, torna-se necessária uma intervenção reparadora do dano produzido.

A seguir, são descritas a aspersão de fenolftaleína, a aspersão de nitrato de prata, a extração de testemunhos, a espectrometria de fluorescência de raios X e a penetração de pinos.

Aspersão de fenolftaleína

A aspersão de fenolftaleína é utilizada para a definição da profundidade de carbonatação do concreto. O ensaio requer a remoção de uma camada do concreto, ou do pó do material, para que uma solução de fenolftaleína ($C_{20}H_{14}O_4$) seja esborrifada. A substância deve ser diluída em álcool etílico para formação de um líquido que, se aplicado em meio básico, apresenta coloração rosa e, se aplicado em meio ácido, não modifica a cor. A partir dessa análise, torna-se possível concluir sobre a profundidade em que a pasta de cimento hidratada reagiu com o gás carbônico do meio, a carbonatação, e também definir se ainda há proteção às armaduras, isto é, se as barras ainda se encontram em meio alcalino.

A Fig. 2.101 mostra o ensaio sendo realizado com a aspersão da solução de fenolftaleína em pós extraídos, sendo que o pó da Fig. 2.101A não está carbonatado e o da Fig. 2.101B está.

Aspersão de nitrato de prata

A aspersão do nitrato de prata é utilizada para a identificação da profundidade de contaminação por íons cloreto de uma estrutura. Para elaboração do ensaio, faz-se necessária uma destruição parcial do elemento estrutural, ou a retirada de pó, para esborrifar a solução de nitrato de prata ($AgNO_3$), a qual reage com os íons cloreto e modifica a coloração superficial do concreto. Pelo comparativo

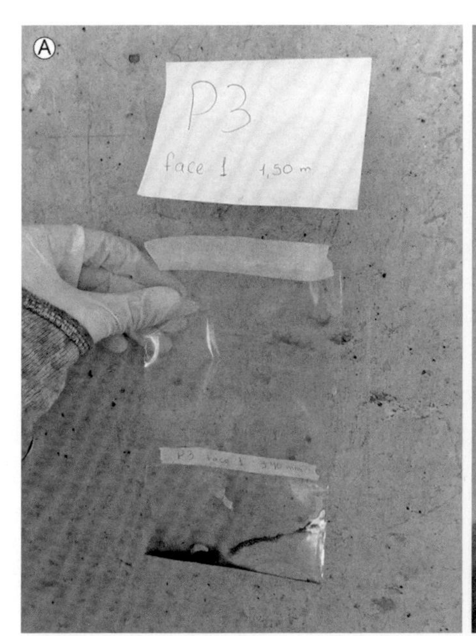

Fig. 2.101 *Aspersão de solução de fenolftaleína em (A) pó não carbonatado e (B) pó carbonatado*
Fonte: acervo de Ana Paula Alves.

visual dessas alterações, é possível determinar a espessura contaminada por íons cloreto.

O procedimento do ensaio consiste em aspergir uma solução de $AgNO_3$ sobre a superfície do concreto. Em peças contaminadas, serão notadas duas regiões bem definidas: uma esbranquiçada, que é a precipitação de $AgCl^-$, indicando a presença de íons cloreto no concreto, e outra marrom, que evidencia a inexistência dos íons. Essa mudança de coloração está apresentada na Fig. 2.102.

Identificada a espessura contaminada por íons cloreto, compete ao profissional definir se a armadura está propensa ao início da corrosão e se a estrutura necessita de intervenção.

Extração de testemunhos

A extração de testemunhos de um elemento estrutural de concreto armado é feita quando se deseja uma análise mais fundamentada de algum parâmetro da estrutura. É uma alternativa empregada para a reconstituição de traços, a análise do módulo de elasticidade e resistência à compressão do material, a determinação do pH do concreto, entre outros. A maior frequência de emprego desse procedimento é na aferição da resistência à compressão residual de estruturas de concreto finalizadas.

O detalhe do processo de extração e o furo resultante estão apresentados na Fig. 2.103.

É importante que o equipamento esteja nivelado e ortogonal à estrutura, para que a amostra tenha as melhores condições possíveis de ensaio.

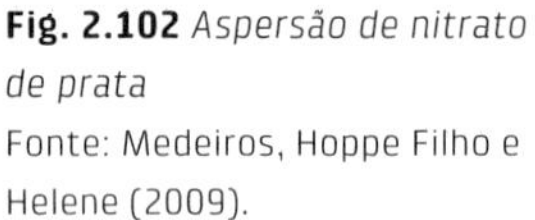

Fig. 2.102 *Aspersão de nitrato de prata*
Fonte: Medeiros, Hoppe Filho e Helene (2009).

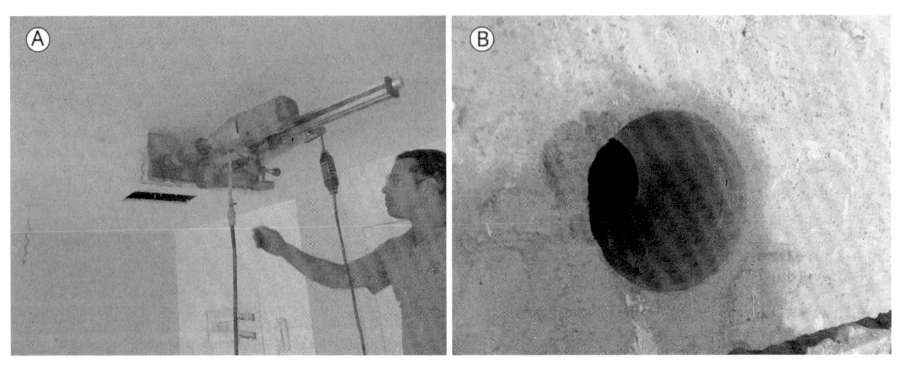

Fig. 2.103 *(A) Detalhe da perfuração e (B) furo resultante da extração*

Espectrometria de fluorescência de raios X

A espectrometria de fluorescência de raios X é empregada para determinar as transformações químicas que se desenvolvem no concreto exposto a determinados agentes. É uma análise microestrutural que visa identificar o composto que justifique o agente ou mecanismo preponderante. Há outros ensaios importantes de análise química e física de microestrutura, como raios X, microtomografia, EDS, entre outros, mas neste livro se focará apenas nesse.

A fluorescência de raios X permite a identificação da composição química da amostra, além de estabelecer a concentração de cada elemento presente. Na espectrometria de fluorescência de raios X, uma fonte de radiação de elevada energia externa, como as oriundas do raio X, provoca a excitação dos átomos. Estes absorvem energia, impulsionando elétrons a níveis mais energéticos. Visto que a energia envolvida na absorção é uma característica específica de cada elemento químico, sua identificação é facilitada.

Para a realização desse ensaio, um material pulverulento deve ser extraído da peça, procedimento que pode ser feito com a broca de uma furadeira elétrica, por exemplo. O material pulverulento deve ser moído em um almofariz de ágata, para garantir a finura adequada à análise do material. A quantidade para a realização de cada ensaio é da ordem de dez gramas. O resultado do ensaio permite identificar a porcentagem dos componentes contidos no material pulverulento analisado.

Penetração de pinos

O ensaio de penetração de pinos, menos utilizado e difundido, é fundamentado no disparo de pinos, por meio de uma pistola. A espessura de penetração do pino é correlacionada com a resistência característica local à compressão do concreto. Também pode ser feito o ensaio de arrancamento de pino, quando o elemento é fixado à estrutura ou colocado antes da concretagem.

O resultado do ensaio é diretamente influenciado pela dureza dos agregados constituintes do concreto e pela potência da cápsula disparada. O método possui um emprego mais disseminado na verificação da qualidade localizada do concreto para uma série de elementos estruturais, em que uma mesma mistura de concreto tenha sido empregada. Dessa forma, pode ser empregado para o controle da qualidade.

2.3 Intervenção

Quando ocorrem falhas nas edificações, uma intervenção, para regressar à condição original, pode ser necessária. Como já destacado, há diversas opções de intervenção, como reparo, recuperação, restauro, *retrofit*, entre outras.

Na sequência, estão apresentados alguns procedimentos e exemplos de intervenção com base na tipologia e na origem da manifestação incidente. Não se espera, neste livro, esgotar as possibilidades, apenas trazer alguns exemplos para a melhor compreensão dos procedimentos.

2.3.1 Fissuras ou desplacamento por corrosão

- *Manifestação patológica:* fissuras paralelas às armaduras, manchas marrom-avermelhadas na superfície do concreto, desplacamento da camada de cobrimento da estrutura.
- *Origem:* geralmente associadas a (I) elevada agressividade do meio ambiente, (II) especificação do concreto inadequada com o meio, (III) porosidade do concreto, (IV) má execução do concreto ou (V) cobrimento nominal das armaduras insuficiente.
- *Reparo:* caso tenha sido detectado o problema no início, sem comprometimento da condição estrutural, deve ser realizado apenas um reparo, para evitar a propagação da falha. Caso tenha sido constatada uma perda de massa considerável das armaduras, e consequente comprometimento estrutural, deve ser programado o reforço.

Para ambos os casos, uma intervenção parcial na estrutura na região das armaduras é feita, com o intuito de remover o concreto do entorno da barra. A superfície do concreto existente é apicoada, visando garantir uma melhor aderência entre o concreto existente e o material de reparo. Ainda pode ser utilizada uma argamassa com sílica ativa para auxiliar na aderência. Porém, o mais importante é que a superfície esteja limpa e seca, isenta de pó e graxas.

O tratamento da barra de aço é feito por meio do lixamento da sua superfície corroída, com uma escova de malha de ferro ou por jateamento de areia, até que sejam removidos os produtos de corrosão. Depois, realiza-se um jateamento seco ou úmido, objetivando a remoção do pó e dos resíduos gerados pelos processos de lixamento e apicoamento.

A reconstituição da parte removida da estrutura deve ser feita com uma argamassa cimentícia à base de polímeros, no caso de ataque por carbonatação ou por íons cloreto; com uma base epóxi ou poliéster, quando se necessita de velocidade de término do processo; ou com uma armagassa cimentícia modificada com polímeros, quando houver alto teor de íons cloreto. O aumento da geometria da peça, expandindo também o cobrimento nominal das armaduras, pode ser necessário.

Cabe ressaltar que, dependendo do meio agressivo, técnicas mais avançadas de prevenção podem ser utilizadas, como a extração eletroquímica de íons cloreto, para os mecanismos de ataque por íons cloreto, ou a realcalinização eletroquímica, para os mecanismos de ataque por carbonatação.

2.3.2 Fissuras devidas à flexão

- *Manifestação patológica:* fissuras superficiais distribuídas até aproximadamente a meia altura da linha neutra da peça, exclusivamente nos pontos da estrutura com esforços máximos de flexão, isto é, com momento positivo ou negativo.
- *Origem:* geralmente associadas a (I) excesso de carregamento, como aqueles oriundos da modificação do uso ou de sobrecargas não previstas, (II) insuficiência de armaduras, (III) fluência do concreto ou (IV) retirada prematura dos escoramentos.
- *Reparo:* para os casos (I) e (II), deve ser realizada uma revisão do projeto estrutural, objetivando a verificação da área de armadura complementar a ser acrescida à armadura existente, uma vez que, muitas vezes, é inviável realizar alteração na geometria do elemento estrutural. Após essa análise, determina-se a necessidade de reparo ou reforço da estrutura.

O elemento estrutural deteriorado deve ser escorado, com o intuito de aliviar as tensões sobre ele, redistribuindo-as aos elementos estruturais adjacentes.

Caso seja necessário o reforço estrutural, adicionam-se as armaduras necessárias, seguindo o procedimento detalhado no caso da corrosão com perda de seção de aço. Outra alternativa de reforço de elementos é a colagem de fibras de carbono ou chapas metálicas na superfície afetada.

No caso de uma manifestação patológica induzida por (III), a probabilidade de surgimento de fissuras é pequena. Todavia, caso elas ocorram, o selamento das juntas com resina epoxídica ou acrílica é suficiente. Entretanto, é necessário realizar o acompanhamento do problema para verificar se há evolução ou acomodamento.

Na situação evidenciada em (IV), deve ser realizada uma análise quanto à magnitude da deformação. Caso a deformação seja inferior aos limites do estado-limite de serviço, estabelecidos na NBR 6118 (ABNT, 2014a), um reparo semelhante ao apresentado em (III) deve ser realizado. Caso as deformações sejam superiores aos limites admitidos na norma, a estrutura deve ser reforçada.

2.3.3 Fissuras devidas ao esforço cortante

- *Manifestação patológica:* fissuras superficiais inclinadas a aproximadamente 45°, próximas aos apoios.
- *Origem:* geralmente associadas a (I) excesso de carregamento (modificação do uso ou sobrecargas não previstas) ou (II) insuficiência de armadura.
- *Reparo:* deve ser realizada previamente a verificação estrutural do elemento existente, determinando a necessidade de realizar um reforço ou uma recuperação da peça.

A estrutura deve ser escorada, com o intuito de aliviar as tensões sobre o elemento a ser corrigido. Faz-se a inserção das barras necessárias na região afetada. Pode-se realizar, do mesmo modo, o reforço estrutural empregando lâminas de fibra de carbono ou chapas metálicas. Esses elementos devem ser aplicados junto à face lateral do elemento fissurado. Cabe ressaltar ainda que uma análise das armaduras existentes deve ser realizada com o objetivo de verificar o seu estado de conservação.

3

PATOLOGIA DAS ESTRUTURAS METÁLICAS

As vantagens das estruturas de aço, como velocidade e produtividade da obra, limpeza do canteiro de obras, precisão construtiva, aproveitamento dos espaços, alívio das fundações e redução dos resíduos finais de construção, ainda não sustentam, prioritariamente, o uso da solução de forma generalizada no Brasil. Para edificações convencionais, o custo agregado dessa alternativa, mediante alguns critérios de análise, pode ser alto – mas não necessariamente será sempre maior – em relação às estruturas de concreto armado, seja na etapa de produção (alto valor de equipamentos de montagem, operários qualificados etc.), no transporte dos perfis da usina siderúrgica ao canteiro ou pela própria matéria-prima. O uso dessa alternativa ainda deve ser considerado sob uma análise técnico-econômica e uma cultura menos imediatista em termos de resultados, o que pode, inclusive, torná-la mais barata do que o uso de estrutura de concreto armado.

Essa solução torna-se atrativa quando são considerados os benefícios agregados ao custo, principalmente quanto à agilidade, aos menores custos das fundações, à liberdade arquitetônica, entre outros. Nos períodos favoráveis da economia, a agilidade de produção torna-se prioritária. Além disso, os selos verdes das edificações, como LEED, Selo Casa Azul e Selo Aqua, ganham força e boa aceitabilidade do mercado, fazendo com que as estruturas metálicas tenham boas perspectivas no cenário da construção civil e sejam avaliadas como solução estrutural para edificações habitacionais convencionais, como já ocorre nos Estados Unidos e na Inglaterra.

Os sistemas estruturais compostos por perfis de aço estão susceptíveis a agressões do ambiente de construção da estrutura, o que compromete o seu desempenho no tempo. Mecanismos físicos, químicos e biológicos podem se desenvolver no aço, sendo a corrosão metálica a mais conhecida, pois esse fenômeno é muito frequente nessas estruturas. As recomendações de durabilidade praticadas pelas principais normas de projeto, como a NBR 14762 (ABNT, 2010), de perfis formados a frio, e a NBR 8800 (ABNT, 2008b), de perfis laminados, soldados e estruturas mistas de aço e concreto, dão atenção à preservação do aço. A NBR 8800 (ABNT, 2008b) apresenta o anexo N para discutir o assunto, propondo recomendações de projeto que mitiguem o surgimento da corrosão.

No projeto, em termos de durabilidade, a norma de perfis formados a frio apresenta poucas ferramentas aos projetistas, reforçando, na quase totalidade dos critérios, que uma consulta à norma de perfis laminados ou soldados deve ser realizada. Esta, em contrapartida, estabelece requisitos mais consistentes, porém pouco concisos, recaindo sobre o projetista a tomada de decisão das circunstâncias e dos critérios necessários para promover a vida útil de projeto – mantida uma manutenção predefinida – estabelecida pela NBR 15575 (ABNT, 2013d).

A nível mundial, em termos de durabilidade, a norma indiana IS 9172: *recommended design practice for corrosion prevention of steel structures* (IS, 2016) elucida critérios muito bem estabelecidos para as definições de projeto que irão potencializar a deterioração do sistema estrutural, incluindo algumas ilustrações de detalhes construtivos que evitam a deflagração da corrosão. Nesse contexto, a norma internacional ISO 9223: *corrosion of metals and alloys, corrosivity of atmospheres: classsification, determination and estimation* (ISO, 2012) classifica hierarquicamente alguns ambientes que deflagram os processos de corrosão metálica – as chamadas categorias de corrosão –, incluindo as concentrações médias dos agentes agressivos e um modelo teórico de estimativa de corrosão. Compete à ISO 11303: *corrosion of metals and alloys: guidelines for selection of protection methods against atmospheric corrosion* (ISO, 2002) detalhar os materiais e métodos contra a corrosão atmosférica referenciada na norma anterior. O Eurocode adota critérios muito semelhantes aos da ISO.

Em termos de classes de agressividade ambiental, a ISO 12944-2: *paints and varnishes – corrosion protection of steel structures by protective paint systems – part 2: classification of environments* (ISO, 2017) estabelece distintos ambientes potencialmente agressores às estruturas metálicas, principalmente em relação à deterioração química do material, a mais frequente anomalia dessa estrutura. A norma brasileira NBR 8800 (ABNT, 2008b) segue esse exemplo, admitindo classes de corrosividade atmosférica e critérios que repercutem no projeto.

Por ser a corrosão metálica o mecanismo preponderante de deterioração do aço, mesmo sendo uma consequência de outros mecanismos, como o biológico, a durabilidade dos elementos estruturais metálicos está atrelada à escolha correta do sistema de proteção (pinturas, revestimentos etc.), à execução correta e a um detalhamento consistente do projeto, sempre visando a preservação das peças contra o acúmulo de água e umidade. Dado que o aço não é um material compósito, o diagnóstico dessas estruturas é mais simples e direto do que o das estruturas de concreto armado, uma vez que os fenômenos são mais aparentes e ocorrem, inicialmente, na superfície. Por outro lado, as estruturas metálicas possuem ligações e peças de ligações de diferentes naturezas constitutivas, tornando o processo de inspeção mais meticuloso, dado o número de acessórios que compõem as uniões entre elementos.

As origens de muitas manifestações patológicas das estruturas de aço podem estar associadas à própria concepção de projeto, refletindo em deformações excessivas ou instabilidades locais e globais devido à esbeltez dos perfis que compõem a estrutura. Diferentemente do concreto, o aço é um material dúctil, o que torna as suas manifestações patológicas de origem mecânica distintas das que são verificadas no concreto armado, por não haver a formação de fissuras, exceto nos casos de fadiga. A esbeltez global ou local desses elementos repercute em processos de dimensionamento mais refinados, com diversos critérios e etapas de verificação normativos que, se não transmitidos de forma correta para o modelo de cálculo, induzem a formação de instabilidades devido ao acúmulo de tensões.

No desenvolvimento e na discussão desse tema, este capítulo fundamentou-se na apresentação de (I) origem, (II) diagnóstico e (III) reparo das estruturas de aço anômalas, seguindo a sequência das etapas de avaliação e recuperação. Acredita-se que essa proposta oriente o profissional na prevenção, interpretação e intervenção da anomalia, visando garantir ou reestabelecer o desempenho adequado do sistema estrutural tal como admitido na sua concepção, e garantir o sucesso da solução. A Fig. 3.1 ilustra a estrutura deste capítulo.

No primeiro tópico, em que a *origem* das manifestações é discutida, são apresentados os processos de deterioração do aço, como se dá a sua ocorrência e como

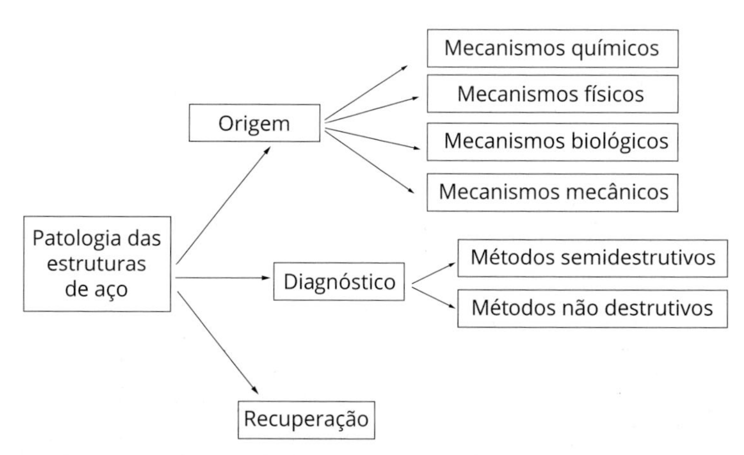

Fig. 3.1 *Fluxograma da abordagem da patologia das estruturas de aço*

esses mecanismos se desenvolvem ao longo do tempo. Em síntese, analisa-se a essência do problema, ou seja, a "doença", a qual pode ser de cunho químico, físico, biológico ou mecânico. No segundo tópico, no qual se debate o *diagnóstico*, é apresentada a gama de equipamentos e de ensaios necessários para identificar a anomalia. Nesse tópico, realiza-se desde o levantamento de dados até a interpretação dos problemas, sendo apresentados os "exames". No terceiro tópico, em que se discute o *reparo*, são apresentadas algumas formas de correção dos problemas diagnosticados, ou seja, as recomendações para sanar o problema.

3.1 Mecanismos de deterioração

Os mecanismos encontram-se separados em químicos, físicos, biológicos e mecânicos.

3.1.1 Mecanismos químicos de deterioração

O principal e mais frequente mecanismo químico de deterioração das estruturas de aço é a corrosão metálica. A corrosão é definida como um processo espontâneo, provocada pela interação química do metal com o ambiente, promovendo variações químicas das suas propriedades, com perda das características estruturais. Pode-se caracterizar esse mecanismo como um processo de deterioração físico-químico, uma vez que os produtos da corrosão causam uma alteração da geometria das peças metálicas, devido à dissolução dos metais por reações químicas (via seca, por meio de gases) ou eletroquímicas (via úmida, por meio de eletrólitos).

Para os materiais da construção civil, a corrosão eletroquímica é a mais frequente, representando, segundo Raichev, Veleva e Valdez (2009), 93% dos casos. A ocorrência do fenômeno também é relacionada ao carregamento que incide na peça, o estado de tensão, o qual gera deformações que podem tornar o material mais susceptível na região tensionada. Ademais, fatores climáticos, como temperatura e umidade, justificam o desencadeamento do fenômeno, fazendo com que seja observado de forma holística.

O mecanismo de corrosão é um fenômeno intrínseco aos metais. A corrosão química desenvolve-se, inclusive, na indústria siderúrgica, durante a fabricação, devido às altas temperaturas. De acordo com Raichev, Veleva e Valdez (2009), no decorrer do processo de laminação a quente de metais ferrosos, em torno de 3% a 5% do metal tratado é perdido. Trata-se da corrosão de superfície que ocorre nos elementos já nas primeiras idades após a produção.

Gentil (2012) comenta que a deterioração causada pela reação físico-química entre material e ambiente submete-o a processos de desgaste, variações químicas da sua composição ou modificações de cunho estrutural, tornando-o inadequado para uso. O fenômeno promove uma transformação degenerativa das estruturas, comprometendo a sua funcionalidade de forma irreversível. Essa é a grande razão da preocupação das normas de projeto com a corrosão.

A corrosão é um processo espontâneo e se apresenta, geralmente, como uma reação de superfície, iniciando-se na parte externa da peça e, a depender das condições do entorno, progredindo ao interior do material. Por essa razão, a NBR 8800 (ABNT, 2008b) define a classificação do ambiente e estima uma perda de espessura da seção da peça por ano. A perda deve ser prevista já no projeto, adotando-se uma sobre-espessura das mesas e da alma dos perfis, que é uma camada adicional a ser consumida ao longo dos anos de exposição ao meio. Todavia, o incremento dessa espessura pode não ser linear, pois os produtos de corrosão que se acumulam na superfície do metal tendem a formar uma capa que, caso não seja removida, dificulta a continuidade do processo eletroquímico. Esse fato é notado, principalmente, na reação entre metais e agentes gasosos, por não haver a possibilidade de o gás lavar os produtos de corrosão depositados, o que não ocorre com os agentes aquosos.

Analisando-se sob a perspectiva da quantidade de oxigênio envolvido no mecanismo, chama-se de *oxidação* o ganho de oxigênio e de *redução* a extração de oxigênio por um agente externo agressor da composição química do metal. A oxidação também pode ser compreendida como a perda de elétrons do metal constituinte, ao passo que a redução é o ganho de elétrons. Além disso, as reações que apresentam variações do número de oxidação são chamadas de reações de oxirredução.

A partir do exposto, toma-se como exemplo uma reação dessa natureza que se desenvolve no ferro, apresentada nas Eqs. 3.1 e 3.2.

$$Fe \rightarrow Fe^{2+} + 2e^- \quad (3.1)$$

$$Cl_2 + 2e^- \rightarrow 2Cl^- \quad (3.2)$$

A Eq. 3.1 apresenta a reação de oxidação do ferro, evidenciando a perda de elétrons. Já na Eq. 3.2, tem-se a redução de cloro, mostrando o ganho de elétrons. No caso do ferro, o seu número de oxidação variou de zero a +2, mostrando que o elemento sofreu uma oxidação. No cloro, o seu número de oxidação passou de zero para –1, manifestando a ocorrência de uma redução. Nas reações de oxirredução, o elemento que perde elétrons (oxidado) age como redutor e o que ganha elétrons (reduzido) age como oxidante.

A corrosão eletroquímica desenvolve-se devido a sucessivas reações que envolvem transferência de elétrons, submetendo o metal à oxidação e à corrosão. O processo de corrosão eletroquímica ocorre em regiões anódicas, onde se desenvolvem as reações de oxidação, e em regiões catódicas, onde se desenvolvem as reações de redução. No ânodo, conforme exemplifica Pannoni (2009) por meio de uma reação hipotética, há uma dissolução do metal, em que ele é transferido para a solução como íons M^{2+}, sendo M um metal qualquer. Esses elétrons são conduzidos por um meio, como água ou umidade acumulada na superfície da peça – que funciona como um eletrólito –, até a região catódica, onde são consumidos (Fig. 3.2).

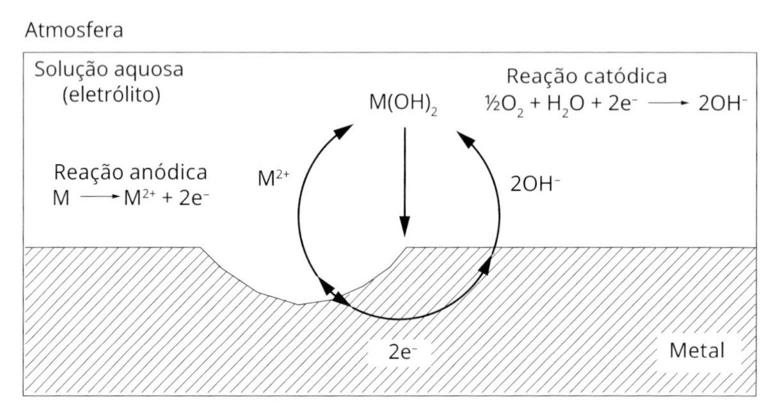

Fig. 3.2 *Corrosão de aço-carbono*
Fonte: adaptado de Pannoni (2009).

Nessa região, também se estabelece a reação de redução do oxigênio e os elétrons perdidos se acumulam. O processo funciona como circuito fechado.

No caso das estruturas de aço das edificações convencionais, o agente agressor é induzido pelo gás carbônico da poluição do ar, chuva ácida, névoa salina do mar etc. O metal passa a ser paulatinamente dissolvido nas regiões anódicas e íons Fe^{2+} são transferidos para a superfície, liberando também elétrons. Os elétrons liberados deslocam-se pelo metal até as regiões catódicas, mediante água ou umidade condensada na superfície (eletrólito), sendo combinados com o oxigênio e promovendo a formação de íons hidroxila OH^-. Os íons hidroxila, por sua vez, são conduzidos até os íons Fe^{2+} inicialmente produzidos, formando um hidróxido metálico ($Fe(OH)_2$), que se deposita na superfície do metal. Esse hidróxido metálico não é estável e, com a renovação da água e do oxigênio, oxida-se, formando $Fe(OH)_3$. Esse composto, comumente descrito na bibliografia por $FeOOH + H_2O.FeOOH$, segundo Pannoni (2009), é ferrugem comum, de cor avermelhada ou amarronzada.

A sensibilidade dos materiais à corrosão é relativa, havendo uma forte correlação com o tipo de metal. Para cada metal, distintas velocidades de avanço do fenômeno ocorrerão – é o chamado potencial de oxidação do metal. A classificação dos metais segundo a sua nobreza está relacionada à sua reatividade, ou seja, à sua capacidade de reagir com outros elementos e formar substâncias não metálicas. Quanto mais eletronegativo for o metal, isto é, quanto menos nobre, maior a tendência de ser oxidado, de perder elétrons. Sua reatividade, portanto, é maior. O ouro, por exemplo, tem potencial de oxidação bastante reduzido. Isso significa que esse metal não mostra uma tendência de perder elétrons, ou seja, de sofrer oxidação. O oposto ocorre com o lítio. Sua reatividade é tamanha que dificilmente se encontra em seu estado natural; geralmente está na condição de composto químico. Em uma reação espontânea de corrosão, os metais menos nobres, mais reativos, doam elétrons para os metais mais nobres, menos reativos. A Tab. 3.1 apresenta a sequência da reatividade para diferentes metais.

Tab. 3.1 Potencial de corrosão dos metais segundo a sua nobreza

(Diminui a reatividade ↓)

	Metal		Cátion	Potencial (volt)
Metais não nobres	Lítio	Li	Li^{1+}	+3,05
	Rubídio	Rb	Rb^{1+}	+2,93
	Potássio	K	K^{1+}	+2,93
	Césio	Cs	Cs^{1+}	+2,92
	Bário	Ba	Ba^{2+}	+2,90
	Estrôncio	Sr	Sr^{2+}	+2,89
	Magnésio	Mg	Mg^{2+}	+2,37
	Alumínio	Al	Al^{3+}	+1,66
	Zinco	Zn	Zn^{2+}	+0,76
	Cromo	Cr	Cr^{3+}	+0,74
	Ferro	Fe	Fe^{2+}	+0,44
Metais nobres	Cadmio	Cd	Cd^{2+}	+0,40
	Cobalto	Co	Co^{2+}	+0,27
	Níquel	Ni	Ni^{2+}	+0,25
	Estanho	Sn	Sn^{2+}	+0,13
	Chumbo	Pb	Pb^{2+}	+0,12
	Cobre	Cu	Cu^{2+}	−0,34
	Prata	Ag	Ag^{+1}	−0,80
	Platina	Pt	Pt^{2+}	−1,20
	Ouro	Au	Au^{1+}	−1,50

O potencial de corrosão depende do pH do meio no entorno do metal. Pourbaix (1974) desenvolveu diagramas de equilíbrio termodinâmico que correlacionam potencial de corrosão e pH, auxiliando na predição das condições ideais para que o fenômeno ocorra, mas sem indicar a velocidade na qual essas reações ocorrem. As duas linhas do diagrama apresentado na Fig. 3.3 (linhas *a* e *b*) se referem às condições de equilíbrio eletroquímico das reações que envolvem a água (eletrólito). A linha *a* está representada pela Eq. 3.3 e a linha *b*, pela Eq. 3.4.

$$2H_2O + 2e \rightarrow H_2 + 2OH^- \tag{3.3}$$

$$2H_2O \rightarrow O_2 + 4H^+ + 4e \tag{3.4}$$

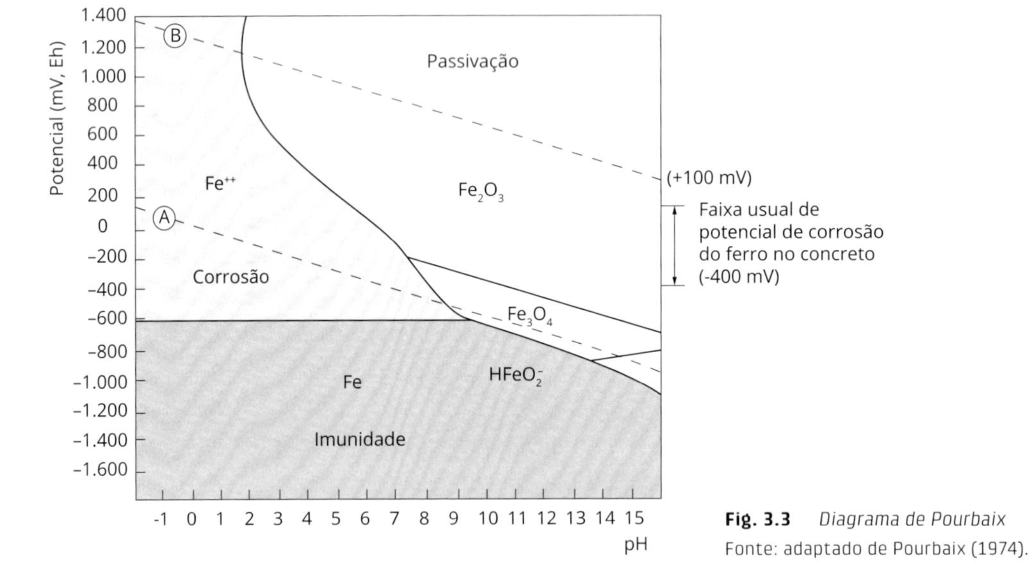

Fig. 3.3 *Diagrama de Pourbaix*
Fonte: adaptado de Pourbaix (1974).

Acima da linha *a*, nota-se a tendência da água a se decompor, gerando H_2, ao passo que, acima da linha *b*, há uma decomposição por oxidação, com formação de O_2. Entre as linhas *a* e *b* está a região de estabilidade térmica desse líquido. As demais linhas separam os domínios de estabilidade relativos aos compostos Fe, Fe_3O_4 e Fe_2O_3, no caso do ferro. O diagrama define regiões (pH *versus* potencial de corrosão) em que o metal é estável.

Quando o pH e o potencial do eletrodo na interface metal-solução estiverem na região em que os íons Fe^{2+} são estáveis, explica Gentil (2012), o ferro se dissolverá até que a solução atinja a concentração de equilíbrio do diagrama, sendo essa dissolução a corrosão do metal em questão. Por outro lado, se as condições do eletrodo remeterem à região de estabilidade do metal ou de passivação, a dissolução não irá ocorrer. Gentil (2012) complementa que, caso as condições da interface metal-solução correspondam à região de estabilidade de um óxido e este seja suficientemente aderente à superfície do metal, como o Fe_2O_3, uma barreira contra a corrosão se formará e o metal não sofrerá corrosão.

A característica elementar para a ocorrência da corrosão nas estruturas metálicas é o contato do oxigênio e da água com a superfície metálica. Dessa premissa, observa-se que:

- a taxa de corrosão potencial depende do grau de poluição atmosférica;
- a taxa de corrosão real depende do tempo de umidificação da estrutura metálica;
- a taxa de corrosão localizada é influenciada pelo contato com outros materiais.

Na atmosfera, onde há a disponibilidade de oxigênio, a umidade é o fator principal e a taxa de corrosão passa a ser determinada pelo período de umidificação. Caso uma dessas circunstâncias não exista, a probabilidade de corrosão é diminuída. A reação de corrosão acontece tanto mais rapidamente quanto maiores a umidade e a contaminação da superfície da peça. O oxigênio existente no ar, explica Pannoni (2009), possui uma solubilidade apreciável na película líquida de água depositada sobre o material, o que facilita a fixação de agentes agressivos e o desencadeamento do fenômeno.

As películas de tinta recomendadas pelas principais normas de projeto promovem o isolamento do metal do meio externo, preservando-o. Nesses casos, medidas de manutenção periódicas são necessárias, visando conservar as películas da ação do tempo e evitar a exposição do metal ao meio, como na Fig. 3.4, que mostra um viaduto em estrutura metálica na cidade de Nova York, nos Estados Unidos. Geralmente, os fabricantes estipulam uma vida útil de dois a três anos e de três a quatro anos para tintas aplicadas em ambientes internos e externos, respectivamente. Caso ocorram falhas pontuais na tinta, as regiões desprotegidas funcionarão como ânodos, acelerando o processo corrosivo.

Fig. 3.4 *Descascamento da tinta de proteção de viaduto metálico em Nova York*

Formas de corrosão (sintomatologia)

A corrosão metálica pode ser uniforme, localizada (ou não uniforme) e galvânica.

i) Corrosão uniforme

Tem-se a corrosão uniforme quando o mecanismo da corrosão se desenvolve em toda a superfície do elemento estrutural, ocorrendo de forma contínua, com taxa aproximadamente igual em cada ponto da peça. É uma corrosão facilmente detectada, dada a sua visibilidade em toda a extensão do elemento. A corrosão uniforme geralmente se desenvolve nos metais em contato direto com a atmosfera, pelo fato de o metal ser submetido a uma frente de ataque que é igualmente uniforme. A corrosão produzida por ácidos em peças submersas também pode produzir esse tipo de manifestação.

Na Fig. 3.5 são apresentadas peças com corrosão uniforme.

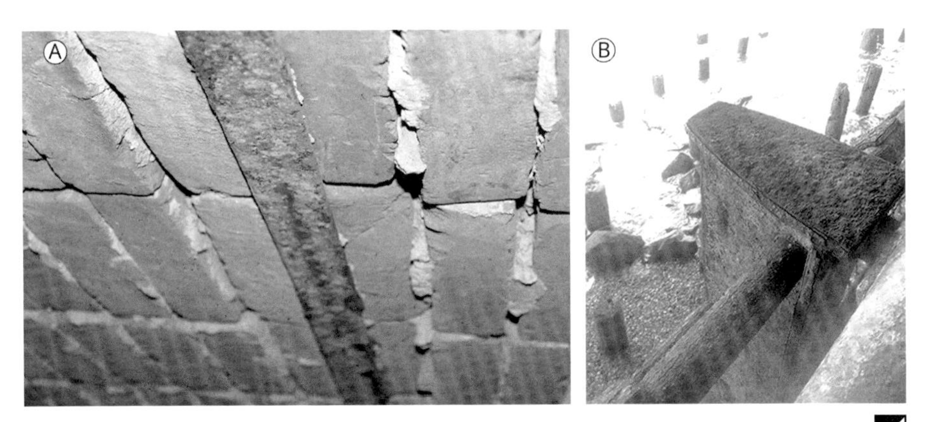

Fig. 3.5 *Corrosão uniforme em (A) viga metálica de casa histórica e (B) guarda-corpo*

No primeiro caso, a viga constitui a laje superior do reservatório de água de uma edificação da década de 1920, em uma cidade histórica do interior do estado do Rio Grande do Sul, no Brasil. Deduz-se que as peças foram submetidas a uma umidade intensa e uniforme durante seu uso, o que, dada a inexistência do uso de tintas de proteção na época, promoveu deterioração contínua. No segundo caso, mostra-se o guarda-corpo inserido em uma região costeira, às margens do rio East, nos Estados Unidos, sendo submetido ao mesmo processo de corrosão, dada a uniformidade da agressão do ambiente que o entorna. Essa é a corrosão típica do aço-carbono e do aço patinável.

ii) Corrosão localizada ou não uniforme

A corrosão localizada ou não uniforme desenvolve-se de forma pontual: manifesta-se em pontos de corrosão com geometrias variadas, profundidades distintas e distribuição aleatória na superfície da peça. O mecanismo pode se desenvolver de quatro formas: por pites, alvéolos, placas ou frestas.

Na corrosão por pites, do inglês *pit* (poço ou cova), o mecanismo desenvolve-se apenas em alguns pontos ou em pequenas áreas localizadas na superfície do metal, com profundidade variada, mas geralmente maior do que seu diâmetro. O fenômeno é muito frequente na corrosão induzida por cloretos, e é mais grave do que a corrosão metálica uniforme, pela difícil identificação *in loco*, uma vez que os pites podem se desenvolver em regiões não visíveis da peça.

A corrosão por alvéolos é semelhante à corrosão por pites, porém com menores dimensões (diâmetro) dos pontos de corrosão.

A Fig. 3.6 mostra um pilar que apresenta o processo de corrosão por pites, com poucos pontos de grande diâmetro incidindo na superfície. O pilar compõe um viaduto metálico da cidade de Nova York, sendo possível notar a ponte do Brooklyn ao fundo. Já na Fig. 3.7, a viga metálica que compõe a área de lazer de uma construção na cidade de São Leopoldo, no Brasil, possui o mesmo processo pontual de corrosão por alvéolos, manifestando-se com uma maior densidade de pontos de pequenos diâmetros.

Conforme elucida Gentil (2012), em alguns processos corrosivos torna-se complexo caracterizar se as cavidades formadas pela corrosão estão sob a forma

Fig. 3.6 *Corrosão por pites em pilar metálico próximo à ponte do Brooklyn, Estados Unidos*

Fig. 3.7 *Corrosão por alvéolos em viga metálica de construção na cidade de São Leopoldo, Brasil*

de pites ou de alvéolos. A tomada de decisão deve ser realizada segundo um polimento e uma posterior medição da profundidade com micrômetro ou microscópio.

A corrosão por placas é um fenômeno intermediário entre a corrosão uniforme e a localizada, manifestando-se mais em algumas regiões do que em outras da peça, e não se deflagrando de forma pontual e frequente como no caso das anteriores. A Fig. 3.8 destaca o processo de corrosão localizado por placas em uma viga metálica que compõe o subsolo de uma construção histórica.

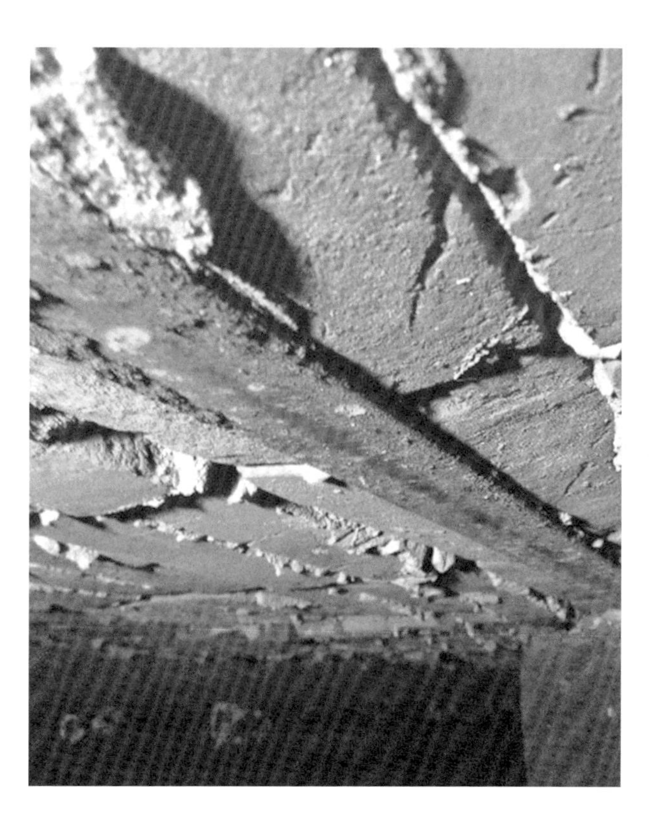

Fig. 3.8 *Viga metálica com processo de corrosão por placas*

Outra forma de corrosão localizada é a chamada corrosão por frestas, muito frequente na região das ligações, onde se tem significativa presença de frestas, as quais possibilitam o acúmulo de água e umidade. Geralmente ocorrem em parafusos, arruelas, rebites, soldas descontínuas ou com falhas e pontos localizados na interface entre dois elementos situados em ambiente externo, como mostra a Fig. 3.9. Nesses pontos, a retenção de água formará condições ideais para que o mecanismo de corrosão se desenvolva.

Fig. 3.9 *Local propenso à corrosão por frestas*
Fonte: Itman (2010).

iii) Corrosão galvânica

A corrosão galvânica desenvolve-se quando o metal é posto em contato com outro metal mais nobre em um meio aquoso. Como consequência, de acordo com Dias (1997), observa-se a deflagração do mecanismo de corrosão sobre o metal menos nobre.

A corrosão galvânica também é uma solução de engenharia que visa proteger o elemento estrutural da corrosão em ambientes agressivos. É uma solução muito frequente em regiões de elevada agressividade ambiental, como a dos ambientes marinhos, e é utilizada, inclusive, em estruturas de concreto, para a proteção catódica das armaduras. Todavia, esse processo carece de inspeção e manutenção periódicas para analisar a integridade do metal menos nobre utilizado para corroer e proteger o metal que compõe a estrutura.

Correlação da corrosão com o meio ambiente de construção

Dada a grande frequência de deflagração da corrosão nos materiais de construção civil metálicos, principalmente nas estruturas de aço, o estudo da corrosão e das suas consequências, além das medidas de mitigação desse processo, ganha força após as exigências normativas de durabilidade e vida útil mínimas estabelecidas pela norma de desempenho das edificações para sistemas estruturais.

Diversos estudos nos centros de pesquisa têm contribuído na análise dos fatores intervenientes no processo. Casos de destaque são as contribuições fornecidas no MICAT (Mapa Ibero-Americano de Corrosão Atmosférica), datado de 1988, compondo um dos vários programas desenvolvidos pelo CYTED (*Programa Iberoamericano de Ciencia y Tecnologia para el Desarrollo*). Segundo Pannoni (2009), o projeto contou com a participação de 14 países: Espanha, Costa Rica, Argentina, Portugal, Venezuela, México, Panamá, Colômbia, Equador, Peru, Chile, Cuba, Brasil e Uruguai, onde foram estabelecidas 75 estações de ensaio para a análise da corrosão atmosférica. Os resultados do estudo produziram contribuições científicas marcantes, auxiliando diversas instituições a fomentar avanços na área da corrosão.

No Brasil, um dos resultados produzidos foi o mapa de índice de corrosividade de Brooks, conhecido como índice de Books, mostrado na Fig. 3.10.

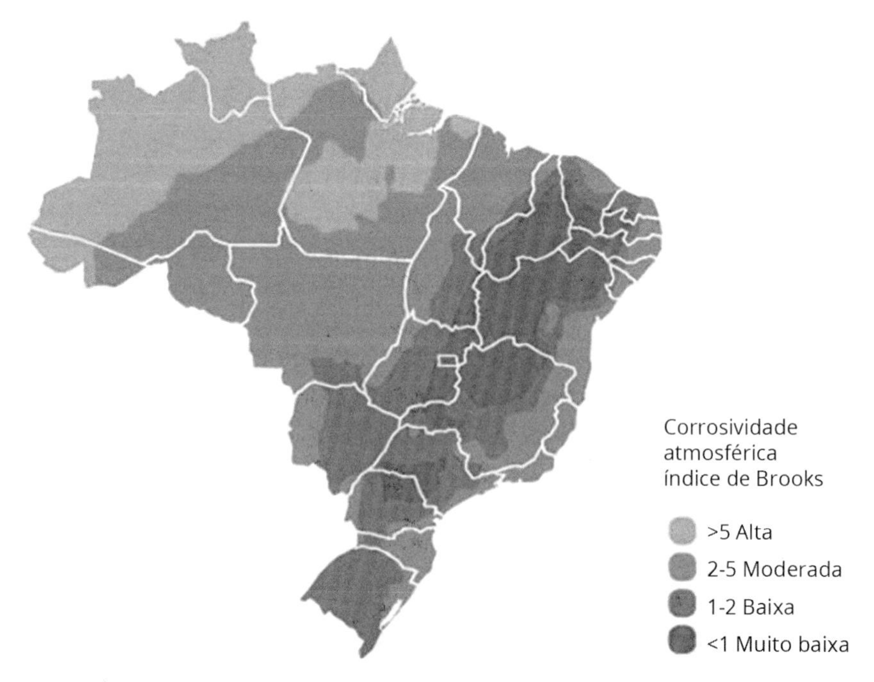

Fig. 3.10 *Índice de corrosividade de Brooks no Brasil*
Fonte: adaptado de Pannoni (2017).

Em termos de classes de agressividade ambiental, a ISO 12944 (ISO, 2017) estabelece distintos ambientes potencialmente agressores às estruturas, principalmente sob a perspectiva da corrosão. A norma classifica os ambientes em seis categorias, que representam determinado ambiente de inserção do elemento estrutural. O Quadro 3.1 lista as classes de agressividade ambiental em função do ambiente de construção da estrutura.

Quadro 3.1 Categoria de agressividade ambiental para o aço-carbono segundo a ISO 12944-2

Classificação	Categoria de agressividade	Ambientes típicos
C1	Muito baixa agressividade	Elementos internos, condicionados para o conforto humano (residências, escritórios, hotéis, escolas etc.)
C2	Baixa agressividade	Áreas rurais, baixa poluição atmosférica
C3	Média agressividade	Centros urbanos e ambientes industriais com poluição moderada por dióxido de enxofre. Áreas costeiras de baixa salinidade
C4	Alta agressividade	Áreas industriais e costeiras com salinidade moderada
C5-I	Muito alta agressividade (industrial)	Áreas industriais, com alta umidade e atmosfera agressiva
C5-M	Muito alta agressividade (marinha)	Áreas marinhas, costeiras com alta salinidade

Fonte: ISO (2017).

As categorias dos ambientes de construções apresentadas pela NBR 8800 (ABNT, 2008b) são fortemente inspiradas nas da ISO 12944-2 (ISO, 2017), com critérios semelhantes de hierarquização das agressividades. A própria NBR 8800 remete à ISO 12944-2 quando uma análise mais minuciosa se faz necessária. A norma brasileira propõe, para cada categoria de corrosividade, perdas anuais de espessura do aço-carbono e do zinco, possibilitando o emprego de elementos metálicos sem proteção nas edificações, desde que seja adotada, na etapa de projeto, uma espessura complementar da seção transversal dos perfis.

A exemplo dos critérios de durabilidade praticados pela NBR 6118 (ABNT, 2014a), a NBR 8800 (ABNT, 2008b) também separa ambientes externos e internos, estes sendo menos agressivos.

3.1.2 Mecanismos físicos de deterioração

Nas estruturas de aço, os mecanismos de cunho físico normalmente se apresentam na forma de deformações, geralmente por movimentações térmicas. Apesar de pouco frequentes, os processos de desgaste superficial provocados por atrito também podem ocorrer. Os metais, diferentemente do concreto, não são higroscópicos. Dessa forma, as deteriorações provocadas pela água no aço estão atreladas, basicamente, aos processos de corrosão. Quanto à fluência, o fenômeno é pouco frequente nos metais, sobretudo no caso do aço-carbono. As deformações provocadas nesses casos ocorrem quando o metal é exposto às altas temperaturas, como em um incêndio. Por fim, o fenômeno da fadiga é mais marcante nessas estruturas do que nas de concreto ou madeira.

Nota-se que a discussão dos mecanismos físicos de deterioração das estruturas de aço se restringe a análises bem pontuais. As estruturas de aço não possuem movimentações higroscópicas, fluência em condições de temperaturas normais, ação do gelo-degelo, contração plástica, retração térmica, entre outros. O estudo de falhas nessas estruturas remete a inspeções mais rápidas, muitas vezes conclusivas já na primeira análise.

Deformações excessivas

As deformações excessivas nas estruturas de aço se tornam problemáticas nos sistemas de vedação vertical ou nas aberturas, como portas e janelas. Pelo fato de o aço ser um material dúctil, as deformações excessivas não provocam fissuras ou aberturas nesses elementos. O acúmulo de tensões deflagra escoamento ou instabilidades locais nas mesas comprimidas dos perfis, podendo induzir instabilidades globais.

A depender do travamento lateral que as peças submetidas à compressão simples ou composta possuem e da esbeltez local dos perfis, as instabilidades globais podem se desenvolver sem que ocorram instabilidades locais na seção. Esse é um requisito admitido pela NBR 8800 (ABNT, 2008b) e pela NBR 14762 (ABNT, 2010) na verificação dos perfis comprimidos, total ou parcialmente. O diagnóstico das deformações das estruturas metálicas deve passar, portanto, pela análise da geometria das peças.

Variações térmicas

Dada a condutividade térmica dos metais, a exposição ao calor torna-os mais vulneráveis a alterações dimensionais do que no caso do concreto. Desse modo, o fenômeno é mais frequente e nocivo a essas estruturas. Caso o movimento dos elementos metálicos seja impedido, devido à inexistência ou obstrução das juntas de dilatação, por exemplo, instabilidades locais ou globais se desenvolverão nos perfis, podendo provocar alterações de cunho estético ou mecânico, seja junto à estrutura ou em sistemas complementares. A dilatação mais frequente é a linear, que se desenvolve segundo a dimensão longitudinal dos elementos, como em vigas contínuas ou semicontínuas.

Os metais possuem coeficientes de dilatação linear distintos. O alumínio, por exemplo, é o metal mais sensível a variações térmicas. A Tab. 3.2 mostra alguns desses coeficientes para diferentes metais. Quanto maior o valor do coeficiente, maior será a variação dimensional a que o metal será submetido. Nota-se que o aço empregado nas estruturas metálicas é um dos metais mais estáveis em relação à dilatação linear. No Brasil, os projetos de estruturas de aço convencionais consideram um gradiente térmico de projeto de 30 °C.

Tab. 3.2 Coeficientes de dilatação linear de alguns metais

Material	α (°C^{-1})
Alumínio	$2{,}4\times10^{-5}$
Latão	$2{,}0\times10^{-5}$
Prata	$1{,}9\times10^{-5}$
Ouro	$1{,}4\times10^{-5}$
Cobre	$1{,}4\times10^{-5}$
Ferro	$1{,}2\times10^{-5}$
Aço	$1{,}2\times10^{-5}$
Platina	$0{,}9\times10^{-5}$

Nesse sentido, juntas de dilatação térmica devem ser dimensionadas e conservadas ao longo do tempo. Recomenda-se que, em edificações com planta retangulares, o espaçamento entre as juntas seja de 120 m; do contrário, de 60 m. O grau de vinculação dos pilares à fundação e a existência de climatização interna da edificação podem reduzir ou aumentar essas distâncias.

Como exemplo, a Fig. 3.11 destaca o aparelho de apoio de uma ponte com mecanismo de corrosão instalado, o que compromete o desempenho da peça, restringindo as dilatações térmicas do sistema estrutural que, caso sejam excessivas, podem provocar concentração de tensões e induzir instabilidades globais nas longarinas da ponte. Esforços de segunda ordem, consequência dos efeitos de dilatação térmica restringida, podem induzir, sobrepor-se ou contribuir às instabilidades.

O fenômeno da dilatação torna-se mais expressivo em temperaturas de grandes magnitudes, como as de um incêndio. Diversos estudos têm mostrado o acúmulo de tensões nas peças submetidas a essa condição. Todavia, nesses casos, a análise da perda de resistência do metal deve ser considerada, devendo ser feita uma análise mais holística. As manifestações produzidas nas estruturas de aço em altas temperaturas serão tratadas separadamente neste livro.

Fadiga

As estruturas de aço podem apresentar escoamento dos perfis ou até ruptura por fadiga quando há ciclos mecânicos, que promovem a concentração de tensões

Fig. 3.11 *Mecanismo de corrosão no aparelho de apoio de ponte*
Fonte: NTSB (2008).

localizadas nas peças. A NBR 8800 (ABNT, 2008b) trata o tema no anexo K, propondo medidas de verificação das peças submetidas a ações cíclicas.

As manifestações patológicas provocadas pela fadiga das peças de aço são as fissuras. Elas se desenvolvem por nucleação, propagação e ruptura. As fissuras evoluem à medida que as ações voltam a se repetir sobre o elemento. No instante em que a fissura deflagrar uma perda de seção do perfil, a ponto de este não mais suportar as tensões aplicadas, ocorrerá a ruptura, que é o estágio final da fadiga.

As Figs. 3.12 e 3.13 mostram esse fenômeno em uma ponte, que recebe carregamento móvel e cíclico. A Fig. 3.12 destaca a ruptura da diagonal de uma treliça em aço por fadiga e a Fig. 3.13, a ruptura dos parafusos que compõem a ligação metálica.

O desencadeamento do fenômeno depende de certas variáveis. Além da magnitude, da natureza e da periodicidade das ações que incidem, é importante observar a geometria e os defeitos preexistentes do elemento, como os oriundos do tratamento térmico ou da soldagem.

As trincas produzidas por fadiga dos metais se desenvolvem com um ângulo de 45° em relação ao plano de atuação das ações cíclicas. Com a repetitividade das ações, as fissuras se propagam perpendicularmente ao plano de atuação em que as ações incidem, conforme mostra a Fig. 3.14, evoluindo até a ocorrência do colapso da peça.

3.1.3 Mecanismos biológicos de deterioração

São mecanismos de difícil ocorrência nos elementos em aço, uma vez que não é comum a existência de microrganismos que se alimentam de metal. Mesmo

Fig. 3.12 *Rompimento da diagonal de uma treliça de ponte metálica por fadiga*
Fonte: Persy (2008).

Fig. 3.13 *Rompimento de uma ligação parafusada após ação sísmica*
Fonte: AFPS (http://www.afps-seisme.org).

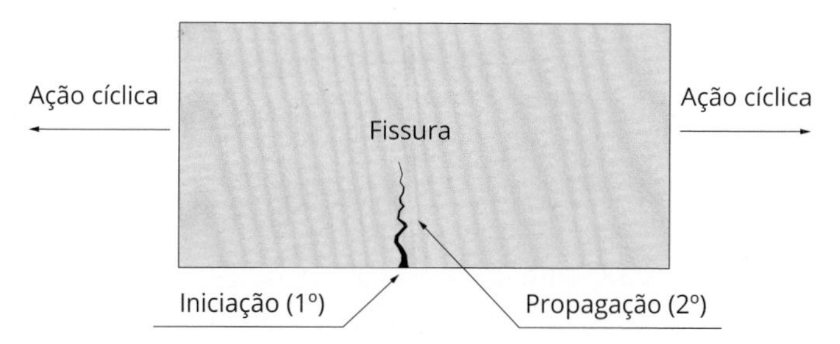

Fig. 3.14 *Progressão de fissura por fadiga em elementos metálicos*

pouco frequente, a deterioração metálica por organismos vivos acontece: é a biocorrosão ou corrosão microbiológica. Segundo Maia (2010), é uma corrosão geralmente induzida por bactérias redutoras de sulfato, bactérias oxidantes de enxofre ou de compostos de sulfeto, bactérias oxidantes de ferro e de manganês e bactérias formadoras de limos. Alguns casos menos frequentes ainda são observados, como a ação de fungos e algas. Caracterizada por apresentar pequenas colônias dispersas, essa corrosão ocorre devido à atividade metabólica desses seres, sendo mais frequente em tanques de combustíveis, cascos de embarcações, gasodutos e elementos submersos.

A atividade metabólica indutora desse processo se dá, geralmente, na interface entre o metal e a água – os compostos orgânicos dissolvidos no líquido se adsorvem na superfície do metal e formam biofilme, caracterizando-se pela fixação de bactérias sésseis na superfície. O biofilme possui aspecto gelatinoso, e 98% de seu volume são formados por bactérias. Os outros 2% são compostos por fungos, microalgas e protozoários, como explicam Gonçalves, Sérvulo e França (2002). Os autores destacam que o biofilme imobiliza nutrientes, protege as células microbianas e dá suporte à superfície colonizada.

Maia (2010) destaca que as bactérias sésseis produzem um polímero extracelular que se envolve entre si, aglutinando as células, de forma a protegê-las das condições desfavoráveis do meio aquoso. Caso existam nutrientes nesse meio, as bactérias se colonizam, facilitando o crescimento do biofilme. A adesão de microrganismos em superfícies pode induzir, catalisar ou manter a reação de oxidação na interface entre o metal, o microrganismo e a solução, conforme destaca Moraes (2009). A atividade dos microrganismos influencia tanto o início da reação quanto a velocidade da corrosão. A corrosão por microrganismos é influenciada pelos seguintes fenômenos:

- aceleração da corrosão eletroquímica localizada em razão da formação de regiões com diferentes concentrações de oxigênio;
- influência na velocidade das reações anódicas e catódicas;
- modificação na resistência da película passivante existente nas superfícies metálicas pelos produtos do metabolismo microbiano;
- geração de meios corrosivos, produzindo substâncias agressivas, tais como ácidos orgânicos e inorgânicos;
- formação de tubérculos que se depositam na superfície do metal, criando condições para corrosão por aeração diferencial.

Rocha (2006) ressalta que os microrganismos são ubíquos e capazes de se colonizar rápido, desde que haja água livre e nutrientes necessários para o seu desenvolvimento. Também chamada de corrosão induzida microbiologicamente

(CIM), a corrosão por ação microbiológica é classificada em quatro tipos, segundo Maia (2010): formação de ácidos, despolarização catódica, aeração diferencial e ação conjunta de bactérias. Alguns fatores que contribuem para formação do biofilme e proliferação do fenômeno são o pH, a temperatura, a concentração de nutrientes do meio e a rugosidade da superfície.

As Figs. 3.15 e 3.16 ilustram a aparência de peças metálicas com esse tipo de corrosão.

Fig. 3.15 *Superfície de peça com corrosão biológica*
Fonte: ECS (https://www.electrochem.org/).

Fig. 3.16 *Corrosão biológica em peça submersa*
Fonte: Frontiers (https://www.frontiersin.org).

3.1.4 Mecanismos mecânicos de deterioração

Os mecanismos mecânicos de deterioração são aqueles que se desenvolvem externamente ao material, ou seja, é uma ação externa à estrutura.

Sobrecargas

Carregamentos excessivos não previstos e devidos a alterações do uso da edificação provocam tensões não previstas em projeto que, caso ultrapassada a resistência admissível dos elementos, deflagram manifestações patológicas de sobrecarga. O projetista, nesse caso, não possui responsabilidade sobre as consequências que incidem na estrutura, como deformações excessivas ou, em última instância, colapso parcial ou total. Persy (2008) destaca a sobreposição das consequências sobre construções em estruturas de aço com idades avançadas. Aços "velhos" não soldados, geralmente, são sensíveis aos choques e apresentam rupturas bruscas, devido à não ocorrência de deformações plásticas do material, conforme Fig. 3.17.

No caso das sobrecargas, a ruptura de peças em aço não ocorre de forma brusca. Geralmente há alguma deformação – às vezes excessiva – antes de o colapso ocorrer, salvo o sistema de ligação. Nas ligações metálicas, as deformações geralmente são pequenas, pois normalmente são formadas por peças também pequenas em relação às dimensões dos elementos estruturais (pilares, vigas etc.). Assim, na existência de sobrecargas não previstas, essas deformações tornam-se pouco perceptíveis "a olho nu" ou ao uso da edificação. Caso essa sobrecarga siga ocor-

Fig. 3.17 *Fragilidade ao choque de uma estrutura metálica datada do ano de 1920*
Fonte: Persy (2008).

rendo ou aumentando no tempo, uma "ruptura brusca" da peça de ligação pode desencadear o "colapso brusco" do sistema estrutural. Na realidade, ela seria brusca apenas na perspectiva do espectador, pois a peça – nesse caso, o elemento de ligação – provavelmente já estaria "avisando" o seu esgotamento há algum tempo. Nesse sentido, o acompanhamento de fissuras em sistemas de vedação e/ou de revestimento, por exemplo, é um indicativo importante, e, na existência de fissuras, uma investigação mais apurada é recomendada.

A manutenção preventiva nessas estruturas é fundamental para que o desempenho seja garantido no tempo. Não raras vezes, em obras em que se pressupõe que o plano de manutenção não será cumprido ao longo da vida útil da construção e as consequências colocarão em risco a segurança dos usuários, o projeto em estruturas de aço pode ser descartado.

Na elaboração do manual de manutenção das estruturas metálicas, atenção especial deve ser dada às ligações metálicas, por três motivos:

- o grande número de frestas que essas regiões possuem torna o local ideal para o acúmulo de umidade e de água, compondo as condições ideais para a ocorrência da corrosão por frestas;
- as deformações provenientes de sobrecargas ou erros no cálculo de dimensionamento muitas vezes podem ser notadas nessa região, por causa das instabilidades locais produzidas nas mesas e almas dos perfis de pilares e vigas que se unem, ou também deformações excessivas das chapas de ligação;
- na ocorrência de alguma falha nessa região, o colapso é imediato, sem aviso prévio. Portanto, a inspeção deve ser feita de forma meticulosa junto às ligações.

No caso de elementos mistos de aço e concreto, atenção especial deve ser dada ao concreto. Na existência de alguma das manifestações discutidas no Cap. 2, medidas corretivas devem ser tomadas, pois, na concepção desse tipo de projeto, é prevista a atuação conjunta de ambos os materiais. Ao admitir perfis metálicos íntegros e peças de concreto deficientes, a estrutura mista perde a capacidade portante, oferecendo riscos aos usuários. Frestas entre os materiais podem indicar que eles não estão trabalhando de forma conjunta, ou seja, não estão formando um elemento misto.

Nos casos em que se faz necessário o reforço estrutural em estruturas de concreto armado e protendido, o uso de perfis metálicos é uma alternativa interessante. As vigas metálicas, mesmo que de pequena altura, sob vigas de concreto com insuficiência estrutural, aumenta exponencialmente a capacidade mecânica do sistema. Todavia, precauções na interface e união dos materiais são fundamentais para que a solução proposta seja eficiente. A Fig. 3.18A mostra que a interface da viga metálica e do pilar de concreto possui uma fresta; nesse caso, deve ser analisada a rigidez da ligação estrutural entre ambos. Já na Fig. 3.18B, no ato da furação do pilar de concreto armado para a execução da ligação metálica com a viga de reforço, percebeu-se que a locação dos parafusos convergia com as barras de aço dos pilares, e adaptações se fizeram necessárias.

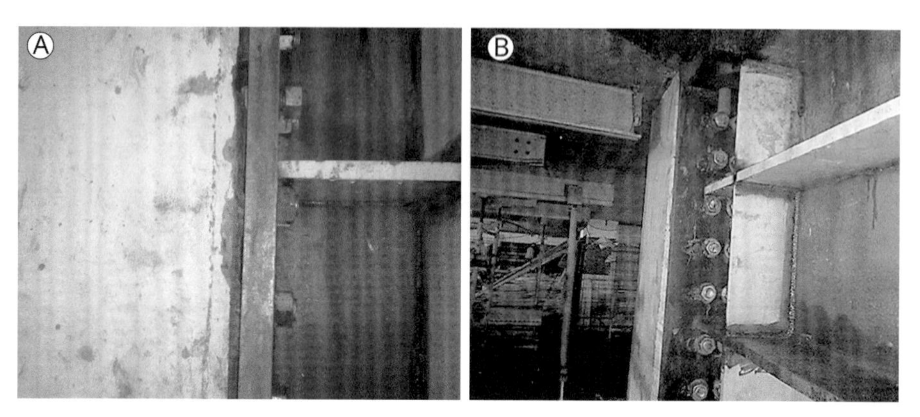

Fig. 3.18 *(A) Fresta na interface entre viga metálica e pilar de concreto e (B) alterações na locação dos parafusos*
Fonte: acervo de Éverton Ayres.

Uma discussão mais aprofundada desses casos será feita na seção em que se abordam os mecanismos congênitos de deterioração.

Incêndio

Em comparação com as estruturas de concreto armado, as estruturas metálicas são mais propensas a sofrer grande dano, inclusive colapso, quando expostas às altas temperaturas de um incêndio. Há exemplos de desastres nos quais a estrutura metálica sofreu colapso devido ao seu excessivo aquecimento, como no World Trade Center, em 2001, nos Estados Unidos, e na Windsor Tower, em 2005, na Espanha. Ambas as estruturas, com elementos em concreto e em aço, foram severamente afetadas nas áreas onde peças metálicas estavam sem proteção ao fogo ou quando a proteção foi danificada. No Rio de Janeiro, nas Linhas Vermelha e Amarela, muitos viadutos são construídos em estrutura metálica. Em todos os casos de incêndio de favelas sob viadutos, houve o colapso do vão, sendo necessária a sua substituição completa. Todavia, existem normas técnicas, critérios e soluções de projeto para mitigar o fenômeno, as quais, se bem concebidas, não culminam em um aumento excessivo dos custos finais da obra, fazendo com que o incêndio não seja uma condicionante para a escolha das estruturas de aço.

As propriedades mecânicas do aço sofrem transformações quando ele é exposto às altas temperaturas, alcançando uma redução de sua resistência da ordem de 60% a 600 °C e de 92% a 900 °C. Com isso, a estrutura perde a sua capacidade de carga, o que inicia um processo de redução da sua margem de segurança, e fica sujeita a instabilidades locais e globais (Pannoni, 2015).

A título de exemplo, na Fig. 3.19A é mostrada a deformação excessiva em uma viga metálica de perfil laminado exposta às chamas, e na Fig. 3.19B se destacam as instabilidades locais induzidas na mesa inferior do perfil durante esse cenário.

Por isso, é necessário utilizar materiais para proteção térmica dos perfis, ou projetar a estrutura para resistir às solicitações sem proteção externa, pelo aumento da área do perfil, o que aumenta demasiadamente o consumo de aço da obra. Logo, materiais de proteção passiva, como tintas e lãs, são mais viáveis economicamente. Como alternativa, têm-se como materiais de proteção térmica as argamassas projetadas (opção mais econômica e comum), as mantas de material fibroso, as placas de gesso acartonado e as pinturas, como tintas intumescentes. Ressalta-se também a importante influência que o projeto arquitetônico promove nesse sentido. Caso um pilar, por exemplo, esteja embutido em uma parede, é evidente que ele estará mais protegido contra a ação do fogo.

Fig. 3.19 *Manifestações (A) globais e (B) locais em estrutura de aço no incêndio*
Fonte: Lamont (2001).

Para o dimensionamento sem materiais de revestimento para proteção, a NBR 14323 (ABNT, 2013c) orienta quanto aos critérios de projeto em termos de segurança em situação de incêndio. A norma permite que o dimensionamento de uma estrutura nessa condição de exposição seja feito por meio de ensaios, métodos analíticos de cálculo, simplificados ou avançados, ou pela combinação entre ensaios e métodos analíticos. Essa norma possui forte inspiração no EN 1993-1-2, de 2005.

A redução da resistência ao escoamento do aço em situação de incêndio varia conforme a temperatura de exposição, como mostrado na Tab. 3.3, para a taxa de aquecimento entre 2 °C/min e 50 °C/min, segundo a NBR 14323 (ABNT, 2013c) e o EN 1993-1-2 (EN, 2005).

A Tab. 3.3 mostra que a resistência ao escoamento começa a ser prejudicada a partir de 400 °C, com a perda total de resistência aos 1.200 °C. Porém, já aos 500 °C a perda é de 33% da resistência inicial, o que já é suficiente para comprometer boa parte das estruturas. Pelo fato de o aço ser um excelente condutor de calor, a temperatura média dos perfis metálicos tende a ser mais elevada se comparada às das seções de concreto armado.

Tab. 3.3 Coeficientes de redução da resistência do aço com base na temperatura

Temperatura do aço (°C)	Fator de redução da resistência ao escoamento	Fator de redução do módulo de elasticidade
20	1,00	1,00
100	1,00	1,00
200	1,00	0,87
300	1,00	0,72
400	0,94	0,56
500	0,67	0,40
600	0,40	0,24
700	0,12	0,08
800	0,11	0,06
900	0,08	0,05
1.000	0,05	0,03
1.100	0,03	0,02
1.200	0	0

Fonte: adaptado da ABNT (2013c).

Uma das soluções mais interessantes para preservar as estruturas metálicas contra a exposição às chamas e, ao mesmo tempo, tornar mais barata a obra é a concepção de estrutura mista de aço e concreto. A substituição de parte da área do perfil metálico por concreto torna a estrutura mais econômica e resistente – visto que o concreto tende a proporcionar um travamento local dos perfis –, durável às agressões do ambiente – sobretudo naqueles que promovem a corrosão – e resistente ao fogo. O uso de estruturas mistas tem sido bem empregado em edifícios altos, justamente nos casos em que os requisitos de resistência ao fogo são mais incisivos.

Após o resfriamento, o aço recupera parte da sua resistência perdida, mas não a sua totalidade. As instabilidades locais e deformações térmicas induzidas na exposição às altas temperaturas tornam a sua recuperação difícil. Em muitos casos, a substituição dos perfis danificados é a solução mais viável.

Mecanismos mecânicos congênitos

Os mecanismos mecânicos congênitos são os fenômenos com origem no projeto estrutural. Como consequência, as deficiências resultam em falhas evidenciadas apenas em um segundo momento, no ato da montagem do sistema estrutural, destacadas pela dificuldade da execução de uma ligação parafusada ou soldada entre dois perfis, ou até mesmo no decorrer da vida útil da construção, em que degradações e deformações são observadas de forma precoce nos demais sistemas e subsistemas constituintes da edificação.

Deficiências devidas ao subdimensionamento dos perfis metálicos podem provocar um comportamento anômalo do sistema estrutural, deflagrando flechas excessivas, por exemplo. As flechas também podem ser derivadas da montagem ou da fabricação defeituosa dos perfis. Apesar de manifestações com origem distintas, as flechas podem ainda nascer com a estrutura, por problemas na etapa de projeto ou de fabricação ou por erros construtivos. Quanto ao último, cabe evidenciar que os detalhes construtivos possuem um papel marcante nesse tipo de projeto estrutural. A precisão do detalhamento das estruturas é milimétrica, o que ressalta a importância que o projeto possui. Por isso, o refinamento no detalhamento estrutural é importante para o êxito da execução e fabricação dos perfis.

A esbeltez das peças de ligação é uma das origens mais marcantes das rupturas frágeis de estruturas de aço. Com a excessiva esbeltez das peças, não ocorre a transmissão de esforços entre os elementos, e, com o acúmulo de tensões, instabilidades locais são induzidas, comprometendo o equilíbrio estático do sistema e alterando a condição de vinculação das barras isoladas. O caso da ponte sobre o Rio Mississipi, em Minneapolis, nos Estados Unidos, é um desses exemplos. Essa ponte colapsou principalmente devido ao acúmulo de tensões nas chapas de junção (*gousset*), aplicadas nos nós da solução estrutural treliçada da ponte. Na Fig. 3.20, antes do colapso, é possível notar a deformação da chapa *gousset* de ligação entre as diagonais e o banzo superior, evidenciando a existência de tensões excessivas na peça. A Fig. 3.21 evidencia a falha desse elemento, destacando a origem do colapso. Por fim, a Fig. 3.22 apresenta a visão geral da ponte após o colapso.

Nesse caso, a realização de uma inspeção periódica adequada poderia ter evitado o acidente. As deformações excessivas provocadas por esforços de segunda ordem podem estar atribuídas a problemas no modelo de cálculo estrutural adotado. Diferentemente das estruturas de concreto armado, mas de forma semelhante às de madeira, as estruturas metálicas tendem a possuir ligações mais flexíveis, e uma atenção especial deve ser dispendida às peças. A flexibilidade dessas estruturas, que também pode estar atribuída à esbeltez das ligações e dos perfis empregados, faz com que o engastamento perfeito entre vigas e pilares não seja admitido por alguns projetistas, salvo em casos bem específicos. O comportamento predominantemente não linear dos sistemas sem contenção nodal pode ser a origem de algumas deformações de cunho mecânico, produzindo

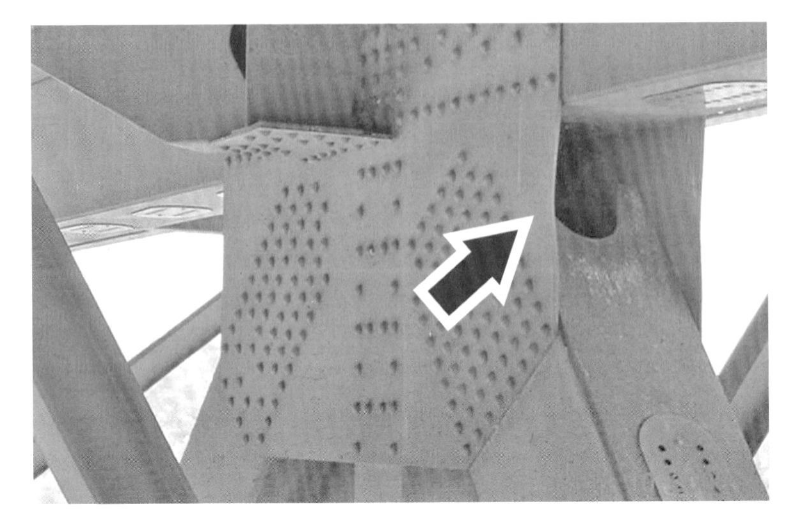

Fig. 3.20 *Detalhe da chapa de junção deformada, antes do colapso*
Fonte: NTSB (2008).

Fig. 3.21 *Detalhe da chapa de junção após o colapso da ponte*
Fonte: Liao e Okazaki (2009).

Fig. 3.22 *Ponte sobre o Rio Mississipi colapsada*
Fonte: Wald e Chang (2007).

manifestações patológicas em outros sistemas, como o de paredes, revestimento, cobertura etc.

A seguir, apresentam-se as flechas oriundas de problemas de concepção estrutural, seja de aspectos referentes ao processo de definição dos modelos de cálculo ou de detalhamento, ou ambos.

i) Falhas de concepção estrutural

Cabe destacar que uma concordância entre as hipóteses de cálculo e a realidade deve existir. O dimensionamento e a verificação de elementos metálicos possuem uma quantidade significativa de parâmetros e coeficientes definidos em norma que, se mal interpretados, podem ser a origem do comportamento estrutural anômalo dos elementos. Os programas computacionais de cálculo, os quais são ferramentas auxiliares importantes, requerem um discernimento mínimo dos parâmetros normativos envolvidos no dimensionamento dessas estruturas. Somado a isso, os coeficientes de segurança desse material são menores que os do concreto armado, por exemplo, o que torna as estruturas metálicas mais sensíveis a erros de projeto.

No caso de dimensionamento de pilares, o travamento no sentido da maior inércia do perfil metálico em vez do oposto ou a divergência entre o tipo de ligação metálica e o grau de engastamento são critérios que, caso indicados de forma equívoca, comprometem a estabilidade global ou local do perfil e do sistema estrutural, resultando em falhas como deformações excessivas dos elementos, fissuração do sistema de vedação, entre outras. Erros nos critérios de cálculo podem ocasionar o subdimensionamento das peças, o que compromete a segurança. O superdimensionamento das peças também é um erro com origem no projeto, com consequências econômicas.

ii) Falhas no detalhamento de projeto

As falhas no detalhamento de projeto são anomalias nas quais os detalhes construtivos induzem a comportamento estrutural distinto do idealizado. Esses erros, oriundos de deficiência ou negligência do detalhamento estrutural, forçam a tomada de decisão em obra. Um bom projeto é aquele que não gera dúvidas para os profissionais responsáveis pela montagem. Vale destacar que em obra não é o local para serem tomadas conclusões acerca da disposição de cada elemento estrutural.

Em sistemas treliçados, a posição da instalação da barra diagonal em relação à barra de montante altera o ponto de transmissão dos esforços e a natureza deles. A treliça é uma estrutura formada por barras articuladas entre si, portanto, espera-se que esses sistemas sejam submetidos somente a esforços axiais de tração ou compressão. Para tanto, deve-se garantir que as ligações nodais sejam de fato articuladas. Para isso, as projeções dos eixos das barras que chegam ao nó devem convergir a um único ponto, que se localiza na interseção entre esses eixos. O objetivo desse critério é impedir o aparecimento de esforços não admitidos, principalmente na chapa de ligação. Caso as projeções dos eixos das barras convirjam, o momento produzido é ínfimo (Fig. 3.23A); caso contrário, o momento é significativo (Fig. 3.23B), e deve ser previsto no dimensionamento estrutural das barras e ligações. Erros desse cunho podem ocasionar a ruptura da ligação parafusada, resultando em colapso brusco do sistema estrutural mediante cargas de maior intensidade.

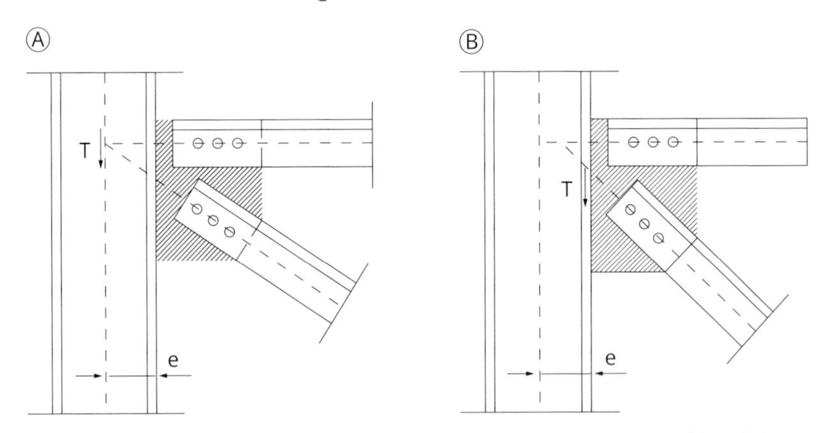

Fig. 3.23 *Detalhe de projeto, com convergência do eixo das barras de uma treliça (A) na linha neutra do pilar e (B) fora da linha neutra do pilar*
Fonte: adaptado de Becheur (2010).

Caso os esforços não sejam aplicados somente nos nós, outras reações de tração e compressão serão originadas, podendo resultar em instabilidades locais ou globais nas barras que compõem a treliça. Um exemplo desse cenário é mostrado na Fig. 3.24, que mostra dois tipos de coberturas treliçadas, cujas terças, que transmitem cargas concentradas para a treliça, estão aplicadas fora dos nós. A Fig. 3.24A mostra a cobertura de um bar e a Fig. 3.24B, a de uma quadra poliesportiva, ambos na cidade de São Leopoldo (RS).

Equívocos como esse podem provocar o colapso da estrutura quando uma das cargas de maior relevância incidir nesses tipos de telhado leves, como a ação do vento, sobretudo o de sobrepressão. A depender das condições de contorno e do local de construção da edificação, carregamentos intensos de vento fazem com que as terças sejam solicitadas. Esse fenômeno pode fazer com que as terças deflagrem instabilidades locais induzidas – que podem se transformar em globais – nas barras do banzo superior da treliça, visto que as terças podem submeter os banzos superiores à flexão. Detalhes construtivos, como já apresentado, têm se mostrado como uma das mais frequentes causas de colapso de coberturas metálicas com ventos de elevada magnitude.

Fig. 3.24 *Detalhe de terças aplicadas fora dos nós em cobertura de (A) restaurante e (B) quadra poliesportiva*

A Fig. 3.25 ilustra a ligação da viga com o pilar treliçado. O nó da viga treliçada não converge com o nó do pilar, fato que pode provocar excentricidade na distribuição de esforços. O pilar pode induzir uma instabilidade local do banzo inferior da treliça da viga, sobretudo quando se tiver uma carga de vento de sobrepressão atuante no telhado. Essa obra também está localizada na cidade de São Leopoldo, no Estado do Rio Grande do Sul.

Fig. 3.25 *Cobertura metálica treliçada*

Conforme já dito, a aplicação de cargas em treliças sempre deve ser feita no nó, para não submeter as barras a esforços de cisalhamento ou flexão. Observa-se um bom exemplo no Aeroporto Internacional de Addis Abeba, na Etiópia. A estrutura do telhado é suportada pela treliça espacial, com o apoio diretamente nos nós, como se observa na Fig. 3.26.

O fato de a estrutura metálica produzir soluções estruturais leves faz com que um projeto de contraventamento seja necessário. No caso das coberturas metálicas, os contraventamentos instalados junto ao plano do telhado auxiliam no travamento lateral das vigas dos pórticos principais. O travamento é feito pelas terças, que, normalmente, são elementos de menor rigidez. Para que o travamento lateral seja efetivo, as diagonais do contraventamento devem convergir ao mesmo nó que contempla a terça. As terças que não recebem o contraventamento não devem ser consideradas como elementos que promovem o travamento lateral das vigas dos pórticos. Essa medida é adotada haja vista o desconhecimento da efetividade de terças não contraventadas no travamento lateral das vigas principais. Sabe-se que elas promovem algum travamento, mas com magnitude desconhecida, o que inviabiliza a sua admissão em projetos que prezam a segurança.

Fig. 3.26 *Estrutura do telhado apoiada sobre os nós da treliça espacial no Aeroporto Internacional de Addis Abeba, na Etiópia*

A Fig. 3.27 mostra o detalhe de uma cobertura contraventada de um pavilhão industrial estruturado em aço. A viga principal do pavilhão é composta por perfis soldados e recebe terças que auxiliam no travamento lateral, o que mitiga a susceptibilidade de flambagem lateral com torção da viga, devido à redução do comprimento destravado lateral.

Nessa imagem, há uma forte tendência de o projetista estrutural ter admitido todas as terças da cobertura como elementos de travamento lateral das vigas do pórtico principal, devido às mãos-francesas que ligam a mesa inferior do perfil da viga principal à terça. As mãos-francesas visam travar a lateral da mesa inferior do perfil, fazendo com que, a exemplo da mesa superior, também haja travamento. Todavia, essa solução de projeto não é ideal, pois as terças do nó A da Fig. 3.27 não estão contraventadas e, portanto, não deveriam ser admitidas no travamento lateral do perfil, diferentemente da terça do nó B, que é contraventada.

Já no caso de existirem cargas concentradas em vigas de perfis laminados ou soldados, deve-se prever um enrijecimento da alma do perfil. Caso essa medida

Fig. 3.27 *Detalhe da cobertura de pavilhão industrial*
Fonte: acervo de Jordan Kaspary.

não seja adotada, o perfil metálico pode sofrer instabilidades locais ou globais induzidas, a depender das condições de vinculação da viga, o que compromete a estabilidade do sistema, além de produzir deformações e, em última instância, colapsos. As Figs. 3.28 e 3.29 detalham as instabilidades locais que incidem na alma de um perfil que compõe uma viga. A Fig. 3.30 apresenta a solução possível para mitigar esse efeito e travar localmente a alma do perfil de uma viga contínua, apoiada em um pilar que o submete a um carregamento concentrado.

Atenção deve ser dada para a ligação de peças estruturais por meio de chapas planas não travadas, sobretudo nas adjacências de elementos que podem se submeter a esforços de compressão. Não se recomenda que a peça de ligação tenha responsabilidade estrutural de mesma magnitude que a dos elementos que ela une. Caso isso ocorra, uma instabilidade global das barras que ela une pode ser induzida pela formação de uma rótula, produzida pela deformação da chama, pois a peça estará suscetível a se torcer, não produzindo a vinculação esperada, conforme a Fig. 3.31 mostra. Nessa circunstância, o ponto de fixação das barras que convergem no nó funcionará como uma rótula, o que pode culminar num comportamento estrutural distinto do admitido no modelo de cálculo, pelo maior comprimento lateral destravado que essas barras poderão ter. Por serem elementos de menor inércia e rigidez do que o perfil das barras ligadas, as chapas acabam possibilitando o giro, pelas deformações que sofrem. Como medida preventiva, pode-se promover o travamento das bordas livres da chapa, conforme se observa na Fig. 3.32.

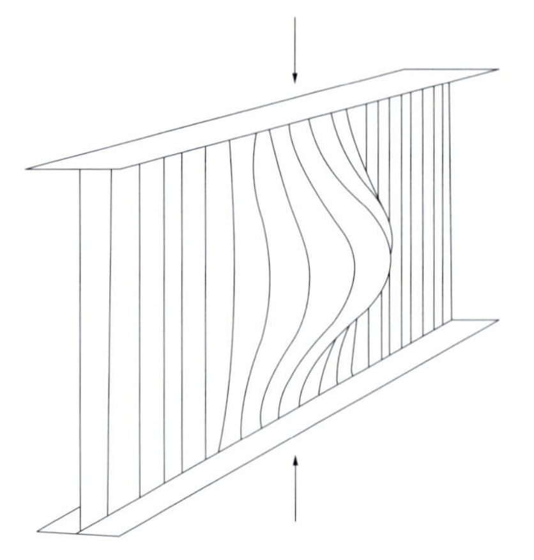

Fig. 3.28 *Instabilidade local da alma por carga concentrada*

Fig. 3.29 *Carga concentrada em perfil com alma não enrijecida sob cargas concentradas*
Fonte: Laufs Engineering Design (http://www.laufsed.com).

Fig. 3.30 *Enrijecedor de alma de viga metálica para travamento local*
Fonte: GFE Structures (https://gfestructures.files.wordpress.com).

Outro exemplo de detalhe equivocado de projeto, que pode ser a origem de manifestações patológicas das estruturas de aço, é a união entre viga e pilar. No esforço de flexão atuante na viga, a componente de tração deforma excessivamente a chapa de ligação empregada na região da ligação, formando uma rótula, não necessariamente perfeita. Conforme destaca Dias (1997), os parafusos tracionados nessa região transmitem o esforço à mesa do perfil do pilar, o que culmina numa instabilidade local induzida pela deformação da viga, conforme Fig. 3.33A. Tem-se, então, a formação de um engastamento parcial da viga, muitas vezes não admitido no projeto. Como resultado, pode-se ter momentos fletores positivos maiores do que os admitidos no dimensionamento.

Para contornar esse problema, chapas de reforço podem ser instaladas junto à alma do perfil do pilar, paralelamente à direção das mesas superiores e inferiores do perfil da viga, conforme Fig. 3.33B. Essas chapas funcionam como uma espécie de travamento, evitando a concentração das componentes da flexão da viga junto à mesa do perfil do pilar.

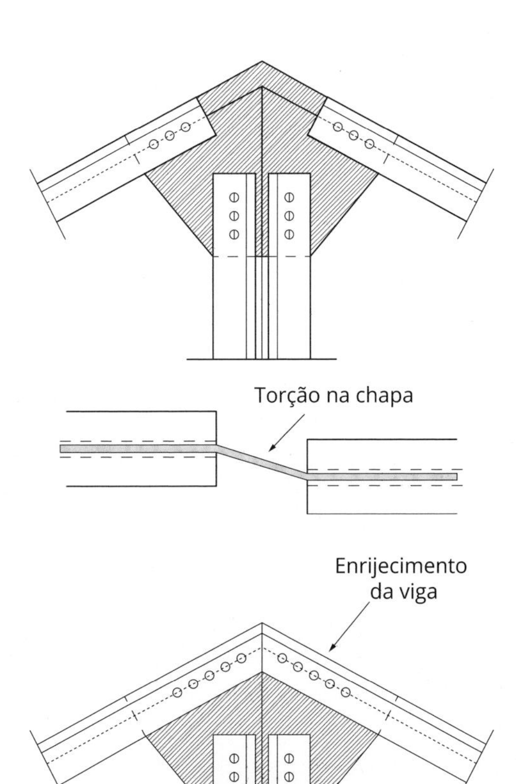

Fig. 3.31 *Detalhe em vista e em planta de deficiência construtiva*
Fonte: adaptado de Becheur (2010).

Fig. 3.32 *Detalhe em vista do correto detalhe construtivo*
Fonte: adaptado de Becheur (2010).

A rigidez das ligações metálicas é um tema muito conflitante e tem sido largamente investigado. O conjunto de variáveis faz com que a admissão de momentos de engastamento perfeitos proporcionados pelas ligações metálicas sejam analisados com cautela. Fatores como a esbeltez das chapas de ligação, mesa e alma do perfil da viga e do perfil do pilar influem na rigidez da ligação metálica. Com base nesse princípio, há uma corrente que entende que o engastamento perfeito nunca ocorrerá, tratando as vigas metálicas como simplesmente apoiadas (sempre que possível) ou com algum coeficiente de redução da rigidez do engaste, por mais rígida que seja a ligação metálica proposta.

iii) Falha na integração dos projetos

Embora os *softwares* computacionais de projetos arquitetônicos, dimensionamento estrutural e projetos complementares já estejam trabalhando em conjunto ou migrando para a plataforma BIM (*Building Information Modeling*), incompatibilidades entre o projeto de estruturas metálicas e os projetos complementares, tal como o elétrico e o hidrossanitário, ainda ocorrem. Nessas estruturas, a falta de compatibilização entre projetos se torna ainda mais marcante, visto que, na grande maioria dos casos, não se permitem adaptações em obra, como furações e recortes *a posteriori*. Somado a isso, o projeto dessas estruturas é detalhado com precisão milimétrica, tornando-o sensível a erros de medidas.

Todavia, falhas dessa natureza só são percebidas na montagem da estrutura, isto é, no ato da integração das disciplinas em obra. Defeitos desse cunho induzem dificuldades de instalação dos sistemas complementares, como o de vedação, ou até mesmo montagem da estrutura metálica em si, provocando

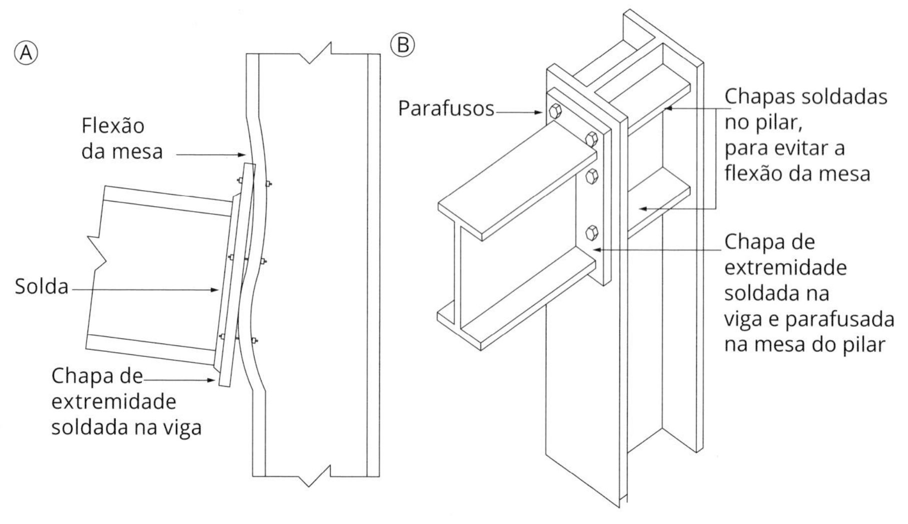

Fig. 3.33 *(A) Instabilidade local induzida no perfil do pilar e (B) chapa de travamento do perfil do pilar*
Fonte: adaptado de Dias (1997).

processos patológicos. Furações não previstas nos elementos estruturais, para a passagem de tubulações ou outra adaptação, reduzem a seção resistente do perfil, fato que pode culminar em consequências mais graves. A NBR 8800 (ABNT, 2008b) estabelece regiões da alma dos perfis de vigas para furações, desde que previstas em projeto.

iv) Falha nos detalhes construtivos de projeto

O projeto bem elaborado é um fator decisivo para a prevenção de manifestações patológicas futuras, principalmente as produzidas por mecanismos químicos de corrosão. Projetos com bom nível de detalhamento, que contribuem para a manutenção do desempenho da edificação ao longo do uso, facilitam a atividade e tornam baixos os custos de prevenção ou correção durante a vida útil. Além do dimensionamento, é importante que projetistas atentem para os detalhes de projeto que interferem na durabilidade do sistema estrutural.

Em termos de durabilidade, atenção especial deve ser dada aos detalhes construtivos que propiciam acúmulo d'água nos elementos externos da estrutura. Cavidades, sulcos e fendas devem ser evitados ou, se inevitáveis, preenchidos por soldas ou mastiques. Os cantos agudos também devem ser evitados. O objetivo, em todos os casos, é facilitar o escoamento natural da água externa. Conforme destaca Pannoni (2009), o detalhamento cuidadoso e a escolha correta de um sistema de proteção são fundamentais no controle da corrosão e devem constituir todo bom projeto.

A Fig. 3.34 ilustra os principais erros de projeto que influenciam na durabilidade e na vida útil do sistema estrutural em aço. Observa-se que esses cuidados são intuitivos e o bom senso é o melhor critério de projeto.

A base do pilar deve ser objeto de detalhamento especial no projeto. Os reforços e cantoneiras empregados criam condições favoráveis para o acúmulo de sujeira e água, podendo deflagrar mecanismos de deterioração. Aberturas devem sempre ser projetadas para que seja permitido um natural escoamento da umidade (Fig. 3.35). Alguns projetistas optam por concretar a base dos pilares, sobretudo no caso de pilares externos.

Deve-se atentar também ao encontro de elementos, conforme Fig. 3.36. As interseções que possuírem a potencialidade da retenção d'água serão locais com maior tendência de deflagração dos mecanismos de corrosão. A realização de recortes nesses elementos é uma solução simples e efetiva. Cabe destacar que os recortes devem ser admitidos na verificação estrutural dos perfis metálicos, visto que promovem a redução da seção transversal resistente das peças. A ligação entre elementos, principalmente no caso das soluções soldadas, deve ser verificada, devido à redução da área de contato.

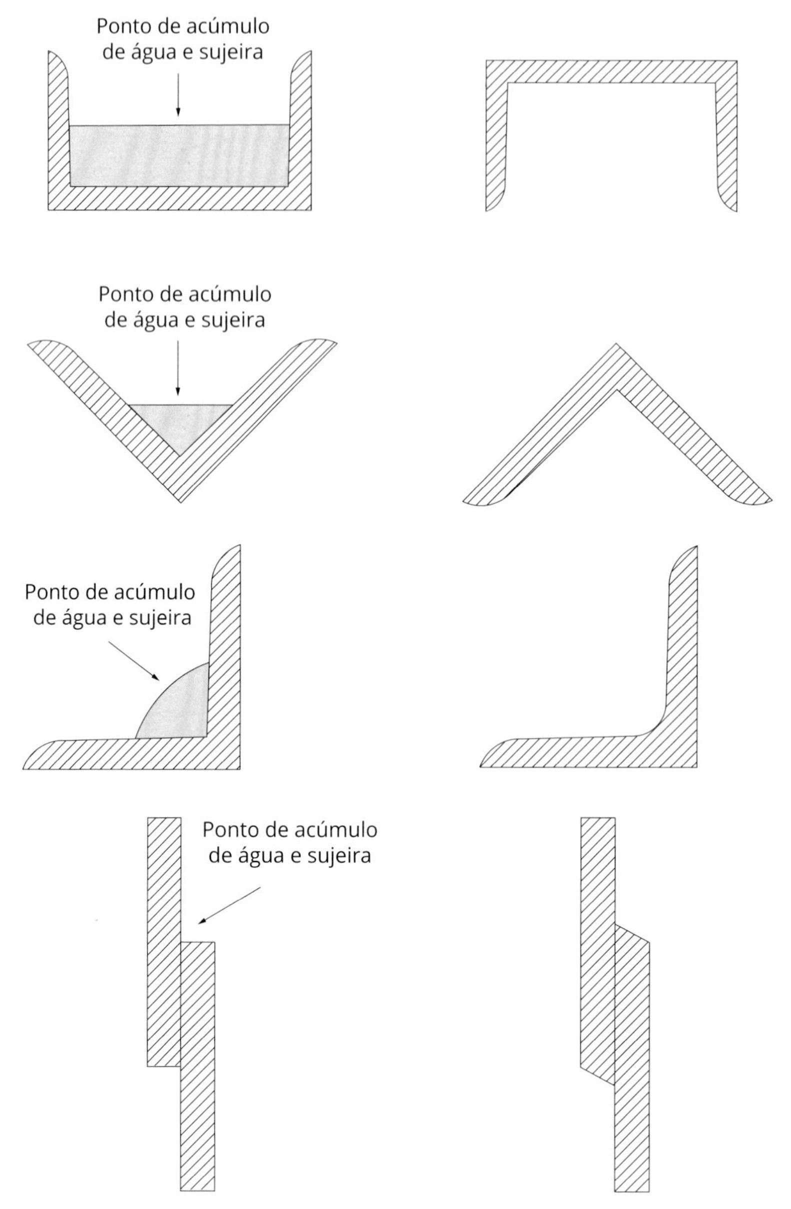

Fig. 3.34 *Comparação entre condição anômala e condição regular do perfil metálico*
Fonte: adaptado de IS (2016).

Alguns detalhes construtivos indutores da corrosão por fendas podem ser controlados com a aplicação de filetes de solda, segundo ilustra a Fig. 3.37. O preenchimento com solda em regiões com potencialidade de acúmulo de água e/ou sujeira é um detalhe de relativa eficiência. Deve ser observado o modo de execução dessas soldas. É necessário executar filetes de solda contínuos, evitando soldas pontuais ou descontínuas, conforme Fig. 3.38.

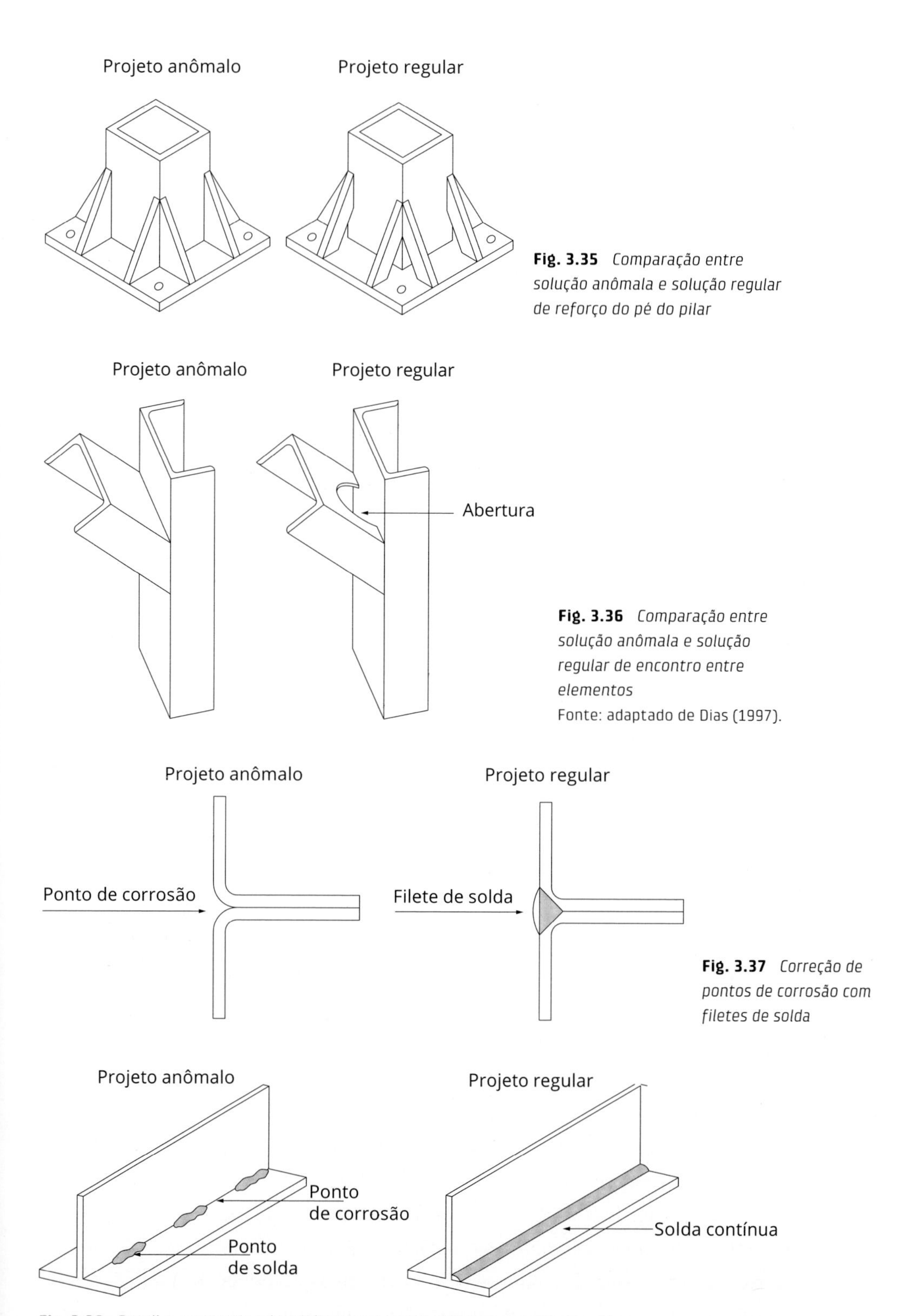

Fig. 3.35 *Comparação entre solução anômala e solução regular de reforço do pé do pilar*

Fig. 3.36 *Comparação entre solução anômala e solução regular de encontro entre elementos*
Fonte: adaptado de Dias (1997).

Fig. 3.37 *Correção de pontos de corrosão com filetes de solda*

Fig. 3.38 *Detalhe construtivo do critério a ser empregado na execução da solda*
Fonte: adaptado de Dias (1997).

Segundo Dias (1997), outros cuidados que devem ser tomados durante a fase de projeto, visando a prevenção de manifestações patológicas induzidas ao longo da vida útil do sistema estrutural, principalmente de corrosão, são:

- evitar que peças fiquem semienterradas ou semissubmersas;
- prever a estrutura com furos de drenagem, em quantidade e tamanho suficientes para garantir o escoamento da água;
- projetar as cantoneiras de forma a permitir o fluxo do ar livre, facilitando a rápida secagem da superfície;
- cuidar para que os acessos sejam facilitados e os espaços, os mais amplos possíveis, para propiciar-se adequada manutenção;
- não deixar cavidades nas soldas;
- evitar juntas sobrepostas de materiais diferentes;
- evitar a formação de pares metálicos, ou seja, contato entre metais de distintas nobrezas.

v) Falha no gabarito da furação e no recorte dos perfis

A falha no gabarito da furação e no recorte dos perfis pode ter origem no projeto ou na fabricação de peças e elementos de conexão, como chapas e cantoneiras. Os atuais *softwares* computacionais de dimensionamento e detalhamento já posicionam a furação e o recorte dos perfis com precisão, o que torna ínfima, porém não nula, a possibilidade dessa ocorrência na etapa de projeto. Os erros no detalhamento ainda representam a grande parcela da origem dessa inconformidade, principalmente naqueles elementos com maior densidade de peças de ligação. Projetos mais apurados têm apresentado detalhes em três dimensões para a maior compreensão das regiões de ligação mais complexas, facilitando a produção e a execução.

Por ser um sistema estrutural sem folgas, quaisquer incongruências dos pontos de furação ou variações de recorte do perfil culminam na dificuldade, senão impossibilidade, de montagem do sistema em obra. O perfil, em última instância, pode ser descartado, o que provoca uma interrupção da sequência da obra até a remarcação ou o novo recorte. Destaca-se aqui uma das inconveniências das estruturas de aço: a não flexibilidade de se realizar correções em obra.

No caso das ligações parafusadas, mesmo que os montadores consigam ajustar problemas com a locação de furações não coincidentes entre perfis, o alinhamento entre os elementos que se conectam é prejudicado, comprometendo o sistema de vedação, o hidrossanitário, o elétrico etc. Somado a isso, pode-se apresentar um comportamento estrutural diferente do projetado. Em casos mais extremos, instabilidades ou até mesmo colapsos podem ocorrer. Parafusos instalados inclinados, em relação ao eixo de instalação de projeto, podem sofrer ruptura brusca, uma vez que a componente da força resultante atuante pode ser distinta da admitida no dimensionamento, gerando esforços não previstos.

vi) Falha na montagem

Os erros de montagem são cometidos no canteiro de obras. Ocorrem devido à falta de cuidado dos profissionais envolvidos na execução da obra e a uma deficiência na fiscalização dos responsáveis técnicos da construção. As deficiências desse processo também podem ocorrer por causa de falhas na identificação de peças com dimensões semelhantes; inversão na posição de montagem das peças, pois a disposição dos furos pode ser distinta entre extremos opostos, ou as larguras das mesas superiores e inferiores podem ser desiguais; uso de parafusos com diâmetro ou comprimento menor do que o projetado; e uso de aços com classes distintas da especificada.

Essas inconformidades, apesar de não serem de responsabilidade do projetista, podem ser corrigidas ou mitigadas por meio de um maior detalhamento estrutural e/ou fiscalização do processo de montagem em obra. Recomendações como a pintura com cores vibrantes (amarelo, verde, vermelho etc.) no caso de peças com pequenas diferenças podem reduzir os erros em obra.

3.2 Diagnóstico

Como visto, o surgimento de manifestações patológicas nas estruturas metálicas está associado a diversos fatores, cujo conhecimento é de fundamental importância para que se determine quais medidas devem ser tomadas diante de um sistema estrutural que se apresente anômalo. Faz-se necessário realizar um correto diagnóstico para que se possa agir de forma eficiente e obter sucesso na intervenção e na solução definitiva do problema. O objetivo desta seção é buscar o entendimento e a explicação científica dos fenômenos ocorridos, os quais serão determinados por meio de (I) ensaios não destrutivos e (II) ensaios semidestrutivos.

3.2.1 Ensaios não destrutivos

Os ensaios não destrutivos são realizados em estruturas já acabadas e em uso. O objetivo é verificar a existência ou não de defeitos internos ou externos ao elemento estrutural, sem promover qualquer alteração da consistência física, química, mecânica ou dimensional de seus perfis. Esses ensaios também são empregados no controle de qualidade de peças e materiais entregues em obra, no qual se define parâmetros de aceitação dos perfis metálicos.

Os ensaios não destrutivos descritos neste livro são os líquidos penetrantes, a inspeção eletromagnética, o ultrassom e o ensaio de espessura da película de tinta. Apesar de não ser um ensaio, a inspeção visual é mostrada no início desta seção, pois, antes da especificação de qualquer ensaio, deve-se realizar uma boa inspeção visual.

Inspeção visual

Para que se possa realizar um diagnóstico correto de uma manifestação patológica, faz-se necessário realizar, inicialmente, uma inspeção visual para a coleta de dados, com a observação de sintomas, localização e intensidade dos danos, buscando identificar onde é necessário concentrar as análises. Nessa vistoria, equipamentos auxiliares podem ser empregados, como trena, binóculo, espelho, *drones*, entre outros, com a função de facilitar a visualização. O binóculo, por exemplo, facilita a análise de regiões de difícil acesso, como a laje inferior de uma ponte ou passarela. O espelho, por sua vez, auxilia a inspeção de pontos inacessíveis, tais como *shafts* e entreforros de edificações, ou até mesmo regiões de ligações metálicas com grande densidade de parafusos. Atualmente, *drones* com câmeras acopladas vêm auxiliando profissionais a acessar locais remotos e distantes, como a face inferior de lajes de pontes e viadutos ou as fachadas altas de prédios.

Com frequência, essa inspeção é usada para a determinação do ensaio mais adequado para o caso. A depender da experiência do profissional e da complexidade da falha, a avaliação inicial pode ser definitiva, não sendo necessária a adoção de ensaios para interpretar o problema. No Brasil, essa análise é normatizada por meio da NBR NM 315: *ensaios não destrutivos – ensaio visual: procedimento* (ABNT, 2007), que estabelece requisitos e práticas recomendadas na realização de ensaios não destrutivos por método visual, auxiliado ou não por dispositivo óptico.

Liquido penetrante

O ensaio por líquidos penetrantes é considerado um dos melhores métodos para a detecção de descontinuidades superficiais de materiais isentos de porosidade, como metais, vidros e alumínio. O termo penetrante, como destaca Andreucci (2003), vem da propriedade que esse produto aplicado na superfície da amostra tem de penetrar em aberturas finas. O líquido penetrante é aplicado sobre a superfície por meio de uma pintura, executada com pincel, pistola ou imersão em um tanque contendo o líquido.

Esse ensaio é um forte indicativo de erros existentes na execução dos perfis, pois evidencia a existência de trincas, descontinuidades de fabricação, costuras, trincas em soldagem, fadiga, entre outros. Alguns especialistas utilizam esse método para a detecção de corrosão sobre os elementos de aço. No Brasil, esse ensaio é normatizado segundo a NBR NM 334: *ensaios não destrutivos – líquidos penetrantes: detecção de descontinuidades* (ABNT, 2012f).

O líquido penetrante deve ser aplicado uniformemente sobre a superfície do metal, o que permite que ele percole nas descontinuidades existentes. Após a remoção do excesso de líquido da superfície, faz-se o líquido retido sair da descontinuidade por meio de uma lavagem com água ou solventes ou de um revelador, o pó branco que detecta as trincas superficiais com maior precisão. Após a remoção do excesso de líquido, a imagem da descontinuidade fica desenhada na superfície.

O ensaio deve obedecer a algumas etapas. Inicialmente, deve-se realizar a limpeza da superfície, com remoção de resíduos, tintas, óleos, graxas e poeira. A não retirada desses materiais contaminantes pode comprometer o ensaio, a interpretação dos resultados ou a penetração dos líquidos, descaracterizando a análise. Para a limpeza, geralmente se empregam solventes, detergentes, jatos de ar, entre outros. Uma vez realizada a limpeza, é aplicado o penetrante, e aguarda-se a sua estabilização por algumas horas, conforme as especificações do fabricante. Na sequência, realiza-se a remoção do líquido e procede-se com a aplicação do revelador. Por fim, realiza-se a análise e a interpretação dos resultados, de forma visual.

Segundo a NBR NM 334 (ABNT, 2012f), quanto à sua visibilidade, os penetrantes são classificados em:

- tipo I: fluorescente;
- tipo II: visível (colorido).

O penetrante fluorescente normalmente possui a cor verde-amarelada, e somente pode ser visualizado quando for incidida uma luz ultravioleta sobre ele. Já o penetrante visível (colorido) possui cor que varia de avermelhado a magenta, sendo facilmente identificado sobre a superfície do material. Em termos de maior ou menor facilidade de remoção, de acordo com a NBR NM 334 (ABNT, 2012f), os penetrantes são classificados conforme apresentado no Quadro 3.2.

O revelador é um pó branco que possui a finalidade de absorver o líquido que penetrou nas descontinuidades superficiais. Ele promove o manchamento da superfície, permitindo a inspeção, como na Fig. 3.39. Recomenda-se que se espere no mínimo 10 minutos para que as fissuras fiquem visíveis.

Todavia, esse método possui limitações. A detecção de falhas só pode ser realizada superficialmente, ou seja, não são identificadas falhas internas do material. Além disso, a superfície do material não pode ser totalmente porosa ou absorvente, sob o risco de haver a penetração total do líquido empregado para o ensaio.

Inspeção eletromagnética

A inspeção eletromagnética é frequentemente empregada em cabos de aço. No Brasil, o investimento em infraestrutura fomentou a construção de pontes,

Quadro 3.2 Classificação dos penetrantes segundo a NBR NM 334

Tipo I: penetrante fluorescente	
Técnica A	Lavável com água
Técnica B	Pós-emulsificável, lipofílico
Técnica C	Removível com solvente
Técnica D	Pós-emulsificável, hidrofílico
Tipo II: penetrante visível	
Técnica A	Lavável com água
Técnica C	Removível com solvente

Fonte: ABNT (2012f).

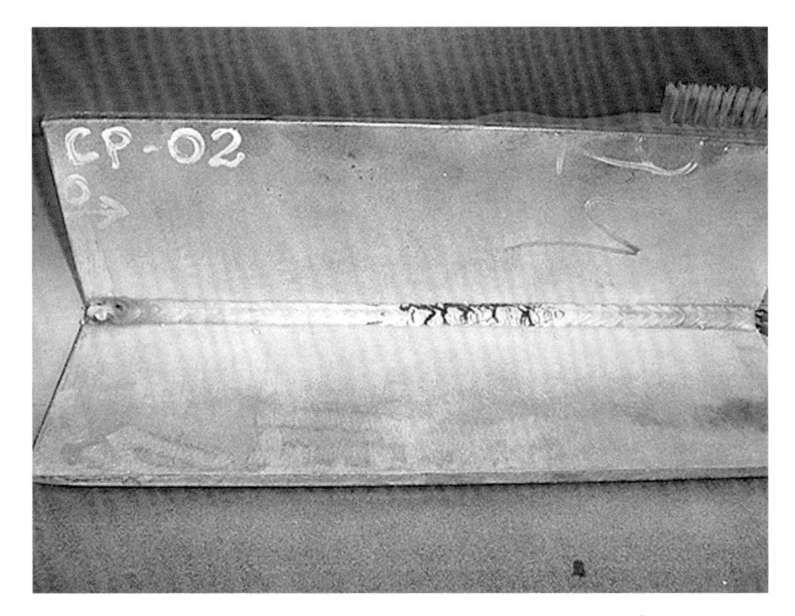

Fig. 3.39 *Resultado do ensaio por líquidos penetrantes em uma peça fundida*
Fonte: Tech-End (http://tech-end.com.br/cursos/servicos.php).

entre elas as pontes estaiadas, alternativa muito bem aceita no meio técnico. No entanto, é necessário verificar as condições da integridade dos cabos de aço para atender à segurança da estrutura.

Esse tipo de inspeção em cabos de aço consiste na passagem de um equipamento com ímãs permanentes, capaz de magnetizar os cabos através de um campo, conforme apresenta a Fig. 3.40. Ao passar do equipamento sobre o cabo, suas descontinuidades são percebidas pelos sensores, por meio de distorções nas linhas do fluxo magnético, captando defeitos. As principais deficiências que podem ser captadas são o rompimento dos fios da cordoalha, os pites de corrosão e as trincas. Esse ensaio é normatizado pela ASTM E1571: *standard practice for electromagnetic examination of ferromagnetic steel wire rope* (ASTM, 1993).

Fig. 3.40 *(A) Instalação do equipamento de inspeção eletromagnética e (B) inspeção eletromagnética em cabo de aço de ponte*
Fonte: acervo de IB-NDT.

Ultrassom

O ensaio de ultrassom consiste em um método não destrutivo, que objetiva detectar descontinuidades ou falhas internas do elemento estrutural. Essas descontinuidades ou falhas podem ser oriundas do processo de fabricação da peça, o que justifica muitas das manifestações patológicas de cunho mecânico, como a deformação excessiva do elemento. Todavia, falhas de produção das peças são pouco comuns, e por isso o equipamento é empregado com maior frequência para analisar a magnitude da degradação por corrosão, por meio da comparação com peças isentas de defeitos.

O ensaio consiste na determinação da velocidade de propagação de ondas ultrassônicas longitudinais na peça. Para se determinar a velocidade de propagação de um pulso ultrassônico, são utilizados equipamentos capazes de medir o tempo necessário de propagação da onda de um ponto a outro da peça. Como a distância entre os transdutores é conhecida, ela é dividida pelo tempo fornecido pelo aparelho, o que resulta na velocidade média do pulso ultrassônico ao longo do percurso. O ensaio sendo realizado pode ser observado na Fig. 3.41.

A ANSI/AISC 360: *specification for structural steel buildings* (AISC, 2010) é uma especificação elaborada pelo Instituto Americano de Construções Metálicas (AISC – American Institute of Steel Construction), que define os principais critérios admitidos no dimensionamento das estruturas metálicas nos Estados Unidos. Além das prescrições de projeto e dimensionamento dos elementos estruturais, o guia apresenta exigências acerca dos critérios de qualidade dos elementos fabricados em aço, e cabe ao fabricante ou ao montador realizar a conferência com essa norma.

No Brasil, as normas de procedimento de ensaio, terminologia, requisitos e equipamentos estão listadas a seguir:

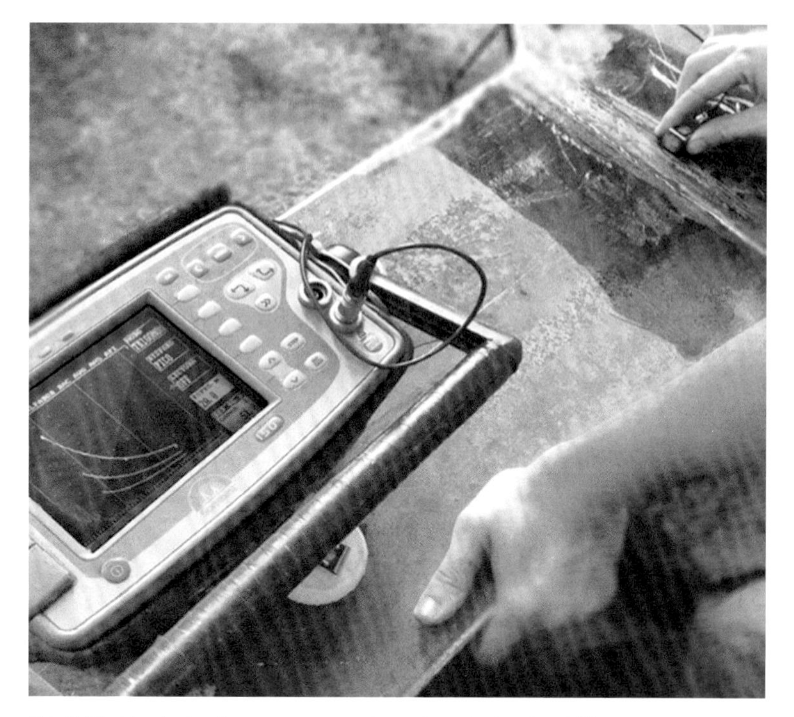

Fig. 3.41 *Ensaio de ultrassom em um elemento estrutural metálico*
Fonte: Engemetal (http://engemetal.com.br/).

- NBR NM 335: *ensaios não destrutivos – ultrassom: terminologia* (ABNT, 2012g) – essa norma do Mercosul define os termos utilizados no método de ultrassom.
- NBR NM 336: *ensaios não destrutivos – ultrassom em solda: procedimento* (ABNT, 2012h) – essa norma do Mercosul estabelece as condições mínimas exigíveis para a realização do ensaio em junta soldada, utilizando método de correção da amplitude da distância.
- NBR 6002: *ensaios não destrutivos – ultrassom: detecção de descontinuidades em chapas metálicas* (ABNT, 2008a) – aplicada para chapas metálicas laminadas com espessura igual ou superior a 4,5 mm, na qual é especificado o método de ensaio.
- NBR 8862: *tubos metálicos – inspeção ultrassônica de soldas longitudinais e em espiral* (ABNT, 1985) – aplica-se para tubos com diâmetro externo de 50 m a 920 m e espessura de 3 mm a 20 mm. Essa norma prescreve o método para a detecção de descontinuidades desses tipos de soldas.
- NBR 15549: *ensaios não destrutivos – ultrassom: verificação da aparelhagem de medição de espessura de parede para inspeção subaquática* (ABNT, 2008d) – essa norma descreve os procedimentos para a verificação da aparelhagem empregada na medição de espessura de estruturas metálicas por meio de ultrassom na inspeção subaquática.

- NBR 15824: *ensaios não destrutivos – ultrassom: medição de espessura* (ABNT, 2012e) – essa norma especifica o método de ensaio não destrutivo por ultrassom para a medição da espessura a quente e a frio e das partes submersas de instalações marítimas.
- NBR 15955: *ensaios não destrutivos – ultrassom: verificação dos instrumentos de ultrassom* (ABNT, 2011b) – essa norma descreve os métodos e os critérios que permitem verificar, antes e no decorrer da execução do ensaio, o desempenho de sistemas de ultrassom, ou seja, instrumentos combinados com os seus respectivos cabeçotes e cabos, com a utilização de blocos-padrão calibrados.
- NBR 16196: *ensaios não destrutivos – ultrassom: uso da técnica de tempo de percurso da onda difratada (ToFD) para ensaio em soldas* (ABNT, 2013e) – essa norma especifica a aplicação da técnica de tempo de percurso da onda difratada (ToFD) para o ensaio de ultrassom de juntas soldadas em materiais metálicos com espessura maior ou igual a 6 mm.

Ensaio de espessura da película de tinta

O ensaio de espessura da película de tinta possui um viés mais preventivo do que corretivo. A conferência da espessura da película da tinta já aplicada visa contribuir para a aceitabilidade ou não de uma estrutura finalizada, a qual necessita atender às espessuras mínimas de pinturas recomendadas em projeto para que as recomendações de durabilidade e de segurança contra incêndio sejam atendidas. Durante a vida útil da edificação, a aferição auxilia na decisão sobre a repintura do sistema estrutural, contribuindo para a manutenção da estrutura. A NBR 10443: *tintas e vernizes – determinação da espessura da película seca sobre superfícies rugosas: método de ensaio* (ABNT, 2008c) estabelece diretrizes para a verificação. A Fig. 3.42 mostra o equipamento em uso.

3.2.2 Ensaios semidestrutivos

Os ensaios semidestrutivos, quando bem executados, são bastante usados e confiáveis para a tomada de decisão acerca dos principais mecanismos que deflagram as manifestações patológicas existentes nos elementos estruturais. São mais confiáveis que os métodos não destrutivos, pelo fato de se extrair uma amostra real do elemento anômalo e analisar, em laboratório, as principais características dessa inconsistência. Contudo, deve-se ter cuidado com os locais em que será realizada a extração da amostra, preservando o máximo possível a seção resistente dos elementos.

O projetista estrutural deve ser consultado para a tomada de decisão dos locais passíveis de se promover a destruição parcial do elemento estrutural. As estru-

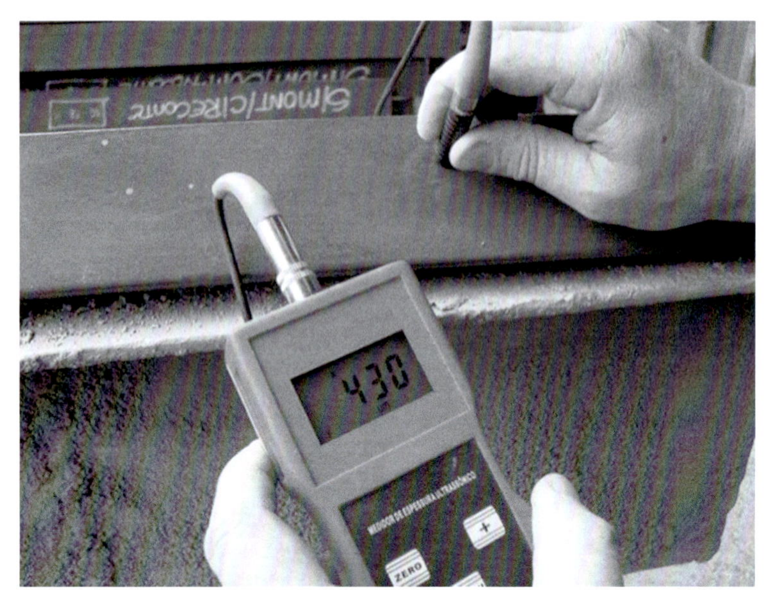

Fig. 3.42 *Medição da espessura da película de tinta*
Fonte: Engemetal (http://engemetal.com.br/).

turas metálicas, diferentemente das estruturas de concreto, possuem limitações em termos de reparo das partes extraídas, conforme a Fig. 3.43 mostra. O local de extração deve ser igualmente estudado com o arquiteto, visando não promover alterações na estética da edificação, tampouco transmitir uma sensação de insegurança aos usuários.

Entre os ensaios semidestrutivos, destacam-se o espectro de massa e a extração de amostras para a determinação da resistência mecânica.

Espectro de massa

A identificação das moléculas existentes no aço de um perfil pode ajudar na identificação de muitas manifestações patológicas incidentes na estrutura, principalmente as de cunho químico ou físico, quando constatada a existência de impurezas na liga, com redução da capacidade resistiva do metal. A espectrometria de massa é uma das mais importantes ferramentas analíticas disponíveis, uma vez que é capaz de obter informações sobre:

- composição elementar das amostras;
- estrutura molecular das amostras;
- composição quantitativa das misturas;
- composição e estrutura de sólidos.

Esse equipamento bombardeia as moléculas com feixe de íons ou elétrons de alta energia na superfície da amostra, com o objetivo de extrair os íons do metal.

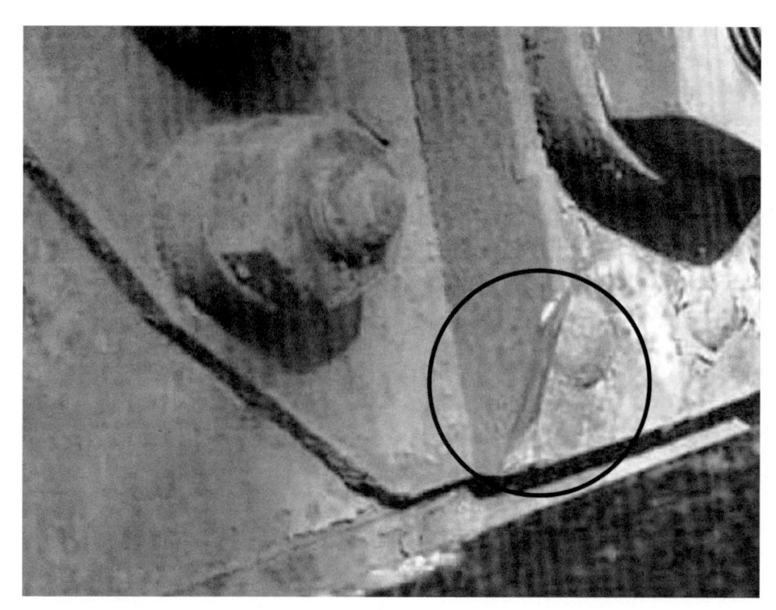

Fig. 3.43 *Detalhe de região extraída para a realização de ensaios fora do canteiro de obra*
Fonte: Persy (2008).

O espectro de massa, resultante dessa análise, define a quantidade de cada íon contido no elemento.

Resistência mecânica

Trata-se de um ensaio no qual se faz necessária a extração de testemunhos junto aos perfis metálicos para a determinação da sua capacidade resistente. É um ensaio não muito frequente, sendo empregado quando se constata algum mecanismo de corrosão que, controlado, promove uma redução da seção transversal do perfil. A partir dessa redução, a nova resistência do elemento precisa ser analisada para tomada de decisão sobre reforço ou substituição.

A NBR ISO 6892 (ABNT, 2013a) explana acerca dos métodos empregados para realizar o ensaio de tração nos perfis. A norma estabelece que o ensaio de tração consiste em deformar o testemunho até a fratura, para a determinação de propriedades mecânicas diversas, tais como alongamento, extensão total de fratura, deformabilidade, entre outros. Pode ainda ser realizado um ensaio de módulo de elasticidade ou de resistência à compressão, porém não é muito comum.

3.3 Intervenção

O projeto de recuperação deve ser fundamentado no conhecimento do material que compõe a estrutura, a fim de entender seu comportamento em uma soldagem ou, em análises de maior envergadura, na reanálise estrutural. Para se propor a solução de recuperação, que pode se dar por meio de reparo ou reforço, é necessário entender os mecanismos que deflagram a manifestação patológica. Nesta seção, detalham-se as principais técnicas de recuperação de estruturas metálicas submetidas à corrosão biológica e química, além de recuperação e reforço estrutural.

3.3.1 Corrosão biológica

Existem técnicas empregadas na prevenção ou no controle da corrosão biológica. Entre as mais usuais, têm-se a aplicação de revestimentos, a proteção catódica, as biocidas, a limpeza mecânica e a limpeza química. Em qualquer hipótese, deve ser realizada inicialmente a remoção dos microrganismos aderidos junto à superfície do perfil metálico, seguida de lixamento ou jateamento da região contaminada, de forma a remover as impurezas mais profundas.

O revestimento aplicado para a proteção pode ser do tipo metálico, não metálico inorgânico e não metálico orgânico. O principal objetivo é criar uma barreira superficial sobre o elemento estrutural, isolando-o do meio agressivo e promovendo sua proteção. Cabe destacar que os revestimentos devem ser passíveis de manutenção, uma vez que há a redução de seu desempenho ao longo da vida útil. O tempo em que o revestimento cumprirá satisfatoriamente a sua função depende de sua natureza química, aderência e espessura.

Segundo Gentil (2012), o revestimento metálico, como alumínio, cromo, níquel e zinco, tem a função de formar uma película protetora. Por serem de menor nobreza que o ferro, constituinte do aço, esses elementos funcionam como ânodos de sacrifício, sendo primeiramente corroídos. Apenas após a dissolução completa desse ânodo de sacrifício é que o ferro começa a ser corroído. É de fundamental importância, portanto, a realização da manutenção dessa solução.

Os processos mais usados para a aplicação de revestimentos não metálicos inorgânicos obtidos por reação entre o substrato e o meio são, segundo Mainier (2005), a anodização, a cromatização e a fosfatização. Como revestimentos não orgânicos, têm-se as tintas, com a adição, em sua formulação, de óxidos metálicos para aumentar a estabilidade mecânica, conforme destaca Araújo (2011).

As tintas têm sido empregadas como o principal meio de proteção de estruturas em aço. Cerca de 90% de todas as superfícies metálicas estão cobertas por algum tipo de tinta (Pannoni, 2009). Conforme destaca Maia (2010), as substâncias usadas podem ter ação bacteriostática, que impede o crescimento da bactéria, ou bactericida, que mata as bactérias. Podem ser também do tipo fungicida, que ataca os fungos; algicida, que ataca as algas; ou limicida, que ataca os limos. O autor destaca que os produtos mais usados são à base de aldeídos, tiocianatos orgânicos, sais de amônio, quaternários, cloro e compostos clorados, compostos orgânicos de enxofre e estanho, bromo e compostos brimados, ozônio etc.

3.3.2 Corrosão química

Para combater a corrosão química, novamente a aplicação de revestimentos, de modo a criar uma barreira efetiva entre o metal e o ambiente agressor, é uma das medidas mais empregadas (Pannoni, 2009). O sistema de pinturas é o tipo de revestimento mais usado para prevenir a ocorrência do fenômeno, mas depende do conhecimento prévio de certos fatores, tais como:

- agressividade do ambiente circundante da estrutura;
- dimensão e forma dos componentes metálicos da estrutura;
- possibilidade de intervenções periódicas de manutenção;
- possibilidade de tratamentos existentes na fabricação da estrutura ou no local de construção e montagem, para obras *in situ*.

A manutenção do sistema de pinturas para a preservação da peça contra os mecanismos de corrosão eletroquímica é de fundamental importância. A ISO 12944-5: *paints and varnishes – corrosion protection of steel structures by protective paint systems* (ISO, 2018) transcreve os preceitos de durabilidade mínima do sistema de pinturas, conforme destaca a Tab. 3.4.

Tab. 3.4 Durabilidade do sistema de proteção com pintura segundo a ISO 12944-5

Nível de durabilidade	Período de tempo
Alta durabilidade	> 15 anos para a primeira manutenção
Média durabilidade	5-15 anos para a primeira manutenção
Baixa durabilidade	< 5 anos para a primeira manutenção

Fonte: ISO (2018).

Em ambientes pouco agressivos, recomenda-se o uso de *primers* e acabamentos alquídicos. Em situações em que se evidencia a necessidade de alto desempenho, o ideal são os planos à base de tintas epóxi e acabamentos com poliuretanos. A ISO 12944-2, em função das classes de agressividade ambiental, estabelece recomendações sobre o tipo de tinta a ser empregado nos elementos estruturais, bem como o nível de durabilidade esperado para cada solução de pintura, indicando espessuras e número de demãos.

Segundo Pannoni (2009), o sucesso de uma proteção depende basicamente de três fatores: (I) a qualificação correta conforme a agressividade do ambiente, (II) a escolha de um sistema de proteção normatizado e (III) o detalhamento do projeto. De qualquer forma, uma estrutura exposta a um ambiente agressivo requer proteção definida de acordo com a vida útil planejada para ela. Os sistemas mais comuns para o controle da corrosão são a pintura e a galvanização a quente. Segundo o autor, o custo da tinta corresponde de 5% a 15% do custo total da operação de pintura.

3.3.3 Substituição de elementos anômalos

Para o caso de elementos estruturais anômalos, em que se constatam níveis de deterioração elevados, deve ser proposta a sua substituição, para se atingir o desempenho estrutural mínimo. Contudo, a substituição deve seguir uma sequência bem estabelecida e tecnicamente fundamentada; caso contrário, o colapso da edificação pode ser desencadeado. Particularmente, os sistemas treliçados são os que possuem maior sensibilidade à retirada das barras que os constituem, como a remoção de diagonais, que pode deflagrar uma desestabilização do sistema, bem como a indução de uma flambagem local dos perfis constituintes dos banzos. O grande objetivo é evitar que o equilíbrio estrutural seja afetado; portanto, a estrutura deve estar carregada apenas com o seu peso próprio.

Na retirada das diagonais de elementos treliçados, os banzos podem perder a sua estabilidade. A partir desse pressuposto, Persy (1990) propõe a implantação de elementos protendidos temporários. É conveniente a instalação de dispositivo capaz de equilibrar os esforços existentes da barra removida, tal como proposto na Fig. 3.44. Assim, as diagonais conseguem ser substituídas ou reparadas sem que a estrutura necessite ser desmontada. A interdição da estrutura durante essa atividade deve ser analisada com prudência, cabendo ao projetista a definição.

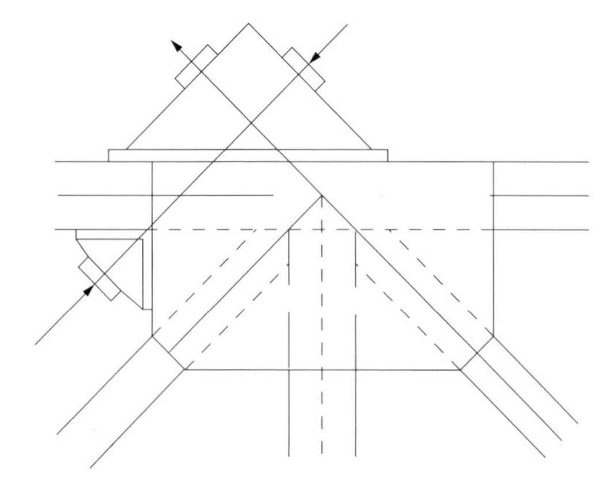

Fig. 3.44 *Princípio de dispositivo temporário protendido para a substituição de diagonais em sistemas treliçados*
Fonte: adaptado de Becheur (2010).

3.3.4 Reforço estrutural

O reforço estrutural é necessário quando há acréscimo do carregamento inicialmente admitido para o sistema. Também pode ser empregado em casos em que a corrosão ou algum acidente pontual promove uma perda da seção transversal do elemento; nesses casos, todavia, é chamado de reparo. A seguir, apresentam-se as formas nas quais os reforços estruturais de estruturas metálicas podem ocorrer.

Soldagem, parafusamento ou colagem de chapas planas

O processo caracterizado por soldagem, parafusamento ou colagem de chapas planas é empregado junto às mesas inferior e/ou superior ou junto à alma do perfil, para aumentar sua capacidade resistiva. Um aumento da espessura do perfil proporciona uma redução da probabilidade de ocorrerem instabilidades locais e globais, melhorando o comportamento das peças nos esforços de tração, compressão e flexão.

Soldagem, parafusamento ou colagem de cantoneiras

Já o processo determinado por soldagem, parafusamento ou colagem de cantoneiras é empregado no encontro de mesas e almas de perfis metálicos. Essa alternativa faz-se necessária para o aumento da capacidade resistiva à torção dos elementos estruturais, embora promova algum incremento dos demais esforços.

Adição de pilares no sistema

O incremento do número de pilares promove a redução dos esforços atuantes nos elementos estruturais existentes, devido à redistribuição de cargas. O aumento do número de pilares também pode ser justificado quando se deseja substituir um pilar que atingiu o limite de sua capacidade resistiva, por causa de uso inadequado, extrapolação das cargas admitidas em projeto, deterioração promovida pelo ambiente, entre outros.

4 PATOLOGIA DAS ESTRUTURAS DE MADEIRA

A madeira é um material de grande utilidade para o setor da construção civil, e é frequentemente empregada em diversas situações, desde como material de acabamento nos sistemas de vedação até em um elemento estrutural. Contudo, como qualquer outro material da construção civil, a madeira está propensa à deterioração por agentes externos. Por ser um material orgânico, a madeira possui certas particularidades quanto aos mecanismos de deterioração, apresentando manifestações patológicas bem específicas.

No passado, pela grande frequência de utilização, aliada à falta de manutenção, muitas obras com madeira apresentavam manifestações patológicas de intensidades significativas, às vezes em um curto espaço de tempo. Esse fato criou uma percepção de que a madeira não é um material duradouro, tampouco adequado para ser usado como solução para um sistema estrutural.

Utilizada desde os primórdios da humanidade, acompanhando a sua história, a madeira foi um dos primeiros materiais da construção empregados como solução estrutural. Com o avanço do setor da construção civil, passou-se a conhecer mais sobre seu comportamento, e novos critérios de projeto, até então desconsiderados, passaram a ter papel decisivo na concepção das estruturas, como a durabilidade.

A previsão dos fatores e agentes potencialmente agressivos ao material é determinante na predição da vida útil das estruturas, evidenciando-se a necessidade de se adotarem medidas preventivas conforme o ambiente em que o elemento estará inserido. Nesse contexto, similarmente às normas brasileiras de projeto de estruturas de concreto armado, o Eurocode 5 (EN, 2004) define classes de serviço para as estruturas de madeira, em função da agressividade ambiental, o que não ocorre na NBR 7190 (ABNT, 1997). A norma nacional apresenta critérios superficiais quanto à durabilidade, às vezes apenas implícitos em coeficientes do cálculo de dimensionamento da peça. Uma atualização seria necessária para a inserção de critérios referentes à durabilidade e ao incêndio.

As classes de serviço do Eurocode 5, baseadas nas classes de risco da EN 335-1, de 2013, relacionam-se ao teor de umidade ao qual a madeira pode ser submetida em uso. Essa condição vai influenciar as dimensões mínimas dos elementos estruturais. As classes de risco da EN 335-1 são:

- *Classe de risco 1*: ambiente interior protegido, sem contato com o solo e a água (umidade da madeira ≤ 20%).
- *Classe de risco 2*: ambiente interior não protegido ou exterior não sujeito à ação direta das águas das chuvas, à exposição e ao contato eventuais ou ocasionais com a água, sem contato com o solo (umidade da madeira > 20%).
- *Classe de risco 3*: ambiente exterior em contato direto com a água da chuva, por longos períodos, sem contato com o solo (umidade da madeira > 20%).
- *Classe de risco 4*: contato permanente com água doce (umidade da madeira > 20%).
- *Classe de risco 5*: contato permanente com água salgada (umidade da madeira > 20%).

Das classes de risco estabelecidas pela EN 335-1, de 2013, o Eurocode 5 considera apenas a 1, a 2 e a 3, nomeando-as, respectivamente, classes de serviço 1, 2 e 3.

Já a ASTM D2017 (ASTM, 2014) possui um critério distinto para estabelecer classes de durabilidade das madeiras. Por intermédio de ensaios específicos, a classe de durabilidade do material é dada pela perda de massa, em porcentagem, que o material sofre quando submetido a mecanismos biológicos de deterioração.

Cabe destacar que, semelhantemente ao Eurocode 5, a NBR 7190 (ABNT, 1997) também apresenta as classes de umidade. Todavia, as classes de umidade dessa norma possuem como objetivo corrigir a resistência de cálculo da madeira em função de sua umidade interna, bem como do ambiente em que a peça será inserida. A umidade modifica as propriedades mecânicas da madeira, o que reflete na sua resistência. Dessa forma, as classes de umidade da NBR 7190 (ABNT, 1997) se apoiam apenas na análise mecânica, não havendo uma correlação direta com a durabilidade. O Eurocode 5 também apresenta esse critério de correção da resistência da madeira devido à umidade.

O principal agente propulsor da deterioração das estruturas de madeira, de forma semelhante às estruturas de concreto e aço, é a água. Contudo, o mecanismo de deterioração das estruturas de madeira ocorre de forma distinta em relação ao das demais estruturas, por causa da sua natureza vegetal. A deterioração dos elementos estruturais de madeira pode ser de origem (I) biológica, (II) atmosférica, (III) química e (IV) por ação do fogo, sendo os dois primeiros os mais frequentes e representativos da deterioração desse material. Convém destacar que é de suma importância a inserção dos elementos estruturais de madeira em ambientes ventilados, evitando o permanente contato com umidade.

Autores como Gato (2007) dividem os agentes degradantes da madeira em dois grupos: abióticos e bióticos. Os agentes abióticos são agentes de deterioração que não possuem vida, tal como os agentes atmosféricos e químicos e o incêndio. Os agentes bióticos, por outro lado, são agentes com vida, como os fungos e os insetos.

A Fig. 4.1 apresenta uma casa com manchas superficiais nos elementos de madeira, sobretudo nos pilaretes, no sistema de vedação vertical e nas aberturas, causadas pela presença de umidade e pelo contato com a água da chuva.

Fig. 4.1 *Manchas superficiais nos elementos de madeira indicando deterioração biológica*

Fonte: Barthelemi e Aguilera (2011).

As manchas indicam que mecanismos de deterioração já estão instalados, e, se eles não forem estancados, o processo evoluirá, culminando em uma degradação mecânica dos elementos e levando a estrutura, em última instância, ao colapso. Normalmente também indicam a presença de umidade, o que torna a peça vulnerável ao ataque de agentes biológicos. Assim, as manchas superficiais retratam o primeiro estágio da degradação mecânica, e exigem a adoção de medidas de proteção e, se necessário, a recuperação dos elementos. Para que ocorra a degradação, é fundamental que a madeira tenha contato frequente, mas não necessariamente contínuo, com água ou com umidade do ambiente. Segundo Negrão e Faria (2009), é necessário que o teor de umidade da madeira, que irá atingir equilíbrio com o ambiente, esteja compreendido entre 13% e 17%. Porém, segundo Cruz (2001), a umidade do meio ambiente só deve ser admitida como um agente promotor da deterioração quando a madeira possuir a capacidade intrínseca de reter umidade – somente então será promovida a fixação e proliferação dos agentes biológicos.

Ademais, o incremento do teor de água da madeira, além de propiciar a formação de fungos, altera as dimensões geométricas e promove a redução da resistência mecânica. Contudo, é um fenômeno reversível, ou seja, embora os ciclos de secagem e umedecimento a submetam a variações físicas e mecânicas, a madeira recupera as dimensões e a resistência iniciais quando o seu teor de água volta ao seu valor original.

Cabe destacar que este capítulo não contempla os defeitos de formação vegetal da madeira, pois as peças de madeira não devem ser empregadas para compor uma solução estrutural. Assim, cabe ao profissional identificar os defeitos intrínsecos ao material, tais como nós, bolsas de resina, crescimento espiralado e anéis de crescimento ondulados, e concluir sobre a não aplicação da peça para esse fim.

Para as estruturas de madeira dimensionadas de acordo com a NBR 7190 (ABNT, 1997), a experiência demonstra que é muito improvável que um elemento estrutural venha a ruir quando se encontrar num estado intermediário de degradação. No projeto, dada a grande variabilidade da resistência do material, e haja vista todas as incertezas inerentes à sua produção e ao seu crescimento, os coeficientes de segurança e de correção da resistência praticados são elevados. Não raras vezes, as condições de serviço correspondem a cerca de 30% da resistência efetiva que uma peça possui.

Para que a terminologia adotada nessas estruturas seja adequada, é necessário caracterizar a anatomia do caule das árvores, como feito na Fig. 4.2.

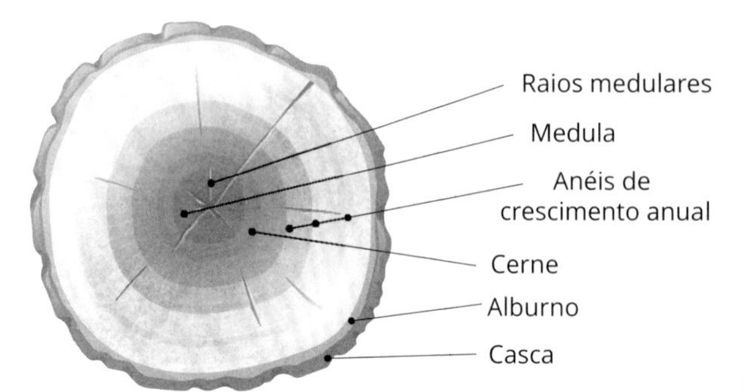

Fig. 4.2 *Anatomia do caule*
Fonte: adaptado de Santos (2010).

Chama-se de casca a proteção externa que a árvore recebe. É uma camada morta, cuja espessura varia conforme a idade ou a espécie da árvore. O alburno, ou branco, é uma camada formada por células vivas, de coloração mais clara, às vezes com aparência mais "úmida", cuja função é conduzir a seiva das raízes às folhas. Já o cerne, ou durâmen, é composto por células mortas ou inativas, que possuem a coloração mais escura e "seca"; sua função é sustentar o tronco. A umidade dessa região é menor do que a do alburno, o que justifica algumas manifestações patológicas apresentadas neste capítulo. Por fim, a medula é uma parcela que se localiza no eixo do tronco e representa o primeiro crescimento da árvore. Com o crescimento da madeira, formam-se anéis em volta da medula, sendo possível identificar a idade da árvore por meio da contagem deles.

A madeira é formada por celulose, hemicelulose e lignina. Segundo Carvalho (2015), no caso da molécula de celulose, os grupos de hidroxila (-OH) que a constituem são os grandes responsáveis pela adsorção das moléculas de água, fato que acaba enfraquecendo as cadeias e refletindo negativamente na capacidade resistente das peças. Por isso que as normas de projeto de estruturas de madeira levam em consideração a umidade, propondo uma correção das resistências com base nessa variável e no controle no tempo.

4.1 Origem da deterioração

Nesta seção, explanam-se as origens das manifestações patológicas em estruturas de madeira, os principais mecanismos e os respectivos agentes que deflagram a deterioração do material, evidenciando as principais anomalias dos elementos. Como já referenciado, os agentes que degradam a madeira são de cunho biológico, atmosférico, químico, ou aparecem como consequência do incêndio.

4.1.1 Agentes biológicos

Os agentes biológicos são os mais corriqueiros agentes causadores de deterioração das madeiras. Os principais agentes biológicos agressores dessas estruturas são (I) os fungos xilófagos e (II) os insetos xilófagos. Chamam-se xilófagos todos aqueles fungos e insetos que se alimentam de madeira. O mecanismo de ataque desses seres se deflagra, essencialmente, em via úmida, sendo imprescindível a presença de umidade e a efetiva condição da madeira de retê-la. Segundo Negrão e Faria (2009), alguns poucos agentes agridem a madeira seca, destacando-se, por ora, as térmitas de madeira – e o mais comum é o cupim – e alguns tipos de carunchos. As principais consequências desse ataque são a redução da seção transversal da madeira, promovendo alteração física, e a perda da capacidade resistente, culminando em alteração mecânica.

Vale destacar, conforme Cruz (2001), que os problemas causados pelos agentes biológicos se deflagram segundo circunstâncias distintas. Enquanto uma infestação por caruncho afeta a estrutura de forma generalizada, a agressão por cupins deteriora a madeira de modo pontual, sobretudo em zonas de intensa umidade e baixa insolação.

A descrição dos agentes biológicos que podem degradar a madeira é apresentada na sequência.

Fungos xilófagos

Os fungos são agentes biológicos que atacam a madeira em maiores proporções, pois se desenvolvem com rapidez e ocorrem em quase todos os nichos ecológicos onde a madeira é utilizada (Moreschi, 2013). Quanto aos fungos xilófagos, são organismos vegetais muito pouco desenvolvidos e sem capacidade de realizar fotossíntese; por isso, esses seres veem-se forçados a se alimentar dos componentes da madeira, o que a debilita, além de promover a alteração das suas características por meio da decomposição de celulose, hemicelulose e lignina, componentes primários da madeira (Alexoupoulos; Minis; Blackwell, 1996). Os fungos xilófagos germinam em ambientes com umidade superior a 20%, temperatura entre 20 °C e 28 °C, radiações luminosas reduzidas e quantidade grande de borne (Rodrigues, 2004).

A ação por fungos limita-se, em um primeiro estágio, apenas à superfície da madeira. Inicialmente, o lenho é colonizado por bactérias, com velocidade de avanço muito baixa. O nível seguinte à colonização, segundo Nunes e Valente (2007), é a formação dos bolores e fungos cromogéneos, os quais penetram no lenho e se desenvolvem no lúmen celular, onde consomem açúcares (celulose), sem alteração significativa da resistência mecânica da madeira. Nunes e Valente (2007) destacam que, posteriormente a essa formação, a madeira pode ser colonizada por outros fungos que degradarão a parede celular: os fungos de podridão. Esses fungos consomem a lignina e a celulose, abrindo cavidades em seu interior e apodrecendo o material.

A partir do exposto, e conforme explana Moreira (2009), os fungos xilófagos que habitualmente agridem a madeira podem ser de três tipos: (I) bolores, (II) fungos cromogéneos e (III) fungos de podridão. Os bolores e os fungos cromogéneos são superficiais, sendo caracterizados pela cor de algodão em tons acinzentados, e não prejudicam a capacidade resistiva do elemento estrutural. Contudo, como destaca Moreira (2009), esses agentes aumentam a higroscopia do material, criando condições ideais ao desenvolvimento de fungos de podridão, que afetam significativamente as propriedades mecânicas da madeira. Esses seres são apresentados e discutidos na sequência.

i) Bolores e fungos cromogéneos

A degradação causada por bolores e fungos cromogéneos limita-se à superfície do elemento, por meio de uma alteração da coloração da peça, comprometendo, em um primeiro momento, apenas a estética do material.

As Figs. 4.3 e 4.4 apresentam, respectivamente, manifestações patológicas modificadoras do aspecto da madeira, com a ação dos bolores e dos fungos cromogéneos. Na Fig. 4.3, observa-se a formação de bolores acinzentados, com coloração variando de branco a preto. Já na Fig. 4.4, há uma alteração da coloração natural da madeira, também em tom acinzentado, porém sem a formação dos bolores. Os bolores possuem a cor de algodão, sendo facilmente eliminados por meio de um pano umedecido. De fato, a única preocupação provinda da formação dessas duas manifestações patológicas, além da estética, é que elas propiciam condições ideais para o desenvolvimento dos fungos de podridão.

Fig. 4.3 *Evidência de ataque biológico à madeira, com manifestação por bolores*
Fonte: Moreira (2009).

Fig. 4.4 *Aspecto de madeira com desenvolvimento intenso de fungos cromógenos no borne*
Fonte: Nunes (2013).

Segundo Rodrigues (2004), a fixação e a propagação dos fungos cromogéneos e dos bolores ocorrem por meio de:

- deposição dos esporos, por intermédio do vento, na superfície da madeira (borne);
- contato direto com a madeira sã;
- insetos que perfuram a madeira e transportam os esporos para o interior.

Os esporos são as unidades de reprodução dos fungos, sendo normalmente uma célula envolvida por uma parede celular que a protege até que as condições ambientais se mostrem favoráveis à sua germinação.

ii) Fungos de podridão

Os fungos de podridão alteram a parede celular da madeira, destruindo-a e reduzindo a capacidade mecânica dos elementos estruturais. Há perda de massa do elemento estrutural, acompanhada por diferença de coloração da superfície da peça. A anomalia resulta em um som oco no ato da pressão manual na superfície. Os fungos de podridão que se desenvolvem nas madeiras apresentam um teor de umidade superior a 20%.

Esses organismos geralmente são dispersos por esporos na atmosfera, com vento, água e animais sendo os condutores preponderantes. Quando os esporos atingem a superfície da madeira, desde que em condições de umidade ideais, eles penetram no seu interior e passam a germinar na forma de hifas, que são filamentos celulares responsáveis pela absorção de nutrientes. As hifas são a unidade estrutural vegetativa da maioria dos fungos, e possuem aparência filamentosa. Segundo Nunes e Valente (2007), as hifas atacam a parede celular da madeira e absorvem os nutrientes necessários à sobrevivência da árvore, provocando a decomposição da madeira.

Cabe salientar que o mecanismo só se desenvolve em condições ideais de temperatura e umidade. Assim, a maior frequência de deterioração da madeira ocorre nas zonas externas das construções, nas proximidades de canalizações hidrossanitárias ou de cobertura.

Conforme explanam Nunes e Valente (2007), a podridão da madeira pode ser identificada a partir das seguintes manifestações patológicas:

- perda de resistência, amolecimento ou desintegração da madeira;
- produção de som oco quando submetida a impacto por um instrumento de percussão;
- descoloração;
- presença de micélios, hifas ou frutificações fungicidas;
- odor de cogumelo;
- presença adicional de espécies de insetos colonizadores.

A título de exemplo, a Fig. 4.5 mostra a estrutura de um telhado deteriorada por ação dos fungos de podridão, enquanto a Fig. 4.6 ilustra o aspecto de degradação desses fungos em um rodapé. Na Fig. 4.7A, mostra-se a vista geral do miradouro de Uaymitún, no México; pela Fig. 4.7B, nota-se que a podridão da madeira já comprometeu a ligação entre os elementos, como a ligação entre o pilar e a diagonal, o que compromete a estabilidade global da estrutura, podendo causar, em última instância, o colapso da obra.

Diversas espécies de fungos de podridão podem agredir as estruturas de madeira, cada qual promovendo manifestações patológicas específicas. As três principais manifestações são: (I) cúbica, (II) fibrosa e (III) mole.

Fig. 4.5 *Estrutura de telhado deteriorada por fungos de podridão*
Fonte: Moreira (2009).

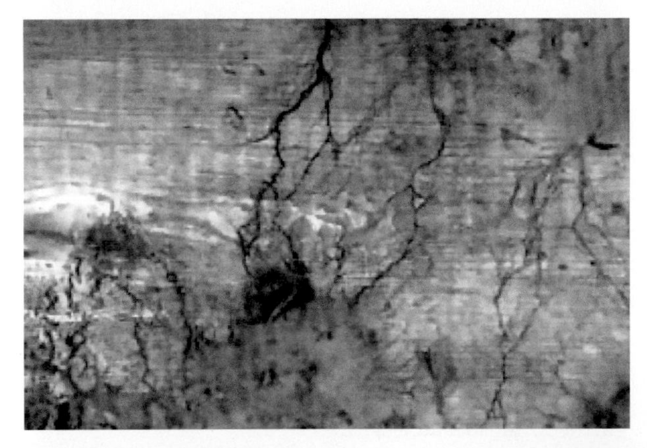

Fig. 4.6 *Aspecto da degradação por fungos de podridão em um rodapé, sendo possível observar a presença de pequenas vegetações*
Fonte: Coleman (2013).

Fig. 4.7 *(A) Obra deteriorada por fungo de podridão e (B) detalhe da degradação*

a) Podridão cúbica

É a podridão causada por fungos que decompõem a celulose da madeira, deixando um resíduo castanho de lignina modificada. Em um estágio avançado, Nunes e Valente (2007) ressaltam que há um aparecimento de fendas na madeira, em planos perpendiculares entre si, com consistência friável e formato tipicamente cúbico. Os autores afirmam que a umidade ótima do início dessa deterioração é de aproximadamente 22%. Segundo Gato (2007), ao correlacionar-se massa perdida *versus* capacidade resistente da madeira, tem-se que, com 10% a 20% de contaminação da peça, há uma perda de 85% a 95% da capacidade resistente do material.

As Figs. 4.8 e 4.9 mostram dois casos de manifestação desse tipo de podridão. Sua aparência é de um "descascamento" em formato de cubos.

b) Podridão fibrosa

Também chamada de podridão branca, essa deterioração é causada por fungos que se alimentam dos principais constituintes da parede celular, mais frequente-

Fig. 4.8 *Superfície de um elemento em madeira com deterioração por podridão cúbica*
Fonte: Brito e Pereira (2012).

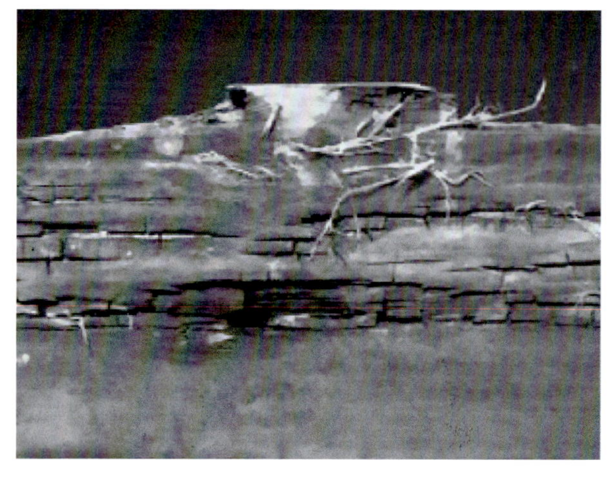

Fig. 4.9 *Aspecto de um elemento estrutural com manifestação patológica de podridão cúbica*
Fonte: Coleman (2013).

mente da lignina e da celulose. Há o rompimento das fibras, razão pela qual esse mecanismo é chamado de podridão fibrosa. Os fios apresentam-se com coloração esbranquiçada, indicando a presença de celulose, sendo esse o motivo de ser chamada também de podridão branca. A deterioração ocorre principalmente em regiões próximas ao solo, em locais não ventilados e de baixa insolação. Usualmente, a madeira com esse tipo de contaminação mantém sua aparência e coesão até a perda de 70% de sua massa inicial, não apresentando qualquer manifestação patológica visual, sendo, porém, susceptível à quebra com qualquer pressão sobre a superfície.

As Figs. 4.10 e 4.11 mostram a manifestação desse tipo de podridão na madeira. Na Fig. 4.10, nota-se a madeira com um aspecto filamentoso, típico da podridão fibrosa, por causa da remoção da lignina e da celulose pelos fungos. Já na Fig. 4.11, a aparência esbranquiçada evidencia a presença de celulose, mas ainda há o aspecto filamentoso característico desse tipo de deterioração.

c) Podridão mole

Essa podridão deixa a madeira com consistência macia, daí a origem do nome. A manifestação provém do consumo da celulose da madeira pelos fungos, que necessitam de umidade na faixa de 50% para deflagrar o fenômeno.

Segundo Cruz (2001), é prudente desprezar por completo a resistência mecânica da madeira afetada pelo fungo de podridão. A eliminação da fonte de umidade e a secagem da madeira são as soluções iniciais para recuperar o elemento e, por conseguinte, conter a proliferação e a progressão do ataque desses fungos, cabendo ao responsável técnico tratar o elemento contaminado. Contudo, a secagem dos elementos de madeira é um mecanismo lento, o que permite a progressão do apodrecimento durante mais algum tempo.

Fig. 4.10 *Aspecto da podridão fibrosa sobre um elemento de madeira*
Fonte: Cruz (2001).

Fig. 4.11 *Característica esbranquiçada da superfície de um pilar contaminado*
Fonte: Coleman (2013).

Dessa forma, a depender do avanço que se verifica na manifestação patológica, torna-se segura a reabilitação estrutural que não admita qualquer contribuição resistiva do elemento deteriorado.

Além disso, não se pode desprezar a deterioração da madeira a partir de uma ação conjunta de fungos e insetos. Para Rodrigues (2004), os principais sintomas desse tipo de agressão são: buracos na superfície, túneis junto aos buracos, existência de larvas no interior, ruídos produzidos pelas larvas e irregularidades na superfície da madeira.

Insetos xilófagos

Os insetos xilófagos, devido ao seu ciclo biológico, classificam-se em insetos sociais (térmitas) e insetos de ciclos larvais (carunchos). A seguir, são listadas as principais formas de ataque que eles promovem às peças de madeira, bem como as manifestações patológicas típicas da contaminação.

i) Térmitas

Existem, segundo Gonçalves et al. (2013), mais de duas mil e seiscentas espécies de térmitas, distribuídas em 281 gêneros. Ressaltam os autores que, no Brasil, são registradas cerca de 200 espécies, mas apenas 80 delas são potencialmente agressivas à madeira. Geralmente a manifestação se apresenta por uma espécie de galeria escavada na madeira. Esses organismos deterioradores de madeira, cujas colônias possuem centenas de indivíduos, são conhecidos desde a Antiguidade pela ferocidade da deterioração que promovem. Talvez seja essa a justificativa do seu nome, uma vez que a palavra grega *terma* significa fim. Uma colônia de térmitas organiza-se em uma sociedade hierarquizada, composta por indivíduos reprodutores, soldados e obreiros, cada qual desempenhando um papel específico dentro da casta. A Fig. 4.12 mostra uma térmita soldada e uma térmita reprodutora.

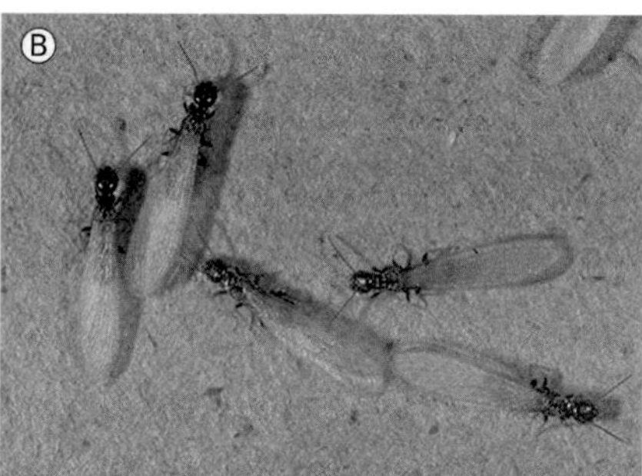

Fig. 4.12 *(A) Térmita soldada e (B) térmita reprodutora*
Fonte: acervo de Rui Andrade (https://naturdata.com).

As térmitas são classificadas em duas categorias: (I) subterrâneas e (II) de madeira seca. São semelhantes às formigas em tamanho e forma, tanto que são conhecidas popularmente como formigas brancas ou formigas de madeira. Sensíveis à luz, são cegas e se orientam mediante o olfato, e morrem em poucos segundos quando entram em contato com a radiação solar. Por isso, necessitam de um local com baixa incidência de luz para a sua existência.

Na sequência, são apresentadas as características das térmitas subterrâneas e das térmitas de madeira seca.

a) Térmitas subterrâneas

Esses insetos necessitam de teores de umidade entre 95% e 100%, e uma temperatura da ordem de 30 °C para otimizar a sua reprodução. Por isso, esses elementos são mais percebidos em peças enterradas ou em contato direto com o solo, pois a terra possui as condições referenciadas para a sobrevivência e proliferação dos seres. As térmitas subterrâneas são as que apresentam maiores dificuldades de ser identificadas, devido à escassez de sintomas externos da madeira infectada. Os estragos que esse inseto causa são muito severos, não somente pelo grande volume de madeira que ele é capaz de consumir, mas também pelo fato de que o estrago se processa no interior do elemento, progredindo sem que se tenha conhecimento dele. Os insetos abrem galerias paralelas às direções das fibras, deixando um rastro similar a um folhado. Não atacam elementos móveis de madeira, como portas e janelas. As Figs. 4.13 e 4.14 mostram o aspecto da manifestação em madeiras atacadas por térmitas subterrâneas.

b) Térmitas de madeira seca

Para o seu desenvolvimento, diferentemente das térmitas subterrâneas, as térmitas de madeira seca necessitam de uma umidade da ordem de 15%, ou seja, a umidade natural do ar já lhes é suficiente. As colônias geralmente são compostas por cerca de 100 a 250 indivíduos. Eles ingressam por via aérea na madeira, e têm como característica principal perfurações de entrada muito reduzidas, quase invisíveis a olho nu, sendo muito difícil localizar os seus ninhos.

Pelo fato de os insetos buscarem proteção contra predadores, as galerias estão sempre escondidas, não sendo acessíveis pela superfície externa da peça de madeira, desenvolvendo-se no interior da peça, preferencialmente no alburno. Na inspeção, um som com percussão oca pode identificar a existência de galerias internas e, portanto, de uma contaminação da madeira. Ademais, sinais externos de infestação consistem, na maioria das vezes, de pequenas pelotas fecais, da ordem de 1 mm a 2 mm de diâmetro, na superfície do elemento.

Fig. 4.13 *Aspecto laminado da madeira com presença de restos de terra nos canais*
Fonte: A-1 Pest Control (s.d.).

As Figs. 4.15 e 4.16 mostram o estado de deterioração de uma seção de madeira serrada e atacada por térmitas de madeira seca. Somente com a serragem da madeira foi possível identificar o estado ou grau de deterioração e a perda de seção que esses insetos promoveram. Assim, muitas vezes se torna mais interessante substituir a peça do que inspecioná-la, visto que a recomposição dos elementos serrados compromete a estética da estrutura.

Fig. 4.14 *Profundidade de ataque por térmita em uma madeira*
Fonte: Chris Baranski (CC BY 2.0, https://flic.kr/p/9EqzDU).

ii) Carunchos

Os carunchos são insetos que, diferentemente das térmitas, se desenvolvem por larvas. Diz-se, portanto, que se trata de um inseto com ciclo biológico variado, visto que ele sofre diversas mutações ao longo de sua

Fig. 4.15 *Proliferação de térmitas na madeira seca*
Fonte: Maia (2013).

Fig. 4.16 *Peça contaminada por térmitas de madeira seca*
Fonte: Scheffrahn e Su (1999).

vida, passando de larva a inseto por meio de diversas metamorfoses. O inseto fêmeo adulto fecunda nos orifícios da madeira, gerando o ovo, que germina e dá origem à larva, a qual vai se alimentando da madeira durante o seu desenvolvimento, formando galerias e comprometendo a capacidade resistente do elemento. As espécies típicas de carunchos são *Hylotrupes bajulus*, *Ergates faber*, *Anobium punctatum*, *Lyctus brunneus*, *Nascerdes malamura*, *Xestobium rufovillosum*, *Euophryum spp*, *Hespherophanes cinereus* e *Korynetes caeruleus*. Duas dessas espécies são mostradas na Fig. 4.17.

A sequência a seguir, ilustrada por Gato (2007), mostra a reprodução e o mecanismo de ataque proporcionado por esses organismos.

- *Fase 1 – deposição dos ovos* (Fig. 4.18A): é o ponto inicial do ciclo biológico do inseto e, portanto, da fase primordial do ataque à madeira. O inseto deposita o óvulo em um ponto protegido, muito pequeno, quase imperceptível a olho nu.
- *Fase 2 – eclosão das larvas* (Fig. 4.18B): fase em que se deflagram as larvas, geralmente entre 2 e 21 dias após a deposição dos ovos. As larvas começam

a se alimentar da madeira, formando galerias internas. Algumas espécies podem alcançar 4 cm de comprimento.

- *Fase 3 – formação do inseto* (Fig. 4.18C): ao final da vida da larva, ela se enclausura e deixa de se alimentar por um período de quatro a sete semanas, passando por um processo de transformações físicas e biológicas, que futuramente lhe transformará no inseto.
- *Fase 4 – insetos adultos* (Fig. 4.18D): finalizada a transformação da larva, há a formação do inseto. Contudo, o inseto encontra-se preso, necessitando romper a camada superficial da madeira para migrar para o meio externo. Há, então, o rompimento da superfície, e evidencia-se uma peça com manifestações patológicas devidas a esse fenômeno.

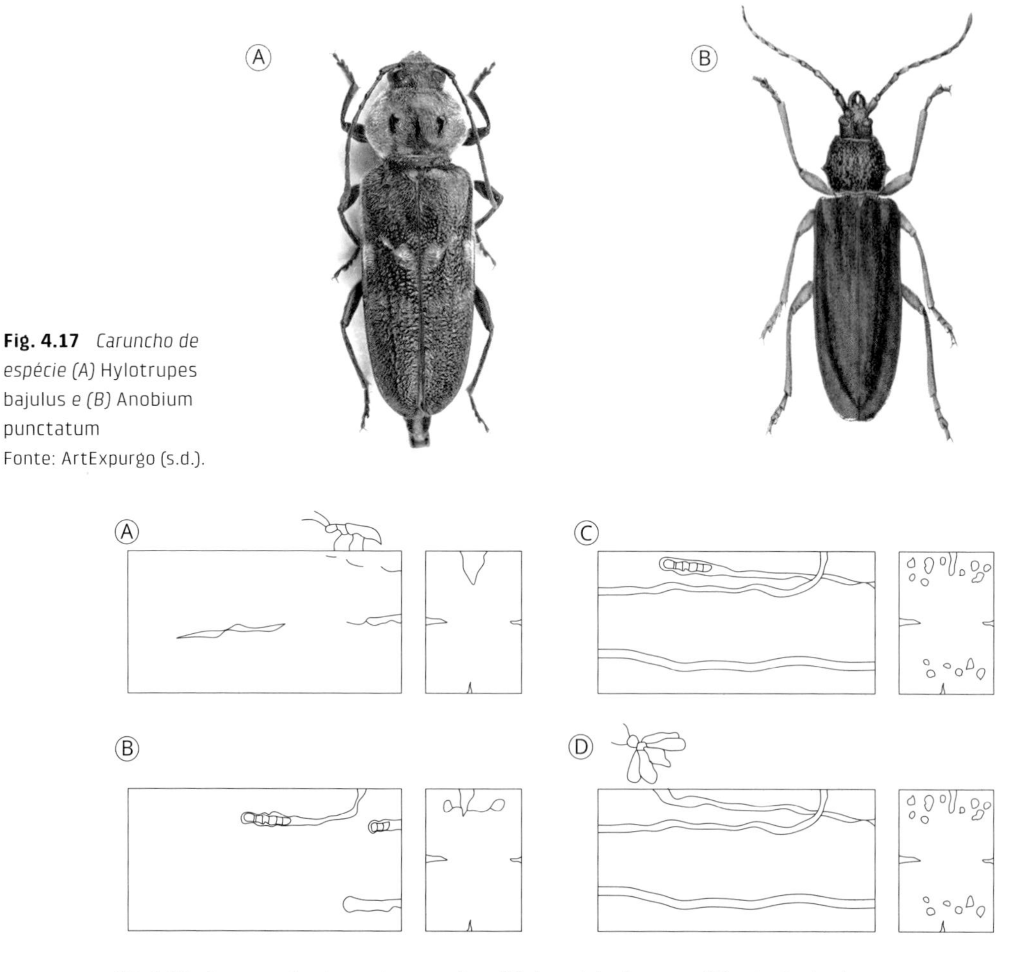

Fig. 4.17 *Caruncho de espécie (A)* Hylotrupes bajulus *e (B)* Anobium punctatum
Fonte: ArtExpurgo (s.d.).

Fig. 4.18 *Processo de ataque de carunchos: (A) deposição dos ovos, (B) eclosão das larvas, (C) formação do inseto e (D) insetos adultos*
Fonte: adaptado de Gato (2007).

Segundo Cruz (2001), esses agentes atacam a madeira geralmente seca, embora possam ter razoável tolerância em relação à umidade. A manifestação patológica típica de uma peça contaminada são orifícios junto à superfície, correspondentes à saída dos carunchos quando atingem a idade adulta. Antes da etapa de formação do inseto, é difícil concluir acerca da existência do fenômeno. Um ensaio expedito de percussão, com a repercussão de um som cavo, auxilia na identificação da anomalia, uma vez que, nas primeiras idades, o fenômeno desenvolve-se internamente e em sentido aleatório. Em idades avançadas, as manifestações patológicas já são mais perceptíveis por inspeções visuais, uma vez que se evidenciam furos na superfície do elemento estrutural.

Pode-se deduzir, no ato da inspeção, que manifestações patológicas superficiais desse cunho promovem nos elementos não apenas anomalias estéticas, mas também uma deterioração da capacidade resistiva dos elementos da madeira e, consequentemente, da peça, visto que a formação de galerias internas causa a redução de sua seção transversal. Uma aparência da superfície de um elemento atacado por carunchos é mostrada na Fig. 4.19.

A Fig. 4.20 mostra o detalhe do pilar do miradouro de Uaymitún, no México, em que se notam perfurações na superfície devidas à agressão por carunchos.

Fig. 4.19 *Perfurações na superfície de madeira, típicas de um ataque por carunchos*
Fonte: Moreira (2009).

4.1.2 Agentes atmosféricos

Os principais agentes atmosféricos potencialmente agressivos à madeira são, *a priori*, a umidade relativa do ar e a radiação ultravioleta.

Umidade

A umidade interna na madeira pode ser total no ato da sua extração. No entanto, as peças apresentam a tendência de equilibrar o teor de umidade interno com a

Fig. 4.20 *Detalhe da superfície de madeira atacada por carunchos*

umidade externa do ambiente, absorvendo ou eliminando o excedente. Esse é o processo de comportamento higroscópico, típico dos materiais porosos, em que se busca o equilíbrio com o ambiente, o equilíbrio higroscópico. Já o fenômeno da mudança dimensional devido à variação de umidade é chamado de retratibilidade ou expansibilidade. A condição de umidade interna permanente em que a madeira se encontra pode ser evidenciada pela Fig. 4.21, na qual se nota o crescimento de vegetais, que necessitam de água para se desenvolver.

A variação dimensional da madeira pelo seu comportamento higroscópico é um mecanismo que justifica diversas manifestações patológicas nesses elementos, como trincas, fissuras, alterações geométricas, entre outras. Uma prévia secagem da madeira previne não apenas a variação higroscópica, mas também a formação de fungos, insetos e vegetais que necessitam de um substrato úmido para a sua proliferação.

Fig. 4.21 *Formação de espécie vegetal em viga de madeira*

Oliveira, Tomazello Filho e Fiedler (2010) destacam que o princípio da retratibilidade se deve ao fato de as moléculas de água estarem ligadas por pontos de hidrogênio às microfibras dos polissacarídeos que formam a madeira. Quando as moléculas são forçadas a sair, pela ação de uma fonte de calor externa, deixam aberto o espaço antes ocupado, causando a contração da madeira. Já o fenômeno da expansão é o inverso, ou seja, provoca o inchamento pela penetração de água entre as microfibras.

A Fig. 4.22 detalha uma manifestação patológica oriunda do comportamento higroscópico da madeira. Fissuras longitudinais no eixo da viga indicam a incidência de esforços de cisalhamento, provocados pelas variações geométricas provenientes da umidade do material. No caso em questão, a metade superior da viga é menos propensa a absorver ou perder umidade do que a metade inferior, devido à sua exposição, pois uma face está protegida pela alvenaria. Dessa forma, a madeira pode ter sido empregada úmida na construção, ocorrendo, após instalada, a perda de umidade diferencial entre faces, o que provoca a distribuição de tensões não uniforme devido à variação volumétrica higroscópica. Outra hipótese possível é a maior absorção de umidade na metade inferior da madeira, pelo ambiente em que a viga se encontra. A obra em questão é um restaurante na região metropolitana de Porto Alegre, no Rio Grande do Sul, em que é frequente o uso de ar-condicionado, condicionando o espaço a uma elevada umidade do ar durante o dia, o que não ocorre à noite, quando os equipamentos estão desligados. Assim, sucessivos ciclos de variação volumétrica induziram a formação de fissuras longitudinais.

Fig. 4.22 *Fissuras longitudinais no eixo da madeira, no sentido das fibras*

Portanto, evidencia-se que o controle do teor da umidade natural da madeira é fundamental para garantir a sua estanqueidade e proporcionar o seu uso adequado, evitando defeitos como empenamentos, arqueações, torções, entre outros. Esses mecanismos estão diretamente relacionados à resistência da madeira e à sua susceptibilidade ao ataque por fungos. As alterações de geometria da madeira por variações higroscópicas são um fenômeno irreversível, não havendo medidas corretivas para recuperar o elemento.

As variações geométricas tipicamente observadas estão ilustradas na Fig. 4.23 e dependem, basicamente, da diferença de velocidade de secagem entre faces, do mecanismo de evaporação d'água, do revestimento diferente entre faces, da porosidade e da permeabilidade da madeira. A variação geométrica apresentada pode ser por (I) encanoamento, (II) arqueamento, (III) torcimento (torção) ou (IV) fissuração.

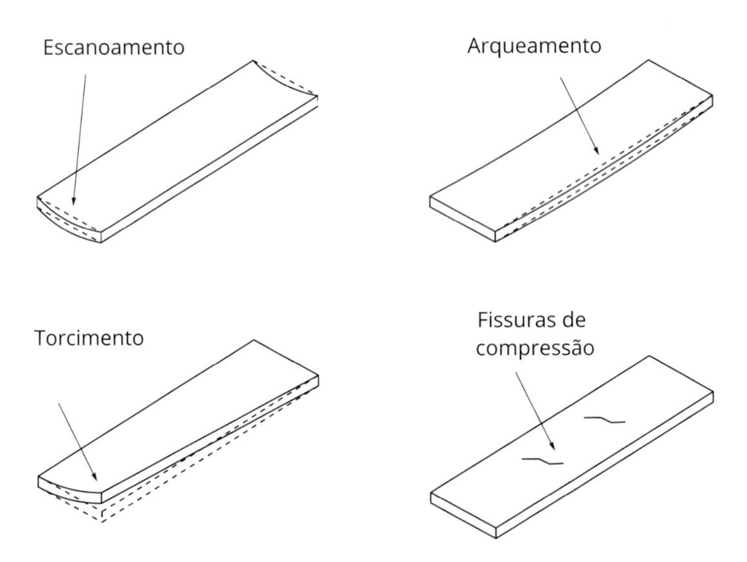

Fig. 4.23 *Variações geométricas observadas em madeiras*
Fonte: adaptado de Gerola (2011).

Dada a magnitude em que essas variações geométricas se apresentam, microfissuras ou fissuras superficiais podem se deflagrar na superfície das peças. A justificativa está associada aos ciclos de inchamentos e contrações, pela variação de umidade natural do elemento.

Na secagem, rachaduras superficiais podem aparecer por secagem brusca e não uniforme do material ainda úmido, com a superfície da madeira perdendo umidade mais rápido do que o seu interior. As camadas internas impedirão que as externas sofram retração, o que gera tensões que excedem a resistência da madeira perpendicularmente às fibras, provocando o rompimento dos tecidos lenhosos.

Radiação ultravioleta

A radiação ultravioleta promove uma decomposição química dos compostos da madeira, alterando a coloração da superfície da peça. No entanto, por se tratar de agressão lignina à superfície, o agente não afeta a capacidade resistiva, sendo apenas um mecanismo que promove consequências estéticas.

A luz solar, em particular a radiação ultravioleta, provoca a decomposição química da lignina, resultando, inicialmente, no escurecimento da madeira e na mudança para uma tonalidade cinzenta, que é a cor que frequentemente se associa à madeira velha. Essa deterioração deflagra-se muito lentamente, e o ataque desse agente geralmente se restringe a, no máximo, 1 mm a 2 mm de profundidade. A retirada dessa camada já é suficiente para descobrir a coloração original da madeira, bem como de todas as suas propriedades originais.

4.1.3 Agentes químicos

A madeira é um material relativamente resistente aos ataques químicos. Sua resistência a ácidos, álcalis e sais é superior, por exemplo, à resistência do aço e do concreto. Na sequência, evidenciam-se os agentes químicos que comprometem a integridade dos elementos estruturais constituídos desse material.

Álcalis

As soluções álcalis provocam uma dissolução da hemicelulose, que constitui a parede celular das células vegetais, e a remoção da lignina do tecido lenhoso, cuja função é conferir rigidez, baixa permeabilidade e resistência mecânica aos tecidos vegetais. A intensidade do ataque depende, essencialmente, da concentração de álcalis na superfície da madeira. A temperatura elevada, acima de 30 °C, potencializa a deterioração da lignina das fibras vegetais.

Ácidos

Os ácidos, de modo geral, afetam pouco a madeira, ou deterioram-na em processos lentos. Alguns ácidos específicos agridem-na em maior intensidade. A consequência fundamental do ataque ácido à estrutura de madeira é a hidrolização (quebra de reações químicas) dos polímeros de celulose e hemicelulose da madeira. Analogamente ao evidenciado para a reação por álcalis, a reação por ácidos é dependente da concentração ácida, bem como da temperatura ambiente em que se deflagrará o processo. Apoiando-se essencialmente nas análises realizadas por Gato (2007), os principais processos de deterioração observados nas estruturas de madeira sob diferentes tipos de fonte ácida são:

- *Ácido acético*: produz de modo indireto uma diminuição da resistência do elemento de madeira devido ao aumento da umidade natural do material, não se relacionando com reações químicas produzidas entre o ácido e a madeira.
- *Ácido carbônico*: agride a madeira, mas em uma intensidade bem menor à agressão ao aço, por exemplo.
- *Ácido clorídrico*: a ação desse ácido é totalmente dependente da espécie da madeira – algumas coníferas são imunes, por exemplo. As demais espécies degradam-se, com a velocidade de ataque dependente do teor de concentração ácida.
- *Ácido crômico*: a madeira deteriora-se muito facilmente quando atacada por esse ácido.
- *Ácido fosfórico*: dificilmente ataca a madeira em níveis significativos.
- *Ácido nítrico*: em baixas concentrações, entre 5% e 10%, é pouco reativo às madeiras coníferas. Contudo, para concentrações superiores a 25%, qualquer espécie de madeira é dissolvida com relativa facilidade e com velocidades significativas.
- *Ácido sulfúrico*: a madeira deteriora-se com relativa facilidade. As coníferas, no entanto, possuem uma maior capacidade resistiva a esse agente.
- *Ácido sulfuroso*: agride a madeira, mas em intensidade e velocidades inferiores às observadas nos materiais metálicos.

Sais

Os sais alcalinos são aqueles que mais severamente agridem a madeira. Os principais tipos de sais potencialmente agressivos, mesmo em baixa intensidade, são amônio, cloretos marinhos, bissulfato de sódio e carbonato de sódio. Soluções aquosas de xileno sulfonato de sódio, salicilato de sódio e benzoato de sódio dissolvem a maior parte da lignina, sendo as consequências de menor intensidade nas madeiras coníferas.

4.1.4 Agentes mecânicos

Os agentes mecânicos são oriundos de solicitações externas que provocam alguma fragilização da capacidade estrutural das peças em madeira. Os agentes podem provir de erros de concepção de projeto, muitas vezes motivados pelo desconhecimento do comportamento da madeira sob carga, ou do uso e da manutenção dos elementos durante a sua vida útil.

Nesse sentido, os dois itens abordados a seguir são a fluência e o sentido de carregamento ideal das peças estruturais de madeira.

Fluência

A madeira, a exemplo de outras estruturas, sofre alteração de resistência e rigidez quando submetida a carregamentos de longa duração. Se carregadas por longos períodos de tempo, por cargas de qualquer natureza, as peças estruturais podem sofrer deformações permanentes, mesmo que a solicitação esteja dentro do regime elástico. Esse princípio faz com que a madeira tenha comportamento viscoelástico, típico de materiais que, na deformação, sofrem simultaneamente deformações elásticas e plásticas (escoamento). Isso significa que, no caso da fluência, mesmo após removido o carregamento de longa duração, a estrutura passa a ter deformação residual, isto é, permanente e irreversível. A fluência da madeira depende da intensidade e duração do carregamento atuante e, sobretudo, da temperatura e umidade do ar, dada a sensibilidade das propriedades mecânicas do material em condições adversas de exposição.

A umidade acaba por enfraquecer as ligações moleculares da madeira. A temperatura também influencia nas ligações, mas de forma negativa, enfraquecendo-as pelo movimento termomolecular, conforme destaca Carvalho (2015). Assim, para mitigar a ação da fluência, o controle das condições de exposição da madeira à umidade é o mais adequado. As cargas permanentes de longa duração sempre ocorrerão e não são variáveis de controle na ocorrência do fenômeno, já que a estrutura é projetada para ser carregada.

Na Fig. 4.24A é possível notar a fluência de uma terça da cumeeira de uma estrutura da cobertura de um galpão localizado na região serrana do Rio Grande do Sul. Além da deformação excessiva da terça, nota-se que algumas ripas se romperam, notadamente pela perda de seção transversal provocada pelos fungos de podridão que se instalaram, causando um colapso parcial

Fig. 4.24 *Fluência da madeira e ataque de fungos de podridão*

do telhado. Na Fig. 4.24B, nota-se a deformação residual do banzo inferior de uma treliça de cobertura em madeira. Além da flecha excessiva, observam-se na superfície da peça pequenos furos, de diâmetro da ordem de 10 mm, o que indica que carunchos estão atacando a madeira. O risco de colapso é eminente, e a retirada emergencial dos ocupantes dessa edificação deve ser feita. Nota-se que a fluência ocorreu mesmo com carregamentos baixos, e em paralelo a outros agentes.

Sentido de carregamento das cargas

O sentido de carregamento das cargas em uma estrutura de madeira exerce um papel fundamental no comportamento estrutural. Para esse entendimento, faz-se necessário o conhecimento da estrutura interna do material.

Nas árvores existem células com funções específicas quanto ao suporte físico, armazenamento e transporte de seivas e demais substâncias. Entre elas, as traqueídes, vasos, fibras e raios medulares são as principais células que constituem as madeiras. Todavia, a maior parte da madeira é formada pelas traqueídes, sendo elas as células filamentosas que se dispõem radialmente do centro à casca do tronco da árvore. Essas células são as grandes responsáveis pela resistência mecânica da madeira, e são chamadas de fibras.

O fato de as traqueídes se disporem no sentido longitudinal em relação ao eixo do tronco da árvore faz com que as peças de madeira tenham maior resistência para cargas axiais aplicadas na direção do seu eixo longitudinal. A maior resistência da peça é no sentido das fibras. Dessa forma, a concepção de projeto deve prever a correta aplicação das cargas na madeira. Os elementos são sensíveis a cargas que são aplicadas perpendicularmente ao sentido das fibras. Os detalhes de encaixes e ligações tornam-se fundamentais para assegurar o bom desempenho da madeira mediante solicitações mecânicas.

A Fig. 4.25 mostra o detalhe de uma construção em madeira na cidade de Uruguaiana, Estado do Rio Grande do Sul, com equívoco de projeto ou execução. A viga 2 está apoiada na viga 1, que está em balanço. O projeto previu um consolo na viga em balanço, de maior altura e inércia, permitindo o apoio da viga 2. Todavia, a reação vincular da viga 2 promoveu a aplicação de uma carga concentrada na viga 1, de sentido perpendicular à direção das fibras da madeira. Essa condição gerou o afastamento entre fibras, ou fendilhamento, comprometendo a segurança e a estabilidade da edificação.

A Fig. 4.26 mostra o detalhe de uma manifestação patológica cuja causa também provém de cargas concentradas aplicadas perpendicularmente às fibras da madeira. A obra em questão é um mirante, que forma uma torre treliçada, na cidade de Mérida, no México. Os montantes transferem cargas concentradas ao pilar da torre, o que causa o fendilhamento da madeira. Para mitigar a transferência de carga pontual às fibras da madeira nessa ligação, elementos metálicos auxiliares, em formato de cinta, poderiam ter sido empregados na composição da união entre os elementos, formando um encamisamento do pilar principal na região do nó.

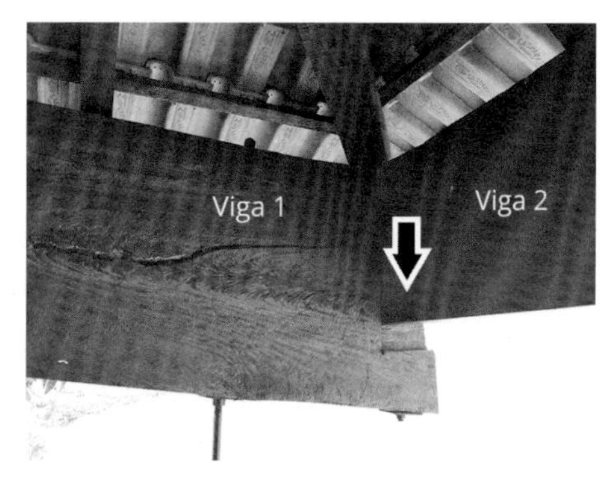

Fig. 4.25 *Fendilhamento de viga em madeira*

Fig. 4.26 *Fendilhamento em pilar de madeira em Mérida, México*

4.1.5 Incêndio

A ocorrência de um incêndio deve ser um cenário previsto no projeto das estruturas de madeira, por se tratar de um fenômeno circunstancial que pode culminar no colapso total da edificação, comprometendo a segurança dos usuários. Além disso, é de fundamental importância que se tenha razoável conhecimento do efetivo comportamento de uma estrutura de madeira submetida ao fogo, para o correto estudo dos métodos e das alternativas de recuperação dos elementos.

O fogo é um dos grandes inimigos da madeira, pois promove, conforme incremento do período de exposição, uma redução gradual da seção transversal dos elementos estruturais. Além disso, a madeira é combustível, fato que criou uma imagem de que as estruturas são instáveis e inseguras quando em situação de incêndio. Apesar da referida combustibilidade, a madeira não queima de forma direta. Quando submetida ao fogo, há uma fase inicial na qual a madeira se decompõe em gases, os quais, expostos ao calor, convertem-se em chamas e, por sua vez, aquecem a superfície da madeira ainda não atingida pelo calor, liberando ainda mais gases inflamáveis, alimentando a combustão e tornando esse processo um ciclo vicioso.

No entanto, a madeira é um material que possui uma baixa condutividade térmica, ou seja, um mau condutor de energia calorífica. Isso significa que o progresso da temperatura ao interior de uma peça de madeira ocorre de forma lenta, refletindo, no ato do incêndio, em uma temperatura interna mais baixa do que a da superfície. Essa propriedade evidencia que, apesar de ser um material combustível, a madeira apresenta um bom desempenho em situações de incêndio. Tal fato é justificado em um fenômeno conhecido como carbonização da madeira. A exposição da madeira ao fogo forma, junto à superfície, uma camada carbonizada, que é extremamente isolante e dificulta a propagação do calor para as camadas internas. Segundo Anastácio (2010), essa camada carbonizada, também chamada de carvão de madeira, tem uma condutibilidade térmica de cerca de 1/6 da madeira maciça e avança com uma velocidade da ordem de 0,70 mm por minuto (Gato, 2007). O fenômeno da carbonização, acrescido da baixa dilatação térmica, caracteriza a madeira como um material estável ao fogo.

Mesmo a altas temperaturas, a madeira conserva durante algum tempo uma seção íntegra ao fogo, denominada seção residual, que se mantém fria, mesmo a uma pequena distância da zona de combustão, conservando as propriedades físicas e mecânicas da madeira inalteradas. A Fig. 4.27 ilustra o fato.

Uma ilustração clássica do comportamento da madeira em relação a outros materiais em uma situação de incêndio é apresentada na Fig. 4.28. Na imagem, nota-se a diferença entre o desempenho de uma viga de madeira e o de uma viga de aço no ato do incêndio. A madeira conservou a sua integridade mecânica; já o aço escoou quando submetido à mesma temperatura.

Para o projeto, é corriqueiro admitir uma redução da seção transversal da madeira no incêndio. Nos métodos mais simplificados de dimensionamento,

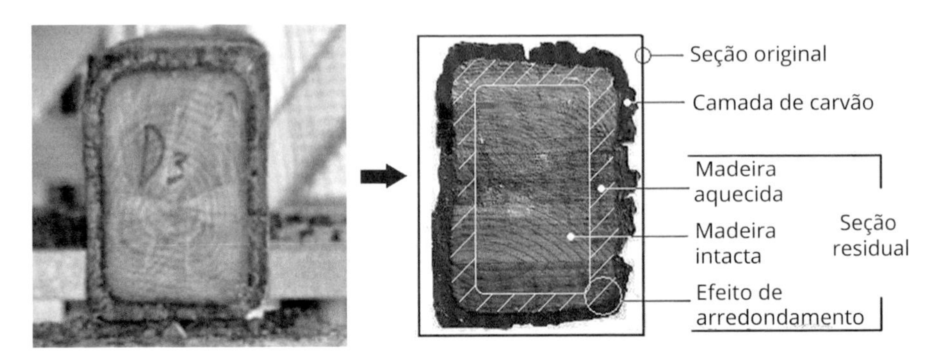

Fig. 4.27 *Detalhe da seção transversal de elemento estrutural de madeira exposto ao fogo*
Fonte: Pinto (2005).

Fig. 4.28 *Comparativo do desempenho de um elemento estrutural de madeira e o de um elemento estrutural metálico em situação de incêndio*
Fonte: Marini (s.d.).

promove-se um superdimensionamento proposital dos elementos, admitindo-se a perda de seção transversal durante o fenômeno, ao considerar uma seção residual apta à resistência ao fogo por um tempo predefinido, de acordo com a área e o uso da edificação. A dimensão da seção residual necessária pode ser calculada com base em modelos de taxa de carbonização da madeira, como o definido no Eurocode 5. No Brasil, diferentemente do que ocorre com as estruturas de concreto e metálicas, não há uma regulamentação que oriente os projetistas acerca do dimensionamento de estruturas de madeira em situação de incêndio, devendo o profissional adotar critérios de normas estrangeiras.

A espécie da madeira é um dos fatores mais determinantes para a predição da sua susceptibilidade ao fogo. As espécies coníferas possuem um tempo de ignição menor, devido às resinas que a compõem. Como toda generalização, trata-se de asserção preditiva, visto que a própria umidade natural da madeira é um fator preponderante no avanço da deterioração devido ao fogo, bem como a porosidade natural do elemento, a densidade e a dimensão geométrica.

A Tab. 4.1 apresenta as prováveis consequências das altas temperaturas em uma estrutura de madeira.

Tab. 4.1 Transformações da madeira em situação de incêndio

Temperatura	Consequência
< 100 °C	Desprendimento da água intrínseca
100-275 °C	Emissão de gases combustíveis na madeira
275-350 °C	Emissão massiva de gases. Formação da carbonatação superficial
350-500 °C	Começo da combustão do carbono vegetal
500-800 °C	Produção de hidrocarbonetos e esgotamento dos gases
800-1.200 °C	Combustão generalizada da madeira

Fonte: Gato (2007).

A deformação da madeira tende a aumentar com a exposição às altas temperaturas. Para temperaturas superiores a 55 °C, a lignina e a hemicelulose, dois dos principais componentes constitutivos da madeira, amolecem, o que faz com que as flechas aumentem mesmo sem o incremento do carregamento atuante.

4.1.6 Outros fatores

Por ela ser um elemento natural, os principais parâmetros e propriedades mecânicas da madeira são baseados em valores médios históricos. A NBR 7190 (ABNT, 1997) propõe classificar, por meio de classes de resistência, as principais madeiras empregadas para fins estruturais no Brasil, com as propriedades definidas por sua espécie nativa. Contudo, na prática, essa classificação-referência é inócua para Gonçalves e Bartholomeu (2000), pois, ao se adquirir um produto de madeireira, nunca se sabe com precisão qual de fato é a espécie da madeira, muito menos a sua classe de resistência. Esse fato é agravado pelo desconhecimento e a deficiência de formação botânica dos profissionais do setor. Assim, a falta de uma caracterização precisa do material pode acarretar uma falha na edificação.

4.2 Diagnóstico

O diagnóstico para estruturas com elementos de madeira pode ser baseado em métodos semidestrutivos e não destrutivos, sendo ambos objetos de estudo dessa seção.

4.2.1 Métodos não destrutivos

As análises não destrutivas em madeira consistem na identificação das propriedades físicas e mecânicas do elemento sem alterar a sua capacidade de uso, tampouco prover qualquer extração que comprometa a sua integridade e estética. Os métodos não destrutivos empregados para diagnóstico, desde que aplicados com coerência e responsabilidade, são os mais recomendados, uma vez que é quase impossível realizar um reparo posterior das extrações de testemunhos das análises semidestrutivas.

Gonçalves e Bartholomeu (2000) explicam que a classificação visual utilizada na União Europeia e nos Estados Unidos é o primeiro e mais tradicional método não destrutivo utilizado, que consiste em uma análise das peças estruturais por profissional de larga experiência, visando a detecção de nós, de distorção nas fibras e de fungos e insetos que, direta ou indiretamente, comprometem a integridade física e mecânica das peças. A experiência profissional nesses casos é de grande importância. As classificações referenciadas são baseadas no número de defeitos observados.

Alguns métodos e equipamentos empregados em análises não destrutivas estão apresentados e detalhados na sequência.

Inspeção visual

A inspeção visual é o mais direto e simples dos métodos empregados para a avaliação das estruturas de madeira. A depender da experiência do inspetor e segundo o tipo das manifestações patológicas observadas junto à superfície do material, é possível predizer as prováveis causas que culminaram na deterioração. Cabe destacar que essa avaliação é apenas superficial e elucida somente evidências prováveis dos mecanismos que deflagraram a anomalia. Essa inspeção serve para tomadas de decisão em curto prazo sobre a interdição da construção, para avaliar o grau de comprometimento da estrutura, indicar medidas preventivas ao elemento ou apenas concluir em quais pontos serão extraídos corpos de prova para embasar as conclusões acerca das evidências de deterioração.

A inspeção visual não substitui o ensaio semidestrutivo. Esse tipo de análise deve ser entendido como uma ferramenta empregada para apresentar, mas não concluir, sobre os mecanismos que culminaram na deflagração de manifestações patológicas sobre o elemento estrutural.

Ultrassom

O ensaio de ultrassom ou ultrassônico consiste em determinar a velocidade de propagação de ondas longitudinais através da peça de madeira. Para determinar a velocidade de propagação de um pulso ultrassônico nesse material são utilizados equipamentos (transdutores) capazes de medir o tempo de propagação do pulso ultrassônico de um ponto a outro de determinada peça. Como a distância entre os transdutores é conhecida, ela é dividida pelo tempo fornecido pelo aparelho, o que resulta na velocidade média do pulso ultrassônico ao longo do percurso. Essa velocidade é correlacionada, entre outros, com a resistência da madeira ou a sua homogeneidade. O ensaio é bem comum em diversos países; contudo, no Brasil, ainda é pouco difundido entre os profissionais que trabalham com esse tipo de estrutura.

Segundo Gonçalves e Bartholomeu (2000), o grande desafio para o uso do ultrassom como método de classificação da madeira é a confiabilidade, que está diretamente relacionada à obtenção de correlações válidas entre o ensaio direto (estático) e o dinâmico (ultrassom). Uma ilustração do equipamento sendo empregado numa peça de madeira é mostrada na Fig. 4.29.

A técnica não destrutiva por meio de ultrassom apresenta como finalidade a determinação de nós, presença de ataques de microrganismos ou insetos, direcionamento das fibras, decomposição e até mesmo estimativa de alguns parâmetros, como o módulo de elasticidade (Gorniak; Matos, 2000). Essa técnica apresenta várias vantagens, como o baixo custo do ensaio e a facilidade de execução.

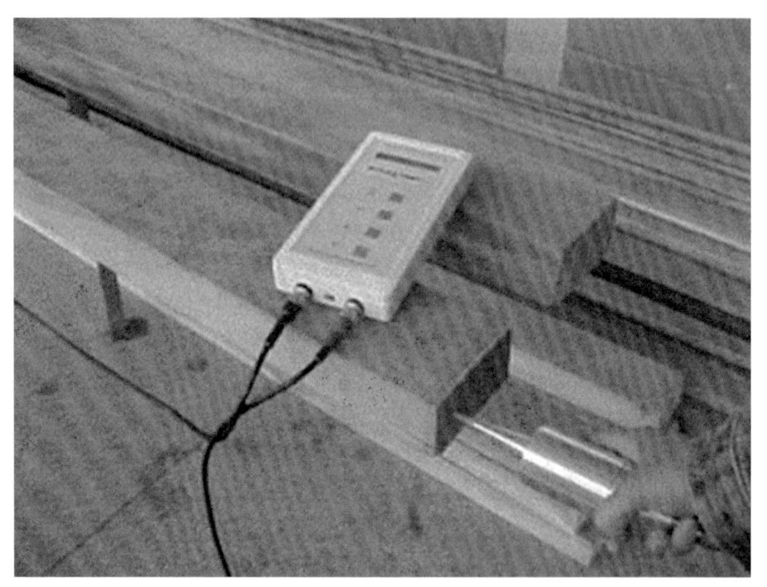

Fig. 4.29 *Ensaio de ultrassom em perfis de madeira*
Fonte: Candian e Sales (2009).

Ondas de tensão

O ensaio de ondas de tensão ou de vibração transversal é empregado para a determinação das propriedades mecânicas de uma peça de madeira, principalmente do seu módulo de elasticidade. A propagação das ondas é extremamente sensível à presença de deteriorações e falhas nas peças. Em termos gerais, uma onda, emitida por um martelo, passaria mais rápido por uma madeira íntegra do que por uma madeira degradada.

Segundo exemplificam Candian e Sales (2009), no referido método, aplica-se um impacto no centro da peça. A partir da vibração produzida, são gerados valores de frequência e peso. Juntamente com as suas dimensões e o valor do vão empregado, admite-se o valor do módulo de elasticidade dinâmico da peça.

As Figs. 4.30 e 4.31 mostram, respectivamente, o equipamento e o ensaio sendo realizado.

Método de perfuração controlada

O ensaio de perfuração controlada é empregado pontualmente em locais onde se deseja avaliar a integridade do elemento estrutural de madeira. A análise é feita em locais em que há suspeita de deterioração. Trata-se de um equipamento que promove perfuração pontual na peça, mas sem consequências estéticas significativas. Por esse motivo, o ensaio é tratado como não destrutivo. A perfuração ou penetração pode se dar de duas formas: por impacto ou por rotação.

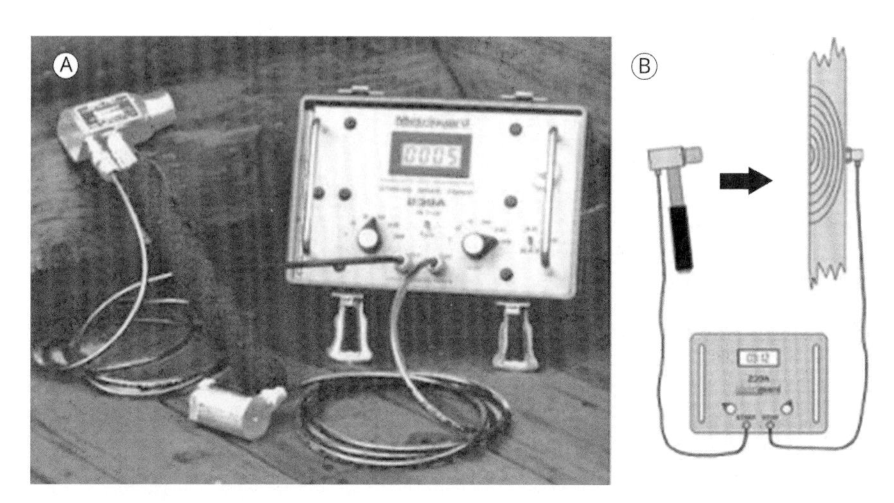

Fig. 4.30 *Detalhe do (A) equipamento temporizador de ondas de tensão e (B) esquema ilustrativo do equipamento em uso em peça de madeira*
Fonte: Abreu (2010).

Fig. 4.31 *Execução do ensaio de ondas de tensão* in loco
Fonte: Abreu (2010).

i) Inspeção com perfuração por impacto

Essa inspeção consiste na introdução de um pino metálico na madeira com uma energia conhecida. A profundidade de penetração é inversamente proporcional à dureza do material, e pode detectar zonas com variações anormais de densidade e homogeneidade devidas a descontinuidades físicas, estimando a massa volumétrica da madeira mediante uma calibração para a espécie, o teor de água e a velocidade de penetração do pino (Valle; Brites, 2006). A Fig. 4.32 mostra o detalhe do equipamento empregado, e a Fig. 4.33 destaca esse equipamento sendo usado em uma viga de madeira com suspeita de deterioração interna.

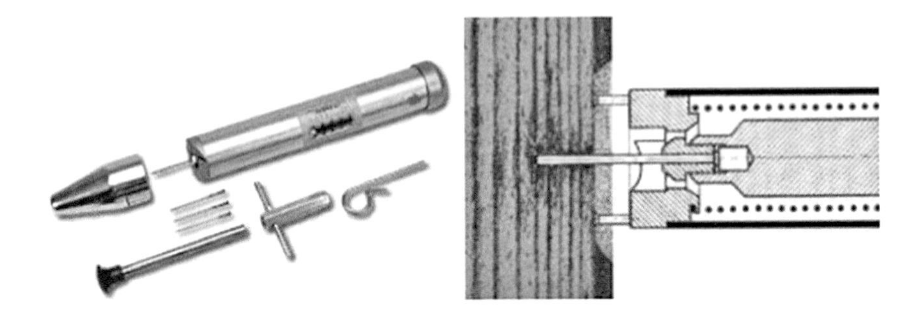

Fig. 4.32 *Detalhe do equipamento de penetração por impacto*
Fonte: Valle e Brites (2006).

Fig. 4.33 *Ensaio de penetração por impacto em execução*
Fonte: Abreu (2010).

ii) Inspeção com perfuração por rotação

O aparelho utilizado para a realização desse ensaio chama-se resistógrafo. O equipamento determina a resistência relativa do material à perfuração por uma broca de aço em rotação, com velocidade constante. O sistema que acompanha o instrumento emite um diagrama que correlaciona a profundidade de penetração com a resistência à penetração, sendo possível deduzir a integridade da madeira e a existência de falhas no percurso da broca. As Figs. 4.34 e 4.35 detalham o equipamento e o procedimento de funcionamento.

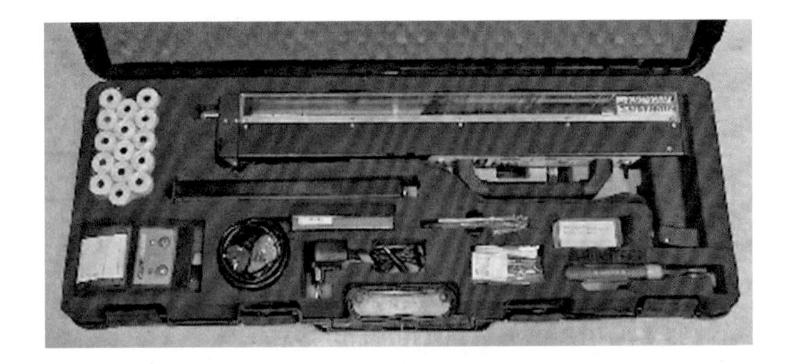

Fig. 4.34 *Resistógrafo*
Fonte: RinnTech (http://www.rinntech.de/content/view/8/34/lang,german/index.html).

Fig. 4.35 *Agulha de perfuração do resistógrafo*
Fonte: Boutte Tree (https://www.bouttetree.com/residential-services/risk-assessment).

Fissurômetro

Nas estruturas de madeira, o fissurômetro aplica-se da mesma maneira que nas estruturas de concreto. O equipamento mede a magnitude da abertura de uma fissura, sendo muito pouco conclusivo se analisado de forma isolada. Pode ser empregado para monitorar fissuras e concluir acerca de movimentos relativos que podem estar ocorrendo no elemento, fatos que podem indicar a origem das fissuras, como no caso de um recalque de fundação não estabilizado. A Fig. 4.36 mostra o detalhe de um fissurômetro e as suas escalas.

4.2.2 Métodos semidestrutivos

O uso de métodos semidestrutivos deve ser evitado, dada a dificuldade de recuperação dos trechos em que se realiza o dano. Todavia, às vezes, as respostas obtidas com ensaios não destrutivos podem não ser conclusivas, o que torna necessário o uso de métodos semidestrutivos. Na sequência são listados os ensaios mais usuais.

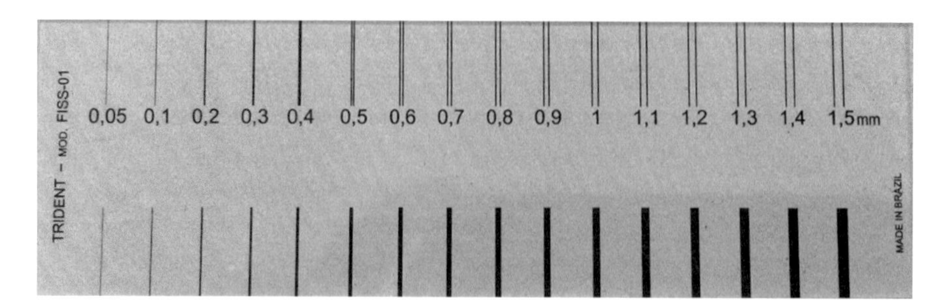

Fig. 4.36 *Detalhe do fissurômetro*

Escarificação

O método de escarificação é empírico, pois consiste na destruição parcial da superfície para avaliar a contaminação interna por fungos. Cabe destacar que esse método provoca a redução da seção transversal da madeira, sendo pouco recomendado em elementos que desempenham função estrutural importante. O ensaio auxilia na decisão sobre a realização de um tratamento químico na madeira, com o intento de combater a proliferação dos agentes. Geralmente, a medida é adotada na fase de orçamentação da recuperação, para analisar a necessidade de substituição total das peças que compõem a estrutura.

Análise química

A análise química é realizada quando se deseja analisar a possibilidade de ataque químico ao elemento de madeira. Normalmente, faz-se uma pequena destruição na superfície da peça, em pontos menos visíveis ou que pouco interferem no desempenho estrutural. Com a extração do testemunho, é feita em laboratório uma análise química dele, intentando concluir sobre os agentes químicos que promoveram a deterioração.

Análise biológica

Assim como a análise química, a análise biológica consiste na extração de testemunhos da madeira, com o objetivo de concluir, em laboratório, sobre os fungos instalados que potencializaram a deterioração do material. O método auxilia na adoção de medidas corretivas mais prováveis para o elemento, possibilitando a conclusão sobre qual o grau de contaminação e quais prováveis tratamentos são necessários para estancar o fenômeno.

4.3 Profilaxia

Algumas manifestações patológicas das estruturas de madeira podem ser evitadas a partir de especificações em projeto, sobretudo relacionadas às ligações e à proteção via tratamento contra a ação do ambiente. As medidas apresentadas na sequência são recomendações de projeto. Sua implantação pode mitigar a susceptibilidade da madeira a anomalias que comprometam a sua vida útil e o seu desempenho.

4.3.1 Detalhes de projeto

Os detalhes de projeto podem ser divididos em (I) ligações entre viga e pilar ou entre viga e viga, (II) encontro da base do pilar com o terreno e (III) cargas suspensas.

Ligações entre elementos

Conforme já discutido, a madeira é um material filamentoso. Além de indicar o sentido da maior resistência da madeira, as fibras auxiliam a compreender como as manifestações patológicas podem se desenvolver segundo medidas específicas de projeto adotadas.

Um dos principais pontos a ser discutido é o engaste das peças estruturais de madeira, principalmente porque é difícil promover um engastamento perfeito entre os elementos, visto que deformações residuais ocorrerão entre peças conectadas. Essas deformações provêm do deslocamento relativo das chapas metálicas da ligação, dos parafusos ou pregos, da folga relativa entre o furo e o elemento de conexão, entre outros. Desse modo, admitir a existência de engaste perfeito no projeto estrutural pode se tornar arriscado. A consequência, no caso de vigas, é a atuação de momentos positivos superiores ao calculado, o que ocasiona um coeficiente de segurança inferior ao requerido por norma, podendo causar até mesmo o colapso do sistema estrutural.

O segundo ponto a ser discutido no engaste é a questão do detalhamento. A Fig. 4.37 mostra duas situações de projeto da ligação de viga com pilar de madeira. Na Fig. 4.37A, empregou-se uma chapa de ligação na base inferior da viga, fato que promoveu um comportamento muito próximo ao de uma rótula perfeita. Já na

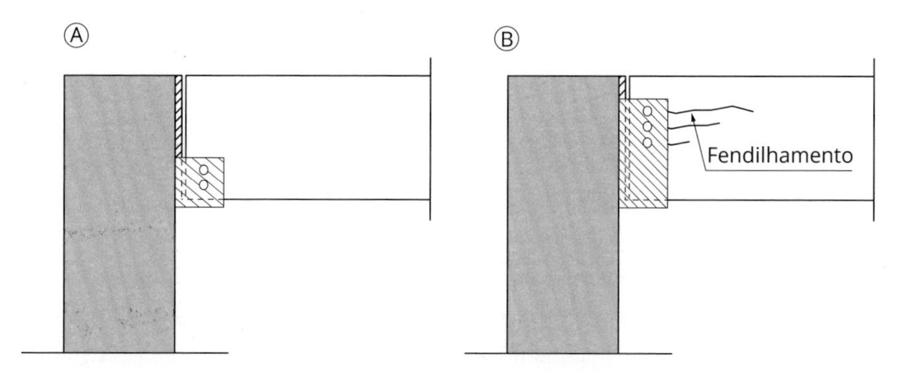

Fig. 4.37 *Ligação (A) rotulada e (B) engastada, gerando fendilhamento*

Fig. 4.37B, a ligação aplicada na borda superior da viga sugere um comportamento de engaste para a ligação viga-pilar. Na condição de engaste, os parafusos serão submetidos a esforços de maior intensidade em relação ao modelo rotulado. No engaste, há uma tendência de que as fibras de madeira sejam rasgadas ou fendilhadas.

Uma situação parecida é mostrada na Fig. 4.38. No caso de seções com altura elevada em relação à base, a madeira tende a apresentar instabilidade lateral com torção, dada a esbeltez de sua seção. Apesar de não ser a única solução aplicável, o uso de restritores de movimentos laterais auxilia nesse tipo de fenômeno. Caso o restritor receba um conector, como mostrado na Fig. 4.38A, um fendilhamento poderá ser notado, por se ter um esforço pontual de elevada magnitude aplicado no sentido das fibras da madeira. Recomenda-se que o restritor não receba conectores, senão guias laterais para evitar instabilidade na região dos apoios, como mostrado na Fig. 4.38B.

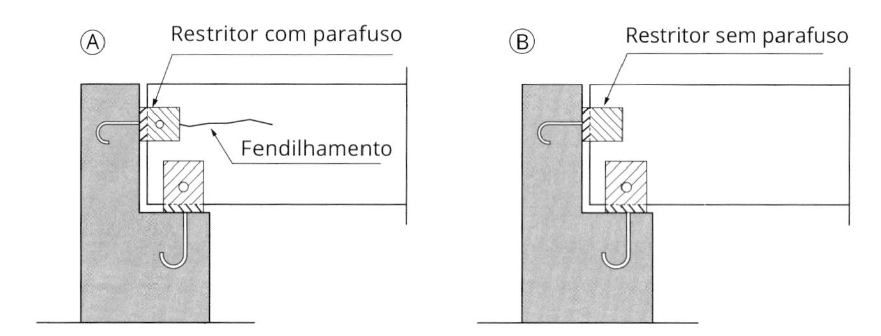

Fig. 4.38 *Detalhe de vigas altas com restritor (A) com e (B) sem conector*

Qualquer esforço que instigue a separação das fibras da madeira é capaz de torná-la susceptível a manifestações patológicas, sobretudo a fendilhamento. A ligação entre viga e pilar, por meio de consolos, deve ser feita com cautela. Os dentes Gerber são alternativas que, em estruturas de madeira, devem ter detalhes especiais de projeto visando preservá-los do surgimento de falhas. Caso seja inserido um dente Gerber na peça, como na Fig. 4.39A, uma concentração de esforços ocorrerá na região do dente, fazendo com que a peça de madeira sofra deformações que instigarão a separação entre fibras, o que provoca fendilhamento. O uso de apoio simples, conforme mostrado na Fig. 4.39B, auxilia na preservação da madeira que compõe a estrutura.

O embutimento de vigas de madeira em pilares, de qualquer tipo, deve ser analisado com critério. Mesmo se houver cautela quanto ao tipo de ligação a ser adotado (Fig. 4.40A), a restrição da viga pode ser dada segundo a sua obstrução ao giro, como na Fig. 4.40B. Recomenda-se que recortes acompanhem essa tendência de giro e sejam feitos nas vigas de madeira, conforme proposto na Fig. 4.40C.

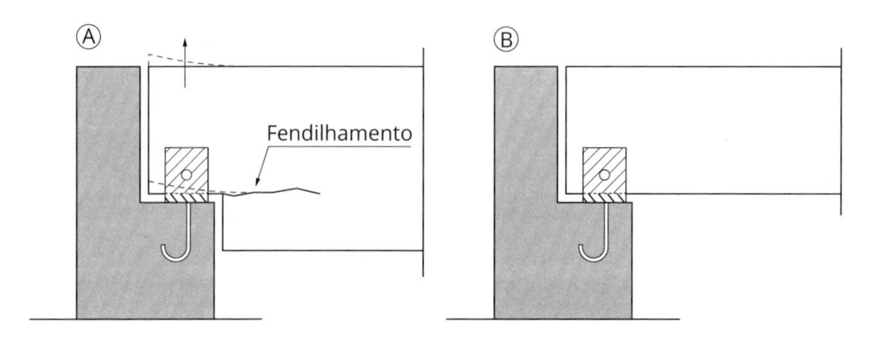

Fig. 4.39 *Solução de ligação (A) sem e (B) com dente Gerber na viga*

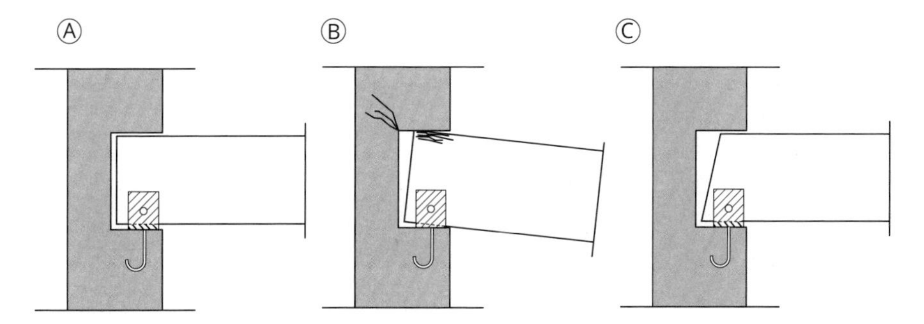

Fig. 4.40 *Detalhe do (A) embutimento de vigas em pilares com (B) consequência no caso de não ser previsto um recorte e (C) recorte realizado*

Na sequência, são apresentados detalhes de interação dos pilares com o terreno que podem preservar a madeira no tempo.

Encontro da base do pilar com o terreno

O terreno no qual a estrutura de madeira se apoia, dependendo da natureza do solo, é um grande retentor de umidade. A percolação da água para a superfície pode fazer com que a madeira tenha um contato prolongado com a umidade, o que, somado à baixa insolação em peças enterradas, forma condições ideais para os agentes biológicos se proliferarem e degradarem o material. Logo, é importante que se tenha atenção ao contato de pilares com o terreno em que a obra será construída. Além da impermeabilização da madeira enterrada, por exemplo, por meio de camadas asfálticas, outras alternativas são propostas na sequência.

O pilar de madeira pode ser isolado da umidade do terreno por meio de peças auxiliares. Na Fig. 4.41 é mostrado o emprego de elementos metálicos auxiliares para garantir o afastamento do terreno e evitar o contato da madeira com a umidade. Uma aplicação dessas peças auxiliares em obra está mostrada nas Figs. 4.42 e 4.43.

O uso de cálices metálicos, como mostrado nas Figs. 4.44 e 4.45, deve ser evitado, sobretudo em ambientes externos. Essa alternativa faz com que a água percolada pela superfície da madeira ingresse no cálice e se acumule na base do pilar, criando um ponto de umidade e deterioração não perceptível pelo usuário.

Convém lembrar que, em todos os casos de uso de peças metálicas, uma proteção contra a corrosão deve ser realizada.

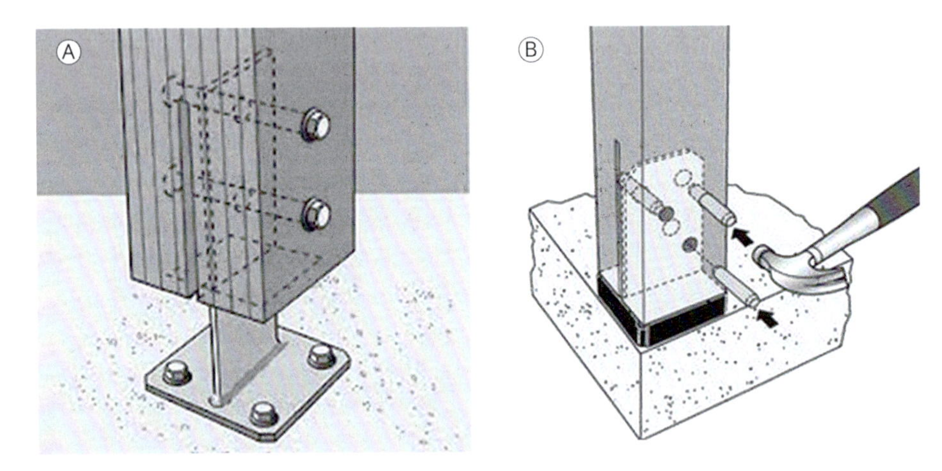

Fig. 4.41 *(A) Detalhe da base do pilar com gabarito metálico e (B) ligação da base com gabarito metálico e neoprene*

Fonte: Hermanos Guillén (www.hguillen.com).

Fig. 4.42 *Ligação da base do pilar com afastamento do terreno*

Fonte: Vicbeam (https://vicbeam.com.au/).

Fig. 4.43 *Edificação em madeira com destaque para as ligações da base do pilar*
Fonte: Wood Times Blog (http://unalam.blogspot.com.br).

Fig. 4.44 *Ligações de base do pilar por meio de cálices*
Fonte: How to Specialist (http://howtospecialist.com/).

Cargas suspensas

O problema das cargas suspensas em vigas de madeira reside no fato de que essas peças submetem os elementos com cargas perpendiculares ao sentido das fibras, o que pode promover o fendilhamento da peça, comprometendo o seu desempe-

Fig. 4.45 *Edificação mista com pilares de madeira ligados ao radier por cálices metálicos*

Fonte: Bullitt Center (http://www.bullittcenter.org).

nho. No caso de cargas suspensas na base da peça, como mostrado na Fig. 4.46A, uma pequena parcela da seção transversal da madeira é mobilizada, culminando na tendência de separação entre fibras. Caso a carga seja aplicada junto ao topo da viga, de acordo com a Fig. 4.46B, se terá uma maior parcela da seção mobilizada, com uma menor tendência de abertura das fibras, o que preserva a peça do fendilhamento.

Além dos detalhes construtivos, o tratamento das peças em madeira, visando a proteção contra os agentes atmosféricos, é uma medida importante para preservar a integridade dos elementos estruturais no tempo.

4.3.2 Tratamentos das peças de madeira

Os tratamentos das peças de madeira são medidas adotadas em peças íntegras, visando a sua preservação contra os agentes atmosféricos, sobretudo os de cunho biológico e/ou químico. A função dos tratamentos é garantir a durabilidade prescrita em projeto. São soluções que, em determinados casos, necessitam de renovação, ou seja, manutenção preventiva, a qual deve ser especificada pelo fabricante.

Os compostos empregados no tratamento podem ser classificados como hidrossolúveis, que são solúveis em água; oleossolúveis, que são solúveis em óleo; e dissolventes orgânicos, que são solúveis em solventes e resinas. Há autores que

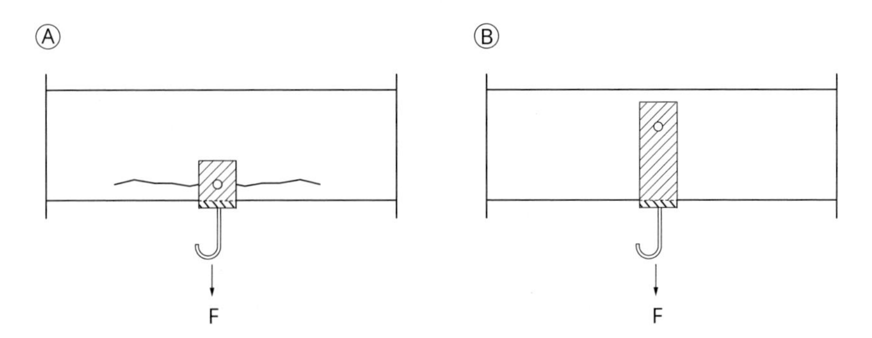

Fig. 4.46 *Carga suspensa (A) pela base e (B) pelo topo de vigas de madeira*

descrevem um quarto tipo, os hidrodispersíveis, que é um produto intermediário entre os hidrossolúveis e os dissolventes orgânicos. Uma descrição dos compostos é apresentada a seguir:

- *Hidrossolúveis*: são sais minerais com princípios fungicidas e/ou inseticidas, dissolvidos em solução aquosa e possuindo concentração definida em função do grau de proteção desejado. Nessa categoria, encontram-se os sais do tipo CCB (cromo, cobre e boro), CFK (cromo, flúor e cobre), CCA (cromo, cobre e arsênio), CX (cromo e boro), E (cromo e enxofre) e os sais de amônia.
- *Oleossolúveis*: são preservativos que se solubilizam em óleo. Há profissionais que são contra o uso desses produtos, pois eles normalmente conferem à madeira tratada um aspecto do tipo oleoso, e não aceitam pinturas. Um dos mais empregados é o creosoto.
- *Dissolventes orgânicos*: são compostos orgânicos sintéticos dissolvidos em resina e solventes, geralmente orgânicos. Nessa categoria, encontram-se a solução de DDT (dicloro-difenil-tricloroetano) e o pentaclorofenol, que é um desinfetante, fungicida, inseticida, bactericida e moluscicida sintético, sendo proibido em alguns países por ser uma substância tóxica para o ser humano, estando atualmente em desuso.
- *Hidrodispersíveis*: são misturas contendo substâncias ativas, não solúveis em água, em que é adicionado um emulsionante para que se obtenha uma dispersão em água. As substâncias ativas são compostos orgânicos, que possuem um forte apelo ambiental, pelo fato de utilizar água como agente-base.

Na sequência, são listados procedimentos para que a aplicação dos elementos protetores seja adequada.

Pincelamento

O pincelamento é a solução mais empregada na proteção de elementos em madeira. Consiste na aplicação de sucessivas películas de tinta, por meio de pincéis ou rolo, e de preferência deve ser feita *in loco*, após a instalação do elemento estrutural. É uma solução simples e de baixo custo, porém a sua eficiência depende da execução da pintura.

O tipo de tinta varia em função da necessidade de proteção. Atualmente, têm-se disponível no mercado desde tintas decorativas, as quais oferecem limitada proteção à madeira, até tintas específicas para aumentar a durabilidade, com características fungicidas ou com proteção às altas temperaturas. Cabe ao profissional a escolha correta do tipo de película, atentando para o bem-estar do usuário, visto que alguns tipos apresentam toxicidade. Outras características como cor, densidade, odor etc. também devem ser avaliadas.

O tratamento por pincelamento limita-se à superfície das peças, apesar de que algumas madeiras, de maior permeabilidade, possuem uma absorção maior, o que lhes confere uma vida útil superior em relação aos materiais de menor absorção. Com o maior consumo de tinta, há um maior custo envolvido; assim, a espécie da madeira torna-se uma variável importante quanto aos valores envolvidos e à efetividade da proteção.

As tintas devem ser aplicadas em madeira seca ou com umidade inferior a 18%; caso contrário, podem surgir manifestações patológicas na superfície, como descascamento e bolhas, entre outros.

Destaca Moreschi (2013) que produtos oleossolúveis ou oleosos diluídos em solventes orgânicos possuem maior capacidade de penetração na madeira, devido à viscosidade do produto. Já os produtos hidrossolúveis não possuem a mesma facilidade de absorção e penetração do que a de produtos diluídos em solventes orgânicos finos ou com viscosidade próxima à da água.

A reaplicação da tinta deve ser feita segundo a especificação do fabricante, que normalmente recomenda um prazo de até seis anos para a renovação.

Pulverização

A pulverização é uma solução semelhante ao pincelamento, exceto em relação ao método empregado para a aplicação, pois, em vez de pincéis, utiliza-se o jateamento. Como resultado, têm-se películas mais uniformes e homogêneas na superfície, e, pelo fato de a solução ser feita sob pressão, a absorção da tinta pela madeira é maior. Por outro lado, pode haver uma maior contaminação do ambiente, principalmente em ambientes internos; assim, devem ser aumentados os cuidados com os humanos e animais.

A Fig. 4.47 mostra o processo de aplicação da pulverização na madeira e a necessidade de proteção do aplicador, em vista da névoa que é formada no ambiente de aplicação.

Fig. 4.47 *Pulverização da madeira*
Fonte: Bosch (https://www.bosch-do-it.com/).

O processo de pulverização pode ser feito em madeira seca ou úmida. Para a primeira condição, as recomendações são análogas às apresentadas para o pincelamento. Para a madeira úmida, o processo normalmente é empregado nos casos em que se deseja proteger a madeira recém-serrada, ainda úmida, contra fungos e mofos, por meio da aplicação de produtos hidrossolúveis.

Imersão

Também chamada de encharcamento, a imersão consiste em submergir uma peça de madeira em um líquido protetor hidrossolúvel. O tempo de submersão depende do grau de proteção que se pretende alcançar, da espécie de madeira, do grau de umidade interna, do tipo de protetor utilizado e da geometria da peça. A depender do tempo pelo qual a peça fica submersa no líquido, a imersão é classificada em (I) prolongada, quando o tempo é superior a 10 minutos, e (II) rápida, quando inferior a 10 minutos. A principal vantagem dessa solução ante o pincelamento e a pulverização é a uniformidade da medida protetora, além de uma maior percolação do produto pelos vazios da base, o que garante uma melhor eficiência.

O método deve ser aplicado em peças secas ou com umidade inferior a 18%. Em alguns casos, a imersão é empregada em madeiras úmidas, mas como medida temporária, que visa preservar o elemento contra fungos e mofos durante o período de transporte ou armazenagem em ambientes internos.

A Fig. 4.48 mostra o processo de imersão da madeira em andamento.

Fig. 4.48 *Tratamento da madeira por imersão*
Fonte: UFSC (s.d.).

Difusão

O princípio da difusão consiste em colocar a madeira saturada, ainda verde, em contato com uma solução contendo sais de proteção. De acordo com Moreschi (2013), nesse contato há a diluição dos sais na água da umidade interna da madeira, que passam a migrar gradualmente ao seu interior. Ocorre uma migração de moléculas para equilibrar as zonas de potencial químico distinto, pela diferença de concentração. Logo, tem-se um equilíbrio entre zonas externas e internas da madeira, a qual passa a ser protegida por essa difusão de moléculas. Os principais fatores que influenciam na difusão são o teor de umidade da peça, a densidade, as características anatômicas, as dimensões e as características físico-químicas do produto aplicado.

Para a aplicação desse método, há a necessidade de a peça de madeira estar com um teor de umidade interna elevado. Caso a madeira esteja seca, a difusão não ocorre pelos capilares da madeira e o método não se torna efetivo.

Substituição da seiva

Esse método consiste na substituição da seiva presente dentro da madeira por uma solução imunizadora. Para que o processo seja viabilizado, ele deve ser feito num período máximo de 24 horas após o corte da árvore, para evitar que a seiva evapore e inviabilize-o. É recomendado o uso de madeiras roliças, visto que a serragem de madeiras processadas pode provocar a vaporização prematura da seiva, antes do tratamento.

Para a substituição ocorrer, as madeiras roliças são mergulhadas, até metade da sua altura, em um recipiente contendo a solução imunizadora, a fim de que metade da peça fique mergulhada e a outra metade, em contato com o ambiente. À medida que a seiva é evaporada pela parte superior do elemento, a solução migra por capilaridade para o interior da madeira, substituindo o espaço antes ocupado pela seiva.

A superfície do líquido contido no tanque em que as toras estão mergulhadas deve ser protegida da evaporação por uma camada de óleo. Após a realização do processo, as peças de madeira ainda não podem ser empregadas. É necessário que, primeiro, se proceda com a sua secagem.

Tratamento térmico

O tratamento térmico também é conhecido como termorretificação, e consiste em submeter a madeira a temperaturas inferiores à da carbonização, que é da ordem de 280 °C, durante certo período de tempo. O objetivo do método é melhorar as propriedades das peças com a aplicação de calor. Essa exposição proporciona à madeira uma série de transformações de cunho químico para as hemiceluloses, celuloses e lignina, pelo princípio de termodegradação, melhorando a sua resistência a agentes biológicos, como os insetos e fungos xilófagos.

Além da maior estabilidade aos agentes externos, o processo proporciona maior estabilidade dimensional, devido à redução da umidade interna da madeira, mitigando os efeitos da redução volumétrica por perda da água intersticial, o que agrega valor comercial ao produto. Por outro lado, para algumas espécies, o tratamento proporciona a redução das propriedades mecânicas, tornando a peça menos rígida e mais frágil, o que, para alguns autores, limita o uso das madeiras submetidas a esse tratamento para fins estruturais.

Tratamento sob pressão e vácuo

O tratamento sob pressão e vácuo, também conhecido como autoclavagem ou tratamento em autoclave, consiste numa impregnação da madeira com produtos fungicidas e/ou inseticidas (Fig. 4.49). A madeira é colocada dentro de um cilindro metálico fechado, com dimensões em torno de 2 m de diâmetro e 25 m de comprimento, suficiente para resistir aos esforços de pressão de aproximadamente 18 kg/m^2 que atuam nas toras. O equipamento possui peças auxiliares que viabilizam o tratamento da madeira, como serpentinas de aquecimento e bombas de vácuo e de pressão.

Com as peças de madeira colocadas dentro do equipamento, é forçada uma pressão negativa, ou vácuo, que retira o ar e a umidade da madeira. Na sequência, é aplicado um produto fungicida e/ou inseticida, que preenche todos os espaços vazios do autoclave e da madeira.

Fig. 4.49 *Processo de autoclavagem da madeira*
Fonte: Setrama (www.madeireirasetrama.com.br).

Fumigação ou expurgo

A fumigação ou expurgo é um procedimento empregado para tratar madeiras que não podem ser tratadas por outros métodos, como no caso de estruturas de edificações históricas onde não se deseja uma intervenção que promova alterações das características da aparência da peça. O procedimento consiste em cobrir ou envelopar o elemento com lonas plásticas. Depois, são dispersas substâncias protetoras gasosas, de fosfina ou brometo, que ficam retidas na lona e penetram na madeira, eliminando fungos e insetos. Um inconveniente dessa solução é que ela exige que a edificação seja evacuada, dada a toxicidade do produto.

Tratamento por fumaça

Atualmente, têm-se disponíveis no mercado produtos que são expelidos no cômodo em que estão as peças de madeira que se deseja proteger. Esses produtos possuem uma grande facilidade de compra, em alguns casos sendo encontrados até em supermercados. Esses tipos de inseticidas são manuais e, quando ativados, produzem uma névoa no ambiente; com isso, ocorre o depósito do material sobre a superfície da madeira, que passa a receber uma proteção superficial. O tratamento não elimina larvas e agentes xilófagos instalados no interior das peças, por isso não é recomendado para uso profissional, sobretudo no caso de madeiras com mecanismos de deterioração já instalados. O procedimento é similar ao tratamento por fumigação, só que em menor escala e com menor potencial de controle das pragas localizadas dentro da madeira.

4.4 Terapia

Tão importante quanto proceder ao correto diagnóstico das estruturas de madeira e compreender o mecanismo de deterioração que está instalado é a proposição de medidas corretivas eficientes. Caso a medida corretiva proposta não seja adequada, o processo de deterioração não será controlado e a intervenção na estrutura será ineficiente. Como consequência, além de não readequar a segurança necessária aos usuários da edificação, serão despendidos gastos excessivos e inócuos.

Um dos principais problemas das estruturas de madeira é a sua intervenção. Diferentemente das estruturas de concreto e metálicas, é complexo reconstituir peças de madeira danificadas. Atualmente, em obras de edifícios convencionais, as estruturas de madeira têm sido utilizadas com apelo estético. Assim, realizar uma intervenção de peças danificadas pode promover deterioração visual, o que nem sempre é bem-vindo pelo contratante.

Muitos dos processos instalados nas estruturas de madeira são intangíveis. Torna-se oneroso restaurar uma peça de madeira com, por exemplo, mecanismos químicos e biológicos já instalados. Em alguns casos, realizar a inspeção da peça e ser conclusivo sobre os mecanismos instalados requer destruições parciais que, em certos casos, são impraticáveis, uma vez que se torna mais fácil, econômico e seguro realizar a substituição completa da peça em vez de investigá-la com mais agudez.

Caso não seja levado em consideração o apelo estético, as possibilidades de reparo e reforço das estruturas de madeira são diversas. Assim como nas estruturas de concreto, o uso de elementos metálicos, como chapas, é bem-aceito, haja vista as suas dimensões reduzidas e a alta tensão resistente. A recuperação via estruturas de concreto também é uma possibilidade, assim como o uso de peças complementares de madeira.

Deve-se separar o tipo de intervenção que se deseja fazer. Caso a estrutura não tenha tido um comprometimento da sua capacidade de suporte e as intervenções necessárias sejam de cunho estético, realiza-se a recuperação, readequando a estrutura às condições iniciais. Por outro lado, caso o elemento tenha uma solicitação aquém daquela para a qual ele fora projetado ou existam mecanismos que o deterioraram mecanicamente, faz-se necessário a elaboração de um reforço estrutural.

Algumas dessas possibilidades de intervenção estão ilustradas na sequência. Cabe destacar que outras alternativas podem ser viáveis, cabendo ao profissional a racionalidade de garantir a segurança e efetividade da sua proposição.

4.4.1 Métodos de reparo

Reparar a estrutura significa readequar as suas condições iniciais, devolvendo uma ou outra característica que foi deteriorada por algum mecanismo que está instalado. O primeiro passo é identificar o agente, com base no conjunto de ensaios e análises já apresentados, e eliminá-lo.

A seguir, serão apresentados alguns procedimentos para a recuperação de estruturas de madeira deterioradas e danificadas.

Recuperação de madeira com umidade

A madeira com vestígios de umidade é um indicativo de deterioração iminente, visto que os principais processos de deterioração, o biológico e o químico, desenvolvem-se na presença de umidade. O grande e mais corriqueiro vilão das estruturas de madeira são os fungos e os insetos xilófagos, os quais necessitam, em concomitância com outros aspectos e condições, da umidade para a sua reprodução e proliferação.

A umidade e os agentes agressivos promovem uma deterioração progressiva da peça, reduzindo, em quase todos os casos, a seção transversal resistente. A origem da umidade é o contato da peça com alguma fonte, como vazamentos, umidade ascensional, água da chuva, ambientes úmidos nos quais não se previu o tratamento superficial da madeira para a sua incorporação nessa condição etc. Secar a madeira úmida *in loco* é uma impossibilidade, pois, normalmente, faz-se necessário que o elemento estrutural seja removido. Dessa maneira, a melhor alternativa, com a condição de a peça não estar sendo atacada por fungos e insetos, é estancar a origem da umidade que agride a peça. A solução, após essa ação, é monitorar o elemento, garantir uma ventilação adequada e aplicar pintura de proteção.

A maioria dos agentes xilófagos desenvolve-se em umidades superiores a 20%. A umidade de equilíbrio da madeira com o meio ambiente normalmente não ultrapassa esse valor. Assim, caso seja controlada a fonte de umidade externa, há uma tendência de a peça não ser atacada por esses insetos.

Recuperação de madeira com insetos

Notoriamente, as principais falhas de estruturas de madeira atacadas por fungos são originadas no projeto, visto que esses agentes necessitam de condições bem particulares para se desenvolver. A eliminação dos seres é um desafio, pois os insetos se desenvolvem em múltiplos componentes e, caso a colônia não seja eliminada, o processo continuará a se desenvolver. Dessa forma, o uso de produtos químicos, às vezes de alta toxicidade ao ser humano, faz-se necessário para o controle dessas pragas. Recomenda-se que a impregnação da madeira seja feita por meio de produtos inseticidas.

O contato de elementos de madeira com o solo é um dos principais focos do desenvolvimento dos insetos, como o caso de pilares enterrados. A escavação do entorno do pilar e o preenchimento com um produto impermeável podem mitigar o contato com a água, eliminando uma das fontes indutoras do desenvolvimento das pragas. A Fig. 4.50A mostra o detalhe de um pilar em contato com o solo e que apresenta manifestações patológicas pela umidade do terreno. Para controlar o processo, a Fig. 4.50B propõe o procedimento de escavação do seu entorno, com o preenchimento com material impermeável, interrompendo o contato da madeira com a água e preservando a integridade da peça.

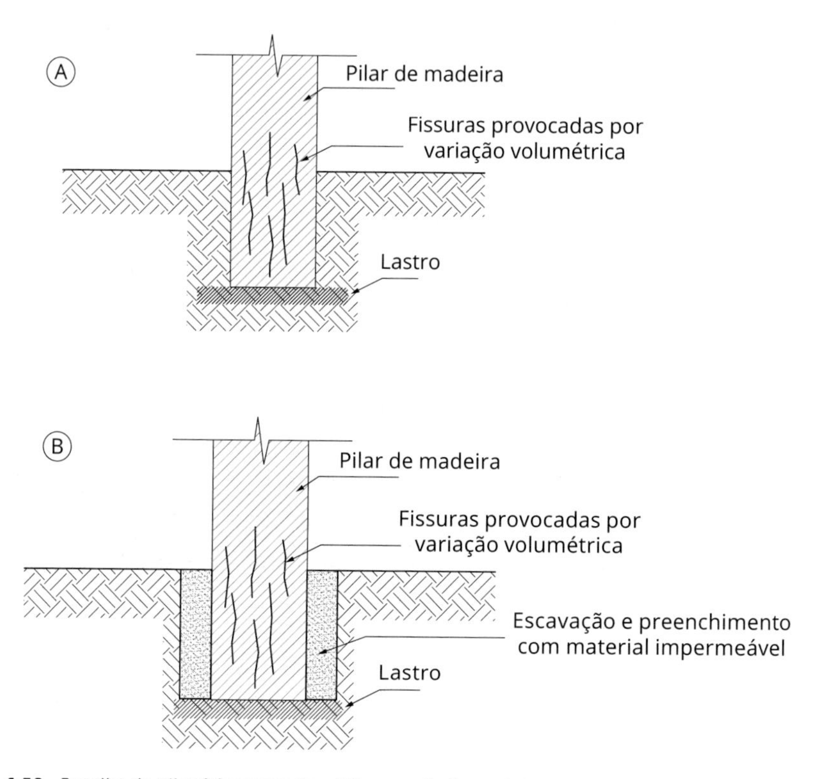

Fig. 4.50 *Detalhe de pilar (A) enterrado e (B) com solução protetora*

Nas condições de ataque de elementos acima do nível do solo por agentes xilófagos, perfurações para a injeção de resinas são indicadas. O procedimento é a impregnação da madeira, que consiste na perfuração da peça por meio de uma furadeira manual. Os fornecedores desses produtos recomendam perfurações a cada 30 cm, com profundidade de dois terços da seção da peça. Além disso, há fornecedores que recomendam pulverizar o mesmo produto em toda a superfície da peça após finalizada a injeção da resina. A Fig. 4.51 mostra o tratamento por impregnação via injeção da madeira sendo realizado.

Recuperação de madeira com fungos

Caso seja identificado que a madeira apresenta um estágio de ataque leve a moderado, que se limita à superfície da peça, sem que a seção transversal tenha sido diminuída, o tratamento da madeira com fungos é viabilizado. Pequenas aberturas com furadeiras manuais, semelhantes às utilizadas na correção das madeiras atacadas por insetos, podem ser feitas para a impregnação de produtos químicos na peça. A impregnação é adequada apenas se a fonte de umidade externa estiver controlada. Do contrário, a proposição de recuperação é inócua e repercutirá em um gasto desnecessário.

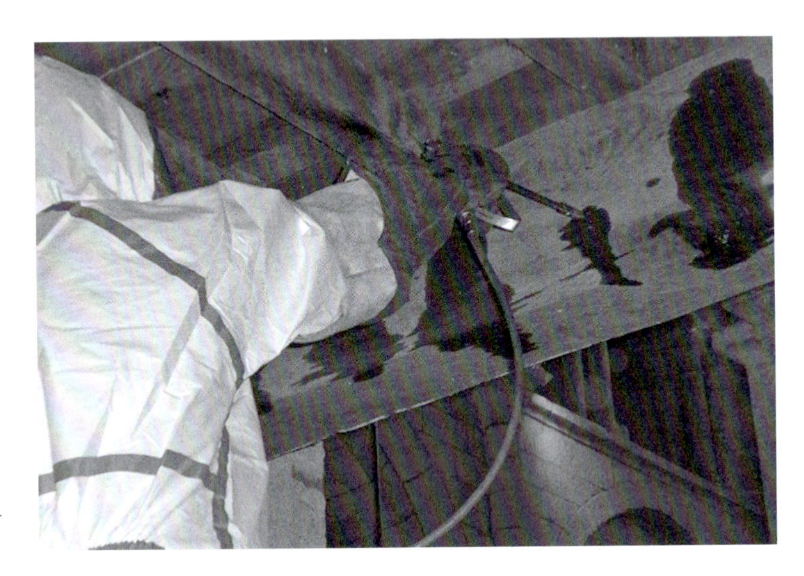

Fig. 4.51 *Tratamento por impregnação da madeira*
Fonte: <http://www.tratamientodemaderas.es>.

4.4.2 Métodos de reforço

Métodos de reforço estrutural aplicado nas estruturas de madeira são apresentados na sequência. As soluções podem ser empregadas para readequar a capacidade estrutural perdida devido a um processo de deterioração, ou para aumentar a capacidade de carga de uma peça íntegra, como aquelas provindas de cargas não previstas.

Reforço estrutural com chapas metálicas

Soluções como o reforço por meio de chapas metálicas são muito efetivas e bem-aceitas pelos usuários das edificações, pois apresentam boa relação custo *versus* benefício, sobretudo se analisada a baixa complexidade de intervenção nas obras já habitadas e o pequeno impacto na área útil construída. O grande inconveniente é de cunho estético, visto que a madeira perde parte do seu apelo visual.

Chapas planas metálicas de reforço devem ser empregadas com auxílio de conectores. No caso de vigas de madeira subdimensionadas, com redução de seção transversal promovida por agentes externos, flechas excessivas, fissuras ou demais mecanismos que culmine na necessidade de reforço da peça, o uso de chapas de aço pode aumentar a sua capacidade resistente, conforme o detalhe que está mostrado na Fig. 4.52. Os conectores com porcas devidamente apertadas são os responsáveis por garantir a monoliticidade do sistema misto que é produzido, fato que aumenta a capacidade de carga da peça em função da espessura das chapas metálicas.

Para vigas submetidas à flexão simples, em torno do eixo de maior inércia, a proposta da Fig. 4.52 é a mais efetiva. No caso de o elemento ser solicitado à flexão oblíqua ou torção, além de chapas planas na borda inferior e superior, chapas laterais também se farão necessárias, com a indicação de uso de braçadeiras, as quais promovem o reforço de todo o perímetro da peça. O espaçamento dessas peças deve ser calculado pelo projetista com base nas normas atuais.

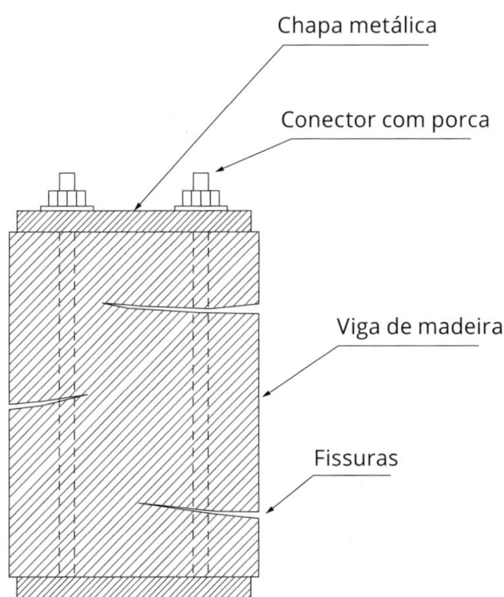

Fig. 4.52 *Reforço de viga de madeira com chapas metálicas planas*

As peças em estágio avançado de deterioração, nas zonas de apoio, devem ser tratadas com cautela, visando o incremento da capacidade de suporte dos elementos e a transferência de carga ao apoio. Uma alternativa de reforço é apresentada por Gato (2007) e mostrada na Fig. 4.53.

Perfis metálicos da série U são alternativas que aumentam a inércia da viga em torno do seu eixo principal de flexão, além de propiciar área de base suficiente para a viga secundária se apoiar. No caso de vigas que possuem menor deterioração mecânica, o reforço pode ser feito com perfis da série T, aplicados de forma invertida, com a mesa do perfil servindo como elemento

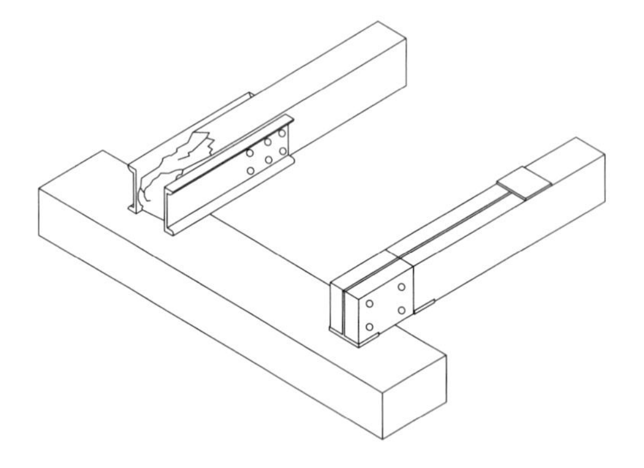

Fig. 4.53 *Reforço de vigas de madeira na região de apoios*
Fonte: adaptado de Gato (2007).

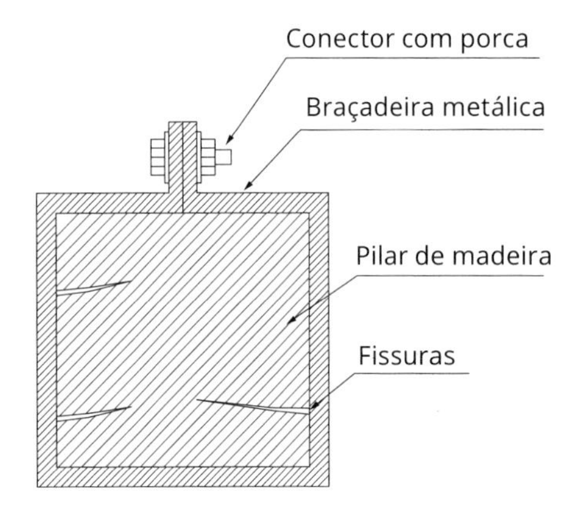

Fig. 4.54 *Reforço de pilar com o uso de braçadeiras metálicas*

de distribuição de carregamento da viga junto ao apoio e à alma, como elemento de reforço à flexão e/ou às instabilidades laterais. Cabe destacar que, em ambos os casos, conectores devem ser utilizados para garantir o comportamento misto da solução.

Assim como vigas submetidas à flexocompressão ou flexotorção, os pilares de madeira necessitam de uma inércia e/ou resistência em torno dos seus dois eixos principais de flexão. O uso de braçadeiras ou encamisamento promove aumento da resistência da peça para as solicitações referenciadas. O encamisamento também pode ser feito em concreto armado, o qual torna o custo de reforço menor em relação às peças metálicas. Nesse caso, o inconveniente é o aumento da seção transversal da peça. A Fig. 4.54 ilustra a solução de reforço de pilares por meio de braçadeiras metálicas.

Reforço estrutural com cabos de aço atirantados

O princípio do uso de cabos atirantados ou protendidos remete ao conceito de viga-vagão ou viga protendida. É uma alternativa adequada para o aumento da capacidade de carga em peças íntegras, ou seja, sem processos de deterioração. Esse reforço pode ser empregado quando, por equívocos de projeto ou mudança de uso da edificação, o elemento não possui dimensões adequadas para suportar as solicitações que lhe são ou podem ser impostas. A Fig. 4.55 mostra uma viga de madeira em que se aplicou esse conceito.

O mecanismo de funcionamento da técnica consiste na fixação de um cabo metálico flexível na extremidade da peça, que, com o auxílio de montantes rígidos instalados no meio do vão, é protendido, reduzindo os esforços de flexão atuantes na viga e funcionando como um apoio suplementar. Essa solução resulta em um modelo estrutural leve, de fácil manuseio, de boa rigidez e boa capacidade mecânica, que não sobrecarrega a estrutura existente com seu peso próprio. Exige-se, para essa alternativa, um monitoramento periódico do relaxamento dos cabos protendidos, visto que o alívio da protensão dos cabos promove a perda da funcionalidade do sistema.

Fig. 4.55 *Conceito de viga-vagão como alternativa de reforço*
Fonte: Ronstan (https://www.ronstantensilearch.com/san-diego-yacht-club-tension-rod-systems/).

Reforço estrutural de madeiras com fibras coladas

Para realizar o reforço de estruturas de madeira, diversos tipos de fibras têm sido empregados, como (I) as fibras naturais, como a de tecido de sisal e as têxteis, e (II) as fibras sintéticas, como as de vidro, de carbono e as reforçadas com polímeros. A fixação dessa solução na madeira se dá por meio de colas, e cumpre um papel semelhante ao que é atribuído ao reforço com chapas metálicas.

Reforço estrutural com resinas epóxi

Os adesivos epóxi são formados por resinas que são misturadas a agentes químicos de endurecimento. Dependendo da densidade, eles possuem facilidade de manuseio e penetração nas fibras da madeira, mas não apresentam um aspecto pegajoso após a cura.

O uso de resinas epóxi para o reparo e o reforço de peças estruturais de madeira se apresenta como uma solução eficiente, sobretudo no caso de peças com elevado estado de deterioração. O procedimento do reforço, descrito por Gato (2007), está apresentado na Fig. 4.56. Em alguns casos, o procedimento exigirá a remoção da peça ou o escoramento do sistema. Um inconveniente é o apelo visual que a solução oferece, pois compromete a estética da madeira.

Inicialmente, deve ser removida a parte deteriorada da peça de madeira, por meio de uma serra elétrica ou manualmente. Perfurações na diagonal da peça devem ser feitas, visando garantir a instalação de barras de aço, que irão fazer com que a seção de resina epóxi seja incorporada à peça de madeira. Depois, as formas são montadas e a resina epóxi é lançada. Os furos feitos na peça de madeira para a instalação das armaduras também devem ser preenchidos com

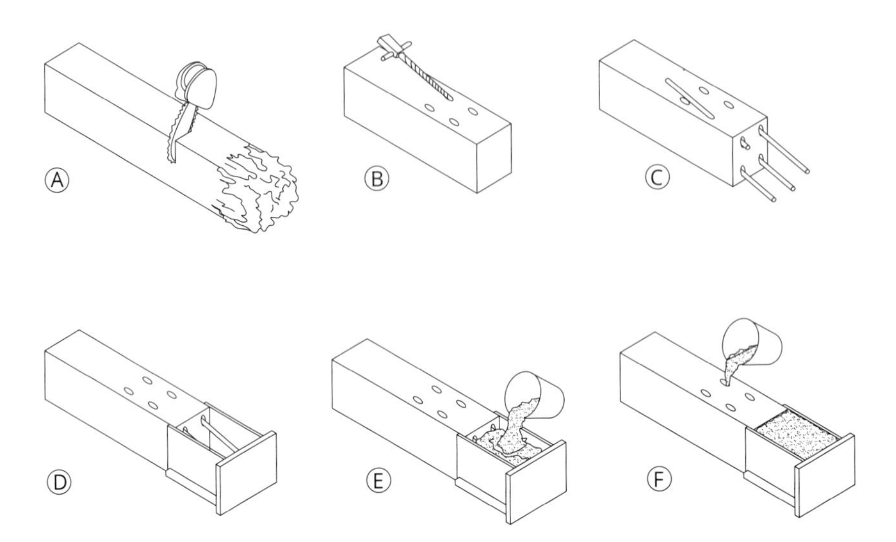

Fig. 4.56 *Reforço estrutural de madeira deteriorada por meio de resinas epóxi*
Fonte: adaptado de Esparza (1998).

a resina. Procede-se com o acabamento da superfície por meio de lixamento e, na sequência, a peça é liberada para o uso.

O acabamento da extremidade da viga de madeira recortada deve ser cuidadosamente realizado. A incorporação de entalhes pode incrementar a transferência de esforços entre as partes, pelo maior atrito entre ambas, melhorando o desempenho e a monoliticidade da peça restaurada, como mostra a Fig. 4.57.

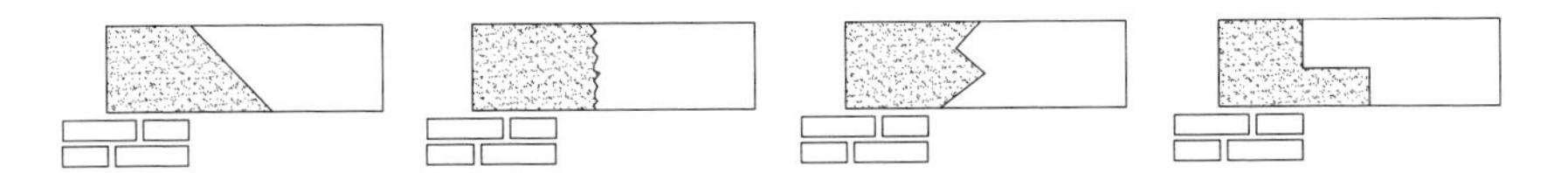

Fig. 4.57 *Detalhe dos cortes nas extremidades de vigas reforçadas com resinas epóxi*
Fonte: adaptado de Arriaga et al. (2002).

Reforço estrutural com elementos auxiliares de madeira

Outra possibilidade de reforço é por meio da instalação de elementos íntegros de madeira em substituição, parcial ou total, das peças com processos de deterioração, como propõe Gato (2007), na Fig. 4.58. O grande inconveniente desse tipo de reforço é a perda da seção original da peça, o que pode comprometer o projeto arquitetônico e/ou causar desconforto aos usuários da edificação.

Vigas de reforço podem ser incorporadas nas adjacências da viga anômala, para mitigar as tensões atuantes na peça. A integração entre a viga degradada e as vigas sadias deve ser feita com chapas metálicas e/ou conectores. Dependendo da magnitude dos esforços ou do estado de deterioração, as vigas de reforço

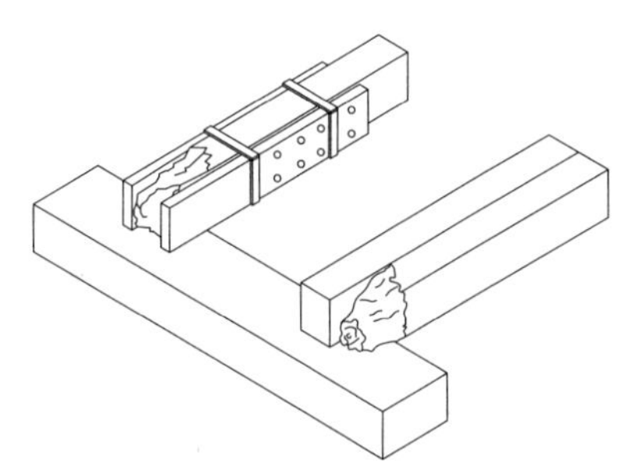

Fig. 4.58 *Reforço de peças com elementos auxiliares de madeira*
Fonte: adaptado de Gato (2007).

podem ser postas em ambos os lados ou em apenas uma face do elemento falho. Nesse último caso, deve-se atentar para que esforços de torção não ocorram quando a peça tender a fletir.

Outras possibilidades de reforço por meio dessa técnica estão mostradas na Fig. 4.59. A interação das peças auxiliares de reforço pode ser feita por colagem, pregos ou parafusos.

A proposição de alternativas mistas, que mesclam o uso de peças auxiliares de madeira com a reconstituição da seção com resina epóxi, pode ser adequada. O uso de resina epóxi, além de garantir o aumento da resistência da seção, promove bloqueio e proteção da peça pela biodeterioração. Cabe destacar que o mecanismo de deterioração deve ser previamente estancado para a correção. Um exemplo dessas alternativas mistas é apresentado na Fig. 4.60.

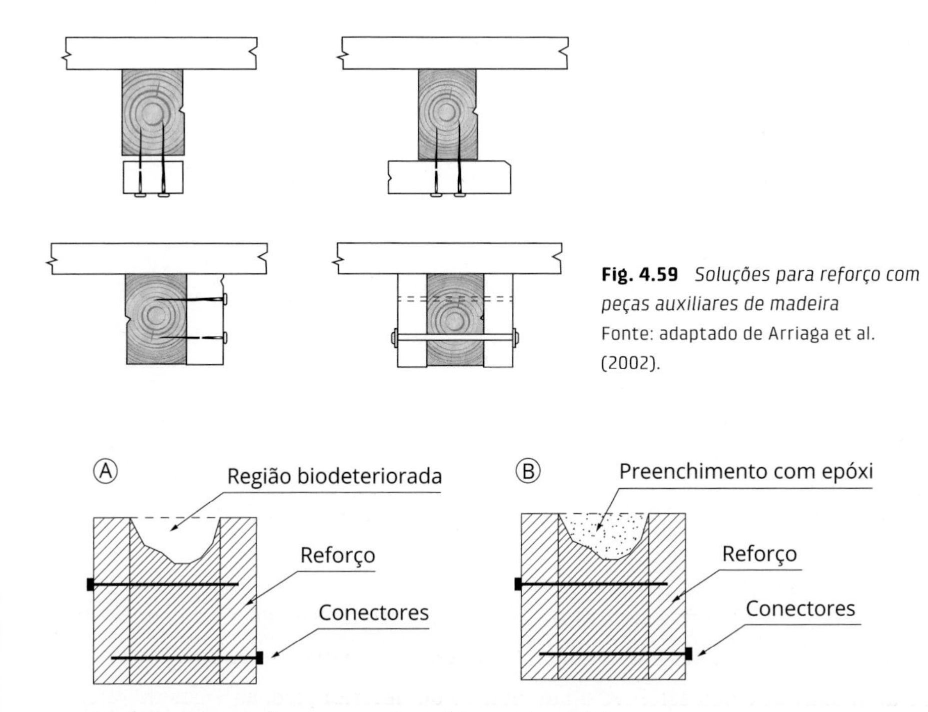

Fig. 4.59 *Soluções para reforço com peças auxiliares de madeira*
Fonte: adaptado de Arriaga et al. (2002).

Fig. 4.60 *Recuperação com peças de madeira e resina epóxi*

Caso a camada de resina tenha um grande volume, da ordem de 20% a 25% da seção da peça, a incorporação de armaduras suplementares é recomendada na região do reparo, haja vista os problemas de fissuração por retração que podem se desenvolver nesse material.

Reforço estrutural com entalhes

As ligações entre peças estruturais de madeira por meio de conectores podem receber um entalhe que promova um maior monolitismo entre as partes ligadas. O entalhe reduz o deslizamento relativo entre as peças conectadas, sendo adequado no caso em que se proceda com uma substituição parcial de uma peça de madeira anômala. Os entalhes também podem receber colas para aumentar a eficiência.

Duas possibilidades são os entalhes do tipo Júpiter, em que se empregam conectores metálicos que atravessam a seção do elemento, ou do tipo cavilhas coladas, que não necessitam atravessar a seção da peça. Os conectores metálicos promovem uma maior rigidez da união, sobretudo se possuírem porcas em ambas as suas extremidades, permitindo aperto e garantindo a solidariedade entre as partes. O detalhe da reconstituição de uma peça com o uso de entalhe do tipo Júpiter está mostrado na Fig. 4.61.

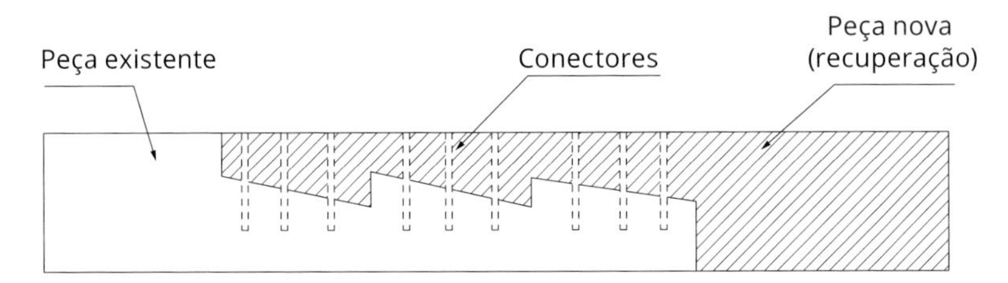

Fig. 4.61 *Entalhe do tipo Júpiter, com cavilhas coladas*

Fig. 1.6 *Colapso do prédio comercial Rana Plaza, em Bangladesh*
Fonte: Rijans (CC BY-SA 2.0, https://flic.kr/p/eiAGWr).

Fig. 1.7 *Destaque para as alterações de uso sofridas pelo edifício Liberdade ao longo dos anos*
Fonte: Cobreap (2013).

Fig. 1.26 *Detalhe da presença de microrganismos (fungos e bolores) no guarda-corpo de uma edificação*
Fonte: Barbosa et al. (2011).

Fig. 2.12 *Prédio FAU/USP, com manifestações típicas de ataque por chuva ácida*
Fonte: Santos (2011).

Fig. 2.14 *Pilares com lixiviação curados com vapor quente em obra na cidade de Sapucaia do Sul (RS)*

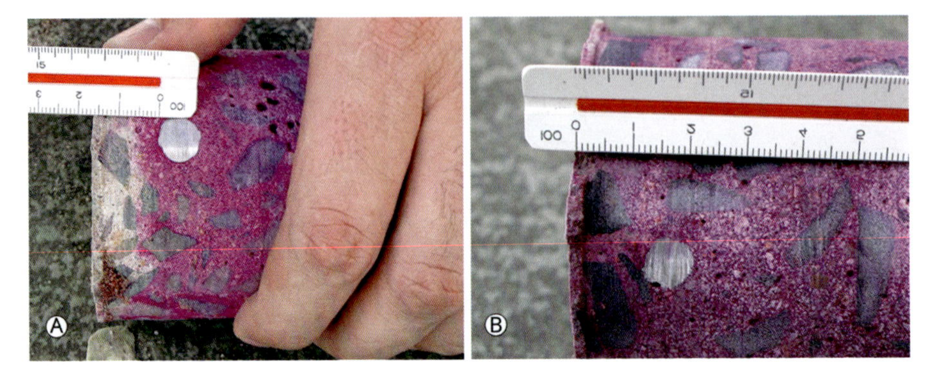

Fig. 2.28 *Concreto da camada de cobrimento (A) carbonatado e (B) não carbonatado*

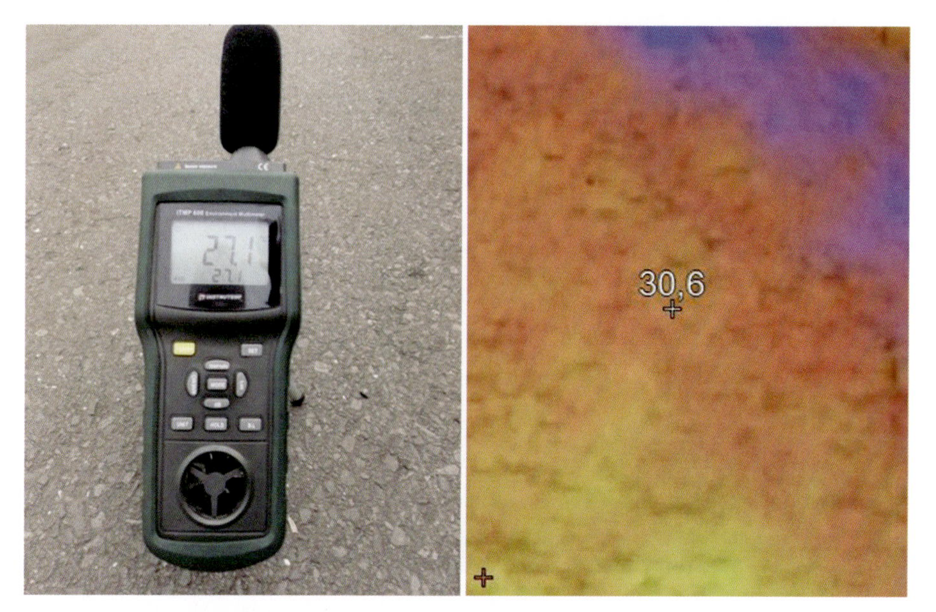

Fig. 2.32 *Termo-higrômetro e imagem térmica gerada por ele*

Fig. 2.38 *Desgaste superficial por abrasão no corpo e na borda de placas de concreto de pavimento rígido*

Fig. 2.40 *Formação de liquens (A) em um pilar de concreto armado em edificação em Havana, Cuba e (B) junto a uma fissura longitudinal de uma cortina atirantada no sul do Brasil*

Fig. 2.41 *Crescimento de raízes junto ao piso de concreto em sacada de uma edificação em Cuba*

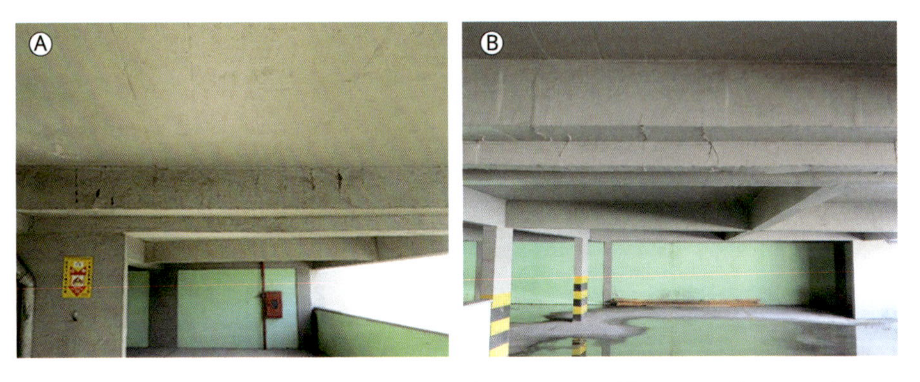

Fig. 2.55 *Fissuras de flexão devidas a (A) momento fletor positivo e (B) momento fletor negativo atuantes em um edifício-garagem na cidade de Porto Alegre (RS)*

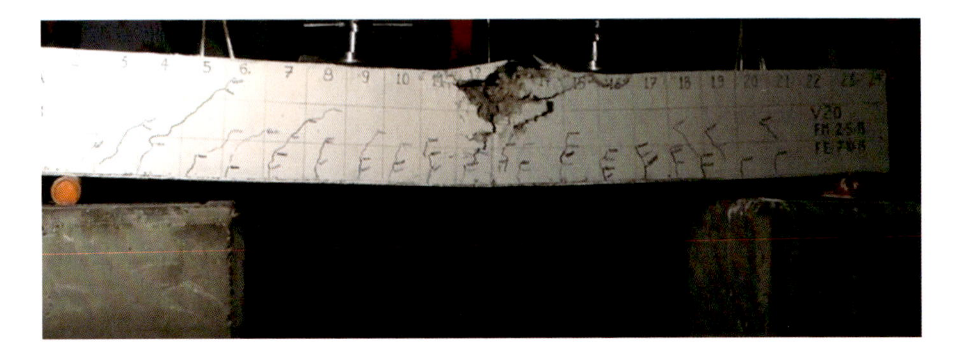

Fig. 2.56 *Esmagamento da região comprimida de viga de concreto armado*
Fonte: acervo de Prontubeam.

Fig. 2.71 *Recalque diferencial de diferentes prédios em Santos (SP)*

Fig. 2.94 *Análise de fissura com fissurômetro*

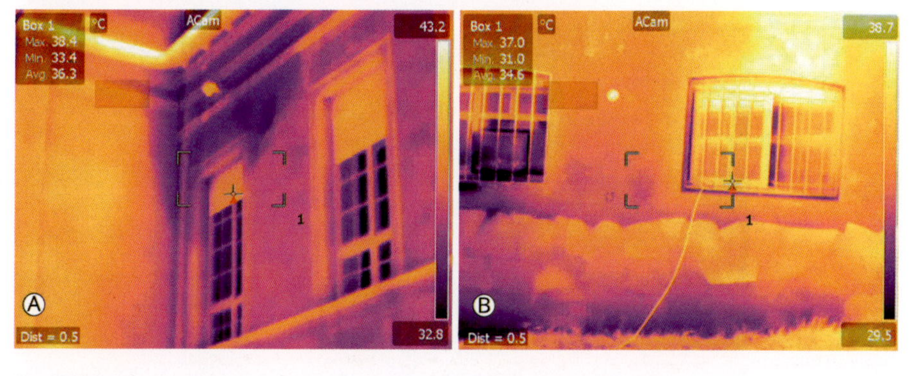

Fig. 2.100 *Foto termográfica próximo à (A) cobertura e (B) soleira de edificação na cidade de São Leopoldo (RS)*

Fonte: acervo de Fernanda Pacheco.

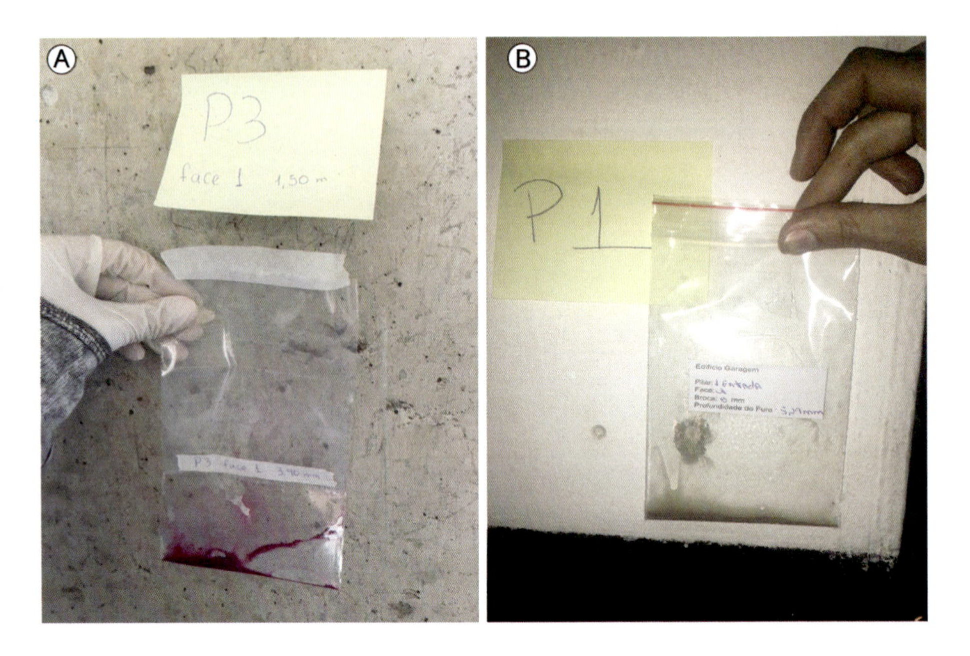

Fig. 2.101 *Aspersão de solução de fenolftaleína em (A) pó não carbonatado e (B) pó carbonatado*
Fonte: acervo de Ana Paula Alves.

Fig. 2.102 *Aspersão de nitrato de prata*
Fonte: Medeiros, Hoppe Filho e Helene (2009).

Fig. 3.4 *Descascamento da tinta de proteção de viaduto metálico em Nova York*

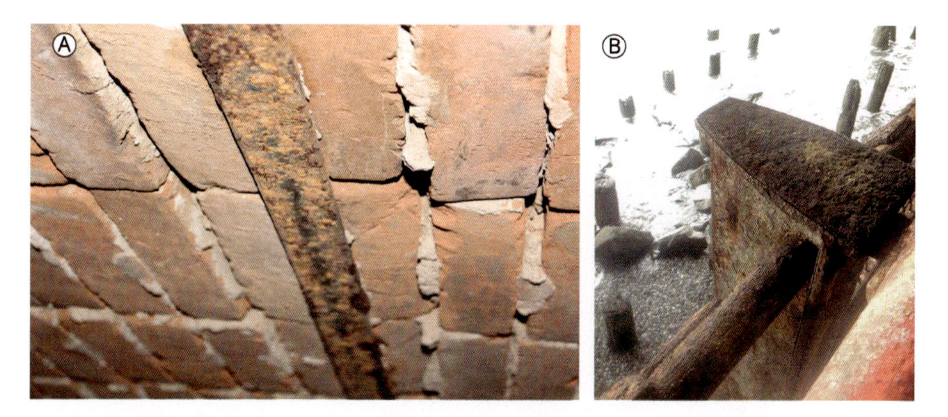

Fig. 3.5 *Corrosão uniforme em (A) viga metálica de casa histórica e (B) guarda-corpo*

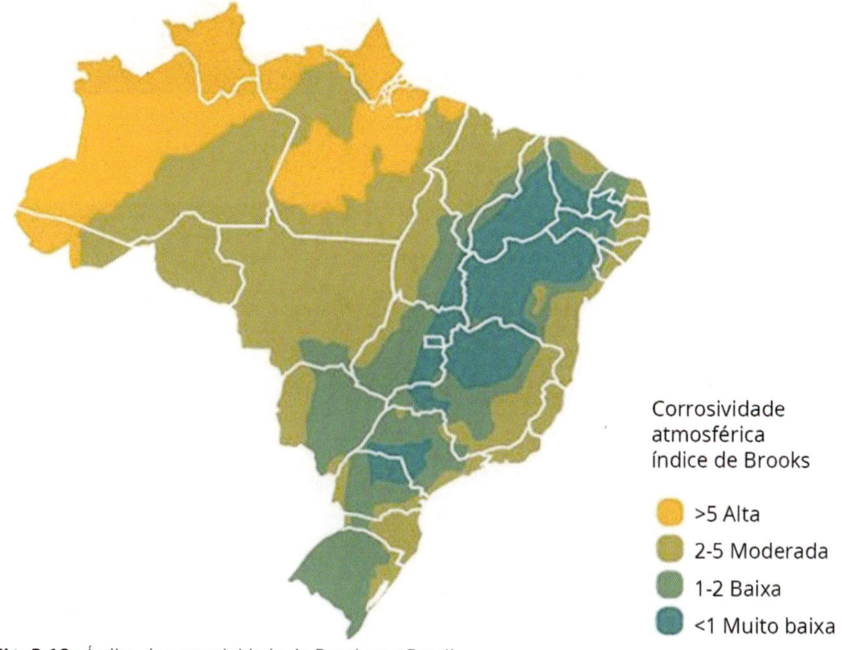

Fig. 3.10 *Índice de corrosividade de Brooks no Brasil*
Fonte: adaptado de Pannoni (2017).

Fig. 3.15 *Superfície de peça com corrosão biológica*
Fonte: ECS (https://www.electrochem.org/).

Fig. 3.16 *Corrosão biológica em peça submersa*
Fonte: Frontiers (https://www.frontiersin.org).

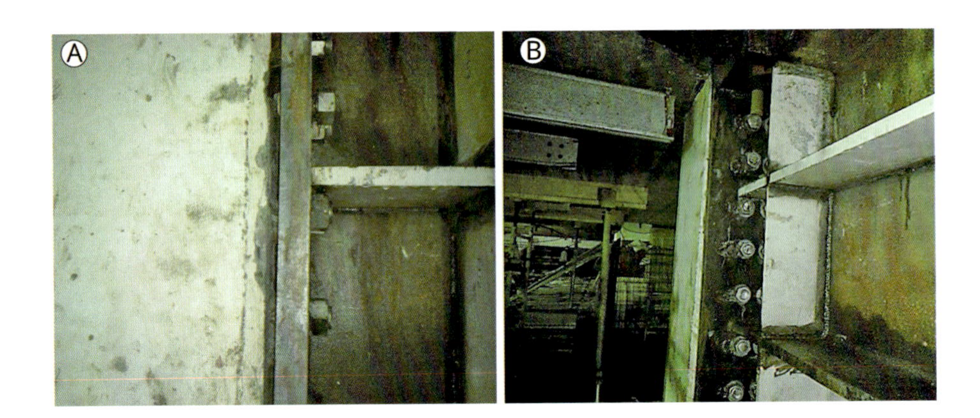

Fig. 3.18 *(A) Fresta na interface entre viga metálica e pilar de concreto e (B) alterações na locação dos parafusos*
Fonte: acervo de Éverton Ayres.

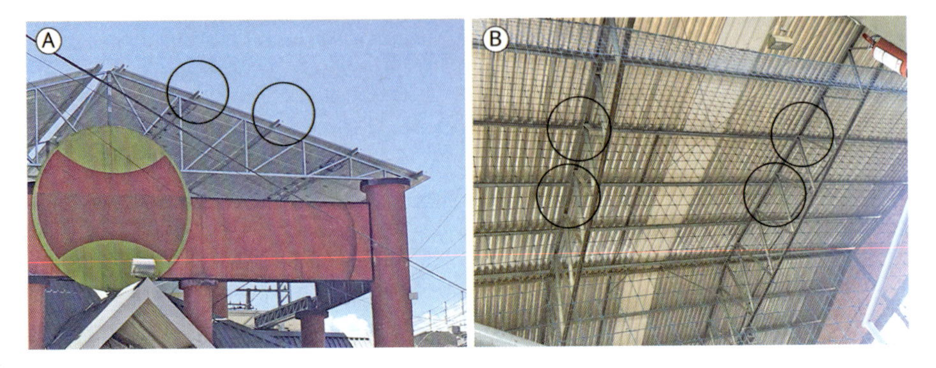

Fig. 3.24 *Detalhe de terças aplicadas fora dos nós em cobertura de (A) restaurante e (B) quadra poliesportiva*

Fig. 3.25 *Cobertura metálica treliçada*

Fig. 3.26 *Estrutura do telhado apoiada sobre os nós da treliça espacial no Aeroporto Internacional de Addis Abeba, na Etiópia*

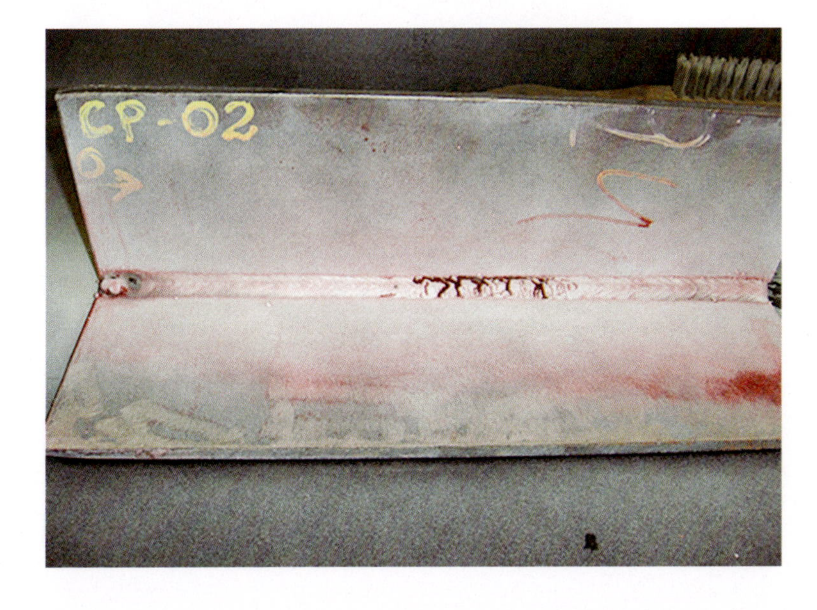

Fig. 3.39 *Resultado do ensaio por líquidos penetrantes em uma peça fundida*
Fonte: Tech-End (http://tech-end.com.br/cursos/servicos.php).

Fig. 4.1 *Manchas superficiais nos elementos de madeira indicando deterioração biológica*
Fonte: Barthelemi e Aguilera (2011).

Fig. 4.5 *Estrutura de telhado deteriorada por fungos de podridão*
Fonte: Moreira (2009).

Fig. 4.6 *Aspecto da degradação por fungos de podridão em um rodapé, sendo possível observar a presença de pequenas vegetações*
Fonte: Coleman (2013).

Fig. 4.7 *(A) Obra deteriorada por fungo de podridão e (B) detalhe da degradação*

Fig. 4.15 *Proliferação de térmitas na madeira seca*
Fonte: Maia (2013).

Fig. 4.16 *Peça contaminada por térmitas de madeira seca*
Fonte: Scheffrahn e Su (1999).

Fig. 4.19 *Perfurações na superfície de madeira, típicas de um ataque por carunchos*
Fonte: Moreira (2009).

Fig. 4.21 *Formação de espécie vegetal em viga de madeira*

Fig. 4.22 *Fissuras longitudinais no eixo da madeira, no sentido das fibras*

Fig. 4.24 *Fluência da madeira e ataque de fungos de podridão*

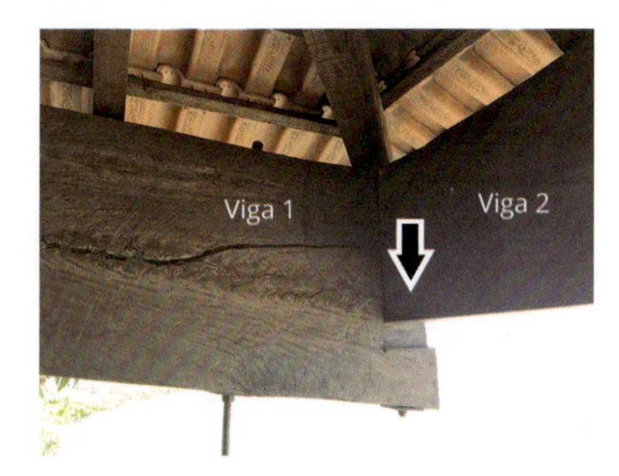

Fig. 4.25 *Fendilhamento de viga em madeira*

Fig. 4.26 *Fendilhamento em pilar de madeira em Mérida, México*

Fig. 4.42 *Ligação da base do pilar com afastamento do terreno*
Fonte: Vicbeam (https://vicbeam.com.au/).

Fig. 4.43 *Edificação em madeira com destaque para as ligações da base do pilar*
Fonte: Wood Times Blog (http://unalam.blogspot.com.br).

Fig. 4.44 *Ligações de base do pilar por meio de cálices*
Fonte: How to Specialist (http://howtospecialist.com/).

Fig. 4.45 *Edificação mista com pilares de madeira ligados ao radier por cálices metálicos*
Fonte: Bullitt Center (http://www.bullittcenter.org).

Fig. 4.51 *Tratamento por impregnação da madeira*
Fonte: <http://www.tratamientodemaderas.es>.

Fig. 4.55 *Conceito de viga-vagão como alternativa de reforço*
Fonte: Ronstan (https://www.ronstantensilearch.com/san-diego-yacht-club-tension-rod-systems/).

REFERÊNCIAS BIBLIOGRÁFICAS

A-1 PEST CONTROL. *What termite damage looks like in North Carolina homes*. [s.d.]. Disponível em: <https://www.a-1pc.com/what-termite-damage-looks-like-in-north-carolina-homes>.

ABNT – ASSOCIAÇÃO BRASILEIRA DE NORMAS TÉCNICAS. *NBR 5674*: manutenção de edificações – requisitos para o sistema de gestão e manutenção. Rio de Janeiro, 2012a.

ABNT – ASSOCIAÇÃO BRASILEIRA DE NORMAS TÉCNICAS. *NBR 6002*: ensaios não destrutivos – ultrassom – detecção de descontinuidades em chapas metálicas. Rio de Janeiro, 2008a.

ABNT – ASSOCIAÇÃO BRASILEIRA DE NORMAS TÉCNICAS. *NBR 6118*: projeto de estruturas de concreto – procedimento. Rio de Janeiro, 2014a.

ABNT – ASSOCIAÇÃO BRASILEIRA DE NORMAS TÉCNICAS. *NBR 6122*: projeto e execução de fundações. Rio de Janeiro, 2012b.

ABNT – ASSOCIAÇÃO BRASILEIRA DE NORMAS TÉCNICAS. *NBR 6123*: forças devidas ao vento em edificações. Rio de Janeiro, 1988.

ABNT – ASSOCIAÇÃO BRASILEIRA DE NORMAS TÉCNICAS. *NBR 6892*: materiais metálicos – ensaio de tração. Rio de Janeiro, 2013a.

ABNT – ASSOCIAÇÃO BRASILEIRA DE NORMAS TÉCNICAS. *NBR 7190*: projeto de estruturas de madeira. Rio de Janeiro, 1997.

ABNT – ASSOCIAÇÃO BRASILEIRA DE NORMAS TÉCNICAS. *NBR 7584*: concreto endurecido – avaliação da dureza superficial pelo esclerômetro de reflexão – método de ensaio. Rio de Janeiro, 2012c.

ABNT – ASSOCIAÇÃO BRASILEIRA DE NORMAS TÉCNICAS. *NBR 7680-1*: concreto – extração, preparo, ensaio e análise de testemunhos de estruturas de concreto. Parte 1: resistência à compressão axial. Rio de Janeiro, 2015a.

ABNT – ASSOCIAÇÃO BRASILEIRA DE NORMAS TÉCNICAS. *NBR 8681*: ações e segurança nas estruturas – procedimento. Rio de Janeiro, 2003.

ABNT – ASSOCIAÇÃO BRASILEIRA DE NORMAS TÉCNICAS. *NBR 8800*: projeto de estruturas de aço e de estruturas mistas de aço e concreto de edifícios. Rio de Janeiro, 2008b.

ABNT – ASSOCIAÇÃO BRASILEIRA DE NORMAS TÉCNICAS. *NBR 8802*: concreto endurecido – determinação da velocidade de propagação de onda ultrassônica. Rio de Janeiro, 2013b.

ABNT – ASSOCIAÇÃO BRASILEIRA DE NORMAS TÉCNICAS. *NBR 8862*: tubos metálicos – inspeção ultrassônica de soldas longitudinais e em espiral. Rio de Janeiro, 1985.

ABNT – ASSOCIAÇÃO BRASILEIRA DE NORMAS TÉCNICAS. *NBR 9452*: inspeção de pontes, viadutos e passarelas de concreto – procedimento. Rio de Janeiro, 2016.

ABNT – ASSOCIAÇÃO BRASILEIRA DE NORMAS TÉCNICAS. *NBR 10443*: tintas e vernizes – determinação da espessura da película seca sobre superfícies rugosas – método de ensaio. Rio de Janeiro, 2008c.

ABNT – ASSOCIAÇÃO BRASILEIRA DE NORMAS TÉCNICAS. *NBR 10787*: concreto endurecido – determinação da penetração de água sob pressão. Rio de Janeiro, 2011a.

ABNT – ASSOCIAÇÃO BRASILEIRA DE NORMAS TÉCNICAS. *NBR 12655*: concreto de cimento Portland – preparo, controle, recebimento e aceitação. Rio de Janeiro, 2015b.

ABNT – ASSOCIAÇÃO BRASILEIRA DE NORMAS TÉCNICAS. *NBR 14037*: diretrizes para elaboração de manuais de uso, operação e manutenção das edificações – requisitos para elaboração e apresentação dos conteúdos. Rio de Janeiro, 2014b.

ABNT – ASSOCIAÇÃO BRASILEIRA DE NORMAS TÉCNICAS. *NBR 14323*: projeto de estruturas de aço e de estruturas mistas de aço e concreto de edifícios em situação de incêndio. Rio de Janeiro, 2013c.

ABNT – ASSOCIAÇÃO BRASILEIRA DE NORMAS TÉCNICAS. *NBR 14762*: dimensionamento de estruturas de aço constituídas por perfis formados a frio. Rio de Janeiro, 2010.

ABNT – ASSOCIAÇÃO BRASILEIRA DE NORMAS TÉCNICAS. *NBR 14931*: execução de estruturas de concreto – procedimento. Rio de Janeiro, 2004.

ABNT – ASSOCIAÇÃO BRASILEIRA DE NORMAS TÉCNICAS. *NBR 15200:2012*: projeto de estruturas de concreto em situação de incêndio. Rio de Janeiro, 2012d.

ABNT – ASSOCIAÇÃO BRASILEIRA DE NORMAS TÉCNICAS. *NBR 15549*: ensaios não destrutivos – ultrassom – verificação da aparelhagem de medição de espessura de parede para inspeção subaquática. Rio de Janeiro, 2008d.

ABNT – ASSOCIAÇÃO BRASILEIRA DE NORMAS TÉCNICAS. *NBR 15575*: edifícios habitacionais – desempenho. Rio de Janeiro, 2013d.

ABNT – ASSOCIAÇÃO BRASILEIRA DE NORMAS TÉCNICAS. *NBR 15577*: agregados – reatividade álcali-agregado. Rio de Janeiro, 2018.

ABNT – ASSOCIAÇÃO BRASILEIRA DE NORMAS TÉCNICAS. *NBR 15824*: ensaios não destrutivos – ultrassom – medição de espessura. Rio de Janeiro, 2012e.

ABNT – ASSOCIAÇÃO BRASILEIRA DE NORMAS TÉCNICAS. *NBR 15955*: ensaios não destrutivos – ultrassom – verificação dos instrumentos de ultrassom. Rio de Janeiro, 2011b.

ABNT – ASSOCIAÇÃO BRASILEIRA DE NORMAS TÉCNICAS. *NBR 16196*: ensaios não destrutivos – ultrassom – uso da técnica de tempo de percurso da onda difratada (ToFD) para ensaio em soldas. Rio de Janeiro, 2013e.

ABNT – ASSOCIAÇÃO BRASILEIRA DE NORMAS TÉCNICAS. *NBR 16280*: reforma em edificações – sistema de gestão de reformas. Rio de Janeiro, 2014c.

ABNT – ASSOCIAÇÃO BRASILEIRA DE NORMAS TÉCNICAS. *NBR NM 315*: ensaios não destrutivos – ensaio visual – procedimento. Rio de Janeiro, 2007.

ABNT – ASSOCIAÇÃO BRASILEIRA DE NORMAS TÉCNICAS. *NBR NM 334*: ensaios não destrutivos – líquidos penetrantes – detecção de descontinuidades. Rio de Janeiro, 2012f.

ABNT – ASSOCIAÇÃO BRASILEIRA DE NORMAS TÉCNICAS. *NBR NM 335*: ensaios não destrutivos – ultrassom – terminologia. Rio de Janeiro, 2012g.

ABNT – ASSOCIAÇÃO BRASILEIRA DE NORMAS TÉCNICAS. *NBR NM 336*: ensaios não destrutivos – ultrassom em solda – procedimento. Rio de Janeiro, 2012h.

ABREU, L. B. *Ensaios não destrutivos para avaliação da integridade de elementos estruturais de madeira em construções históricas*. 2010. Tese (Doutorado) – Universidade Federal de Lavras, Lavras, 2010.

ACI – AMERICAN CONCRETE INSTITUTE. *ACI 318*: building code requirements for structural concrete. Farmigton Hills, 2008.

ACI – AMERICAN CONCRETE INSTITUTE. *Hot weather concreting*: reported by ACI Committee 305 (ACI 305R-99). 1999.

AISC – AMERICAN INSTITUTE OF STEEL CONSTRUCTION. *ANSI/AISC 360*: specification for structural steel buildings. Chicago, 2010.

ALEXOUPOULOS, C. J.; MINIS, C. W.; BLACKWELL, M. *Introductory mycology*. 4 ed. New York: J. Wiley, 1996. 868 p.

ANASTÁCIO, R. S. A. *Especificação de proteção fogo para estruturas de madeira*. 2010. Dissertação (Mestrado) – Universidade do Minho, Braga, 2010.

ANDRADE, J. J.; DAL MOLIN, D. C. C. Considerações quanto aos trabalhos de levantamento de manifestações patológicas e formas de recuperação em estruturas de concreto armado. In: CONGRESSO ÍBERO-AMERICANO DE PATOLOGIA DAS CONSTRUÇÕES, 1997. Porto Alegre. *Anais*... v. 1. Porto Alegre: CPGEC/UFRGS, 1997. p. 321-327.

AS – STANDARDS ASSOCIATION OF AUSTRALIA. *AS 3600*: concrete structures. Camberra, 2009.

ASTM – AMERICAN SOCIETY FOR TESTING AND MATERIALS. *ASTM C597-16*: standard test method for pulse velocity through concrete. Philadelphia, 2016.

ASTM – AMERICAN SOCIETY FOR TESTING AND MATERIALS. *ASTM D2017*: standard test methods of accelerated laboratory test of natural decay resistance of woods. West Conshohocken, 2014.

ASTM – AMERICAN SOCIETY FOR TESTING AND MATERIALS. *ASTM E1571*: standard practice for electromagnetic examination of ferromagnetic steel wire rope. West Conshohocken, 1993.

ASTM – AMERICAN SOCIETY FOR TESTING AND MATERIALS. *ASTM E632-81*: standard practice for developing accelerated tests to a prediction of the service life of building components and materials. Philadelphia, 1981.

ARAÚJO, L. C. A. *Avaliação da corrosão induzida microbiologicamente em aço-carbono AISI 1020 revestido com tinta pigmentada com óxido de nióbio*. 2011. Dissertação (Mestrado) – Universidade Federal do Rio de Janeiro, 2011.

ARRIAGA, F.; PERAZA, F.; ESTEBAN, M.; BOBADILLA, I.; GARCÍA, F. *Intervención en estructuras de madera*. ISBN: 84-87381-24-3. Madrid: Asociación de Investigación Técnica de las Industrias de la Madera, 2002.

ARTEXPURGO. *O bicho da madeira*. [s.d.]. Disponível em: <https://artexpurgo.pt/o-bicho-da-madeira/>.

BARBOSA, M. T.; POLISSENI, A. E.; HIPPERT, M. A.; SANTOS, W. J.; OLIVEIRA, I. M.; MONTEIRO, K. T. *Patologias de edifícios históricos tombados*. Vitruvius: 2011. Disponível em: <http://www.vitruvius.com.br/revistas/read/arquitextos/11.128/3720>. Acesso em: 25 fev. 2015.

BARREIRA, E. S. B. M. *Aplicação da termografía no estudo do comportamento higrotérmico dos edificios*. 2004. 196 f. Dissertação (Mestrado) – Construção de edifícios, Departamento de Engenharia Civil da Faculdade de Engenharia da Universidade do Porto, Porto, 2004.

BARTHELEMI, O.; AGUILERA, L. R. Batey dos Ríos: patrimonio que se pierde. *Arquitextos*, ano 11, abr. 2011. Disponível em: <http://www.vitruvius.com.br/revistas/read/arquitextos/11.131/3861>.

BECHEUR, A. Pathologie des structures métalliques. *Les Journées Tecniques du CTC Centre*, Université Abderrahmane Mira Bejaia, Argélia, 2010.

BENITEZ, A. et al. Acciones y mecanismos de deterioro de las estructuras. In: HELENE, P.; PEREIRA, F. *Rehabilitación y mantenimiento de estructuras de concreto*. São Paulo: Paulo Helene & Fernanda Pereira, 2007. Cap. 1, p. 35-90.

BOLINA, F. L. *Avaliação experimental da influência dos requisitos de durabilidade na segurança contra incêndio de protótipos de pilares pré-fabricados de concreto armado*. 2016. 170 f. Dissertação (Mestrado) – Programa de Pós-Graduação em Arquitetura e Urbanismo, Universidade do Vale do Rio dos Sinos (Unisinos), São Leopoldo, 2016.

BOLINA, F. L.; TUTIKIAN, B. F. Especificação de parâmetros da estrutura de concreto armado segundo os preceitos de desempenho, durabilidade e segurança contra incêndio. *Revista Concreto e Construções*, Ibracon, n. 76, p. 133-147, 2014.

BRITO, A.; PEREIRA, A. O juízo final da capela de São Vicente da Sé do Porto – a problemática de intervir numa pintura de grandes dimensões e em avançado estado de conservação. In: VIII JORNADAS DE ARTE E CIÊNCIA, 2012, Porto. p. 64-81.

BS – BRITISH STANDARD. *BS 3811*: glossary of terms used in terotechnology. Londres, 1993.

BS – BRITISH STANDARD. *BS 7543*: guide to durability of building elements, products and components. Londres, 2003.

BS – BRITISH STANDARD. *BS 8500-1*: concrete – complementary british standard to BS EN 206. Method of specifying and guidance for the specifier. London, 2015.

CANDIAN, M.; SALES, A. Aplicação de técnicas não-destrutivas de ultrassom, vibração transversal e ondas de tensão para avaliação de madeira. *Ambiente Construído*, v. 9, n. 4, p. 83-98, 2009.

CÁNOVAS, M. F. *Patologia e terapia do concreto armado*. São Paulo: Pini, 1988.

CARMONA FILHO, A.; CARMONA, T. G. *Boletim técnico nº 3*: fissuração nas estruturas de concreto. Alconpat International: Mérida, 2013.

CARVALHO, S. V. S. *Fluência dos materiais*. 2015. Dissertação (Mestrado) – Instituto Superior de Engenharia do Porto, Porto, 2015.

CASCUDO, O. *O controle da corrosão em armaduras de concreto*: inspeção e técnicas eletroquímicas. São Paulo/Goiânia: Pini/Editora UFG, 1997.

CCAA – CEMENT CONCRETE & AGGREGATES AUSTRALIA. *Chloride resistance of concrete*. Sydney, 2009.

CEB – COMITÉ EURO-INTERNATIONAL DU BÉTON. *CEB Bulletin nº 183*: durable concrete structures. CEB Design Guide, 1992.

COBREAP – CONGRESSO BRASILEIRO DE ENGENHARIA DE AVALIAÇÕES E PERÍCIAS. *Ruína do ed. Liberdade – Cinelândia*. Ibape/SC. Santa Catarina, 2013.

COLEMAN, G. R. *Conheça os fungos da podridão da madeira*. Trad. António de Borja Araújo. 23 mai. 2013.

COUTINHO, J. S. *Ataque por sulfatos*. FEUP, 2001. Disponível em: <http://civil.fe.up.pt/pub/apoio/Mestr_Estr/NovosMateriais/apontamentos/teorica/ATAKSulfato.pdf>. Acesso em: 28 jul. 2012.

CRUZ, H. *Patologia, avaliação e conservação de estruturas de madeira*. Laboratório Nacional de Engenharia Civil: Lisboa, 2001.

DESABAMENTO em Bangladesh deixa ao menos 250 pessoas mortas. *G1*, 25 abr. 2013. Disponível em: <http://g1.globo.com/mundo/noticia/2013/04/desabamento-em-bangladesh-tem-250-mortos-e-24-sobreviventes-localizados.html>.

DIAS, L. A. M. *Estruturas de aço*: conceitos, técnicas e linguagem. 1997.

DNIT – DEPARTAMENTO NACIONAL DE INFRAESTRUTURA DE TRANSPORTES. *Publicação IPR 744*: manual de recuperação de pontes e viadutos rodoviários. Rio de Janeiro, 2010.

DOGANGUN, A.; URAL, A.; SEZEN, H.; GUNEY, Y.; FIRAT, F. K. The 2011 Earthquake in Smav, Turkey and seismic damage to reinforced concrete buildings. *Building Journal*, p. 173-190, 2013.

EL HAJJEH, A. *Sulphate attack on footing foundation*. ANH Consulting Engineers PTY LTD, 2016. Disponível em: <http://www.anh.net.au/>. Acesso em: 27 jan. 2017.

EN – EUROPEAN COMMITTEE FOR STANDARDIZATION. *BS EN 206-1*: concrete – specification, performance, production and conformity. Bruxelas, 2000.

EN – EUROPEAN COMMITTEE FOR STANDARDIZATION. *EN 1993-1-2*: design of steel structures – part 1-2: general rules – structural fire design. Bruxelas, 2005.

EN – EUROPEAN COMMITTEE FOR STANDARDIZATION. *EN 1995-1-1*: design of timber structures – part 1-1: general – common rules and rules for buildings. Bruxelas, 2004.

ESCADEILLAS, G.; HORNAIN, H. A durabilidade do concreto frente a ambientes quimicamente agressivos. In: OLLIVIER, J.-P.; VICHOT, A. (Eds.). *Durabilidade do concreto*: bases científicas para formulação de concretos duráveis de acordo com o ambiente. 1. ed. São Paulo: Ibracon, 2014. p. 433-507.

ESPARZA, L. M. Nuevas técnicas de reparación de estructuras de madera. Elementos flexionados. Aporte de madera-unión encolada. *Revista de Edificación*, n. 28, Dadun, Depósito Académico Digital, Universidade de Navarra. 1998. ISSN 0213- 8948.

FHWA – FEDERAL HIGHWAY ADMINISTRATION RESEARCH AND TECHNOLOGY. *Alkali-silica reaction*. FHWA, 2006. Disponível em: <https://www.fhwa.dot.gov>. Acesso em: 24 jan. 2017.

FIB – FÉDÉRATION INTERNACIONALE DU BÉTON. *FIB Bulletin nº 34*: model code for service life design. 2006.

FIB – FÉDÉRATION INTERNACIONALE DU BÉTON. *FIB Bulletin nº 38*: fire design of concrete structures – materials, structures and modelling. State-of-art Lausanne, 2007.

FIB – FÉDÉRATION INTERNATIONALE DU BÉTON. *FIB Bulletin nº 203-205*: Lausanne CEB-FIP Model Code 1990. 1991.

FIB – FÉDÉRATION INTERNACIONALE DU BÉTON. *Model code for concrete structures*. 2010. 434 p.

FIGUEIREDO, E.; MEIRA, G. Corrosão das armaduras das estruturas de concreto. In: ISAIA, G. (Org.). *Concreto: ciência e tecnologia*. v. 1. São Paulo: Ipsis, 2011. Cap. 26, p. 903-931.

GATO, A. C. *Madera*: patologia y tratamento. 1 ed. Espanha: Bubok Publishing, 2007.

GENTIL, V. *Corrosão*. 6 ed. LTC: Rio de Janeiro, 2012.

GEROLA, G. *Madeira*: avaliação de resistência – equipe de obra. 2011. Disponível em: <equipedeobra17.pini.com.br>. Acesso em: 29 nov. 2018.

GJØRV, O. E. *Durability design of structures in severe environments*. 1. ed. New York: Taylor & Francis, 2009.

GONÇALVES, R.; BARTHOLOMEU, A. Construções rurais e ambiência. *Revista Brasileira de Engenharia Agrícola e Ambiental*, v. 4, n. 2, p. 269-274, 2000.

GONÇALVES, N. J.; SÉRVULO, E. F. C.; FRANÇA, F. P. Ação de biocida a base de glutaraldeído e sal quaternário de amônio no controle de microrganismos sésseis. In: 6ª CONFERÊNCIA SOBRE TECNOLOGIA DE EQUIPAMENTOS; 22º CONGRESSO BRASILEIRO DE CORROSÃO. 2002.

GONÇALVES, F. G.; PINHEIRO, D. T. C.; PAES, J. B.; CARVALHO, A. G. de; OLIVEIRA, G. de L. Durabilidade natural de espécies florestais madeireiras ao ataque de cupim de madeira seca. *Floresta e Ambiente*, p. 110-116, 2013.

GORNIAK, E.; MATOS, J. L. M. Métodos não destrutivos para determinação e avaliação de propriedades da madeira. In: ENCONTRO BRASILEIRO EM MADEIRA E ESTRUTURA EM MADEIRA, 2000. *Anais*... São Carlos, 2000.

HARTT, W. H. Analytical evaluation of time-to-corrosion for chloride-exposed reinforced concrete with an admixed corrosion inhibitor: part II – consideration of diffusional inhibitor egress. *NACE International Journal*, v. 70, n. 2, p. 156-165, feb. 2014.

HARVEY, C. Delta air lines flying high with containment coatings. *CoatingsPro Magazine*, 2014. Disponível em: <http://www.coatingspromag.com/articles/concrete-coatings/2014/11/delta-air-lines-flying-high-with-containment-coatings>. Acesso em: 27 mar. 2017.

HELENE, P. R. L. Análise da resistência à compressão do concreto em estruturas acabadas com vistas à revisão da segurança estrutural. *Revista Alconpat*, v. 1, n. 1, p. 64-89, enero-abril de 2011.

HELENE, P. R. L. *Manual para reparación, refuerzo y protección de las estructuras de concreto*. México: IMCYC Instituto Mexicano del Cemento y del Concreto, 1997.

HELENE, P. R. L. Orientación para una correcta protección de estructuras de hormigón dañadas por corrosión de armaduras. In: CASANOVAS, X. (Ed.). *Manual de diagnosis e intervención en estructuras de hormigón armado*. Barcelona: [s.n.], 2000. p. 133-140.

HELENE, P. R. L. Rehabilitación y mantenimiento de estructuras de concreto. In: HELENE, P.; PEREIRA, F. *Rehabilitación y mantenimiento de estructuras de concreto*. São Paulo: Paulo Helene & Fernanda Pereira, 2007. p. 18-32.

HELENE, P. R. L; SILVA FILHO, L. C. P. Análise de estruturas de concreto com problemas de resistência e fissuração. In: ISAIA, G. (Org.). *Concreto: ciência e tecnologia*. v. 2. São Paulo: Ipsis, 2011. Cap. 32.

HELENE, P. R. L.; TERZIAN, P. R. *Manual de dosagem e controle do concreto*. São Paulo: Pini/Senai, 1990.

HELENE, P.; PEREIRA, F.; HUSNI, R.; CASTRO, P.; AGUADO, A. (Ed.). *Manual de rehabilitación de estructuras de hormigón*: reparación, refuerzo y protección. São Paulo: Red Rehabilitar, CYTED, 2003. v. 1. 750 p.

HERNANDES, M. H. *Columnas*: trabajo realizado por alunos de SENCICO, 2015. Disponível em: <https://es.slideshare.net/maximoedilbertohuayancahernandez/columnas-de-concreto-armado-52439951>. Acesso em: 1º abr. 2017.

HOOBS, D. W. *Alkali-silica reaction in concrete*. Londres: Thomas Telford Ltd., 1988. 183 p.

IS – INDIAN STANDARD. *IS 456*: plain and reinforced concrete. New Delphi, 2000.

IS – INDIAN STANDARD. *IS 9172*: recommended design practice for corrosion prevention of steel structures. New Delphi, 2016.

ISAIA, G. (Org.). *Concreto*: ciência e tecnologia. v. 2. São Paulo: Ipsis, 2011.

ISO – INTERNATIONAL ORGANIZATION FOR STANDARDZATION. *ISO 6241*: performance standards in building – principles for their preparation and factors to be considered. Genebra, 1984.

ISO – INTERNATIONAL ORGANIZATION FOR STANDARDIZATION. *ISO 9223*: corrosion of metals and alloys – corrosivity of atmospheres – classification, determination and estimation. Genebra, 2012.

ISO – INTERNATIONAL ORGANIZATION FOR STANDARDIZATION. *ISO 11303*: corrosion of metals and alloys – guidelines for selection of protection methods against atmospheric corrosion. Genebra, 2002.

ISO – INTERNATIONAL ORGANIZATION FOR STANDARDIZATION. *ISO 12944-2*: paints and varnishes – corrosion protection of steel structures by protective paint systems: part 2 – protective paint systems. Genebra, 2017.

ISO – INTERNATIONAL ORGANIZATION FOR STANDARDIZATION. *ISO 12944-5*: paints and varnishes – corrosion protection of steel structures by protective paint systems: part 5 – protective paint systems. Genebra, 2018.

ITMAN, A. *Corrosão*: anotações de aula. Vitória: [s.n.], ago. 2010.

JIMÉNEZ, F. J. Tecnologia previa a la restauración de edifícios históricos. *Informes de la Construcción*, Madri, v. 50, p. 5-16, 1999.

KARDEC, A.; NASCIF, J. *Manutenção*: função estratégica. Rio de Janeiro: Qualitymark, 2001.

LAMONT, S. *The Behaviour of Multi-storey Composite Steel Framed Structures in Response to Compartment Fires*. 2001. Thesis – University of Edinburgh, 2001.

LIAO, M.; OKAZAKI, T. *A Computational Study of the I-35W Bridge Collapse*. 2009. 95 f. Research Report – Center for Transportation Studies, Department of Civil Engineering, University of Minnesota, oct. 2009.

MAIA, C. S. *Corrosão microbiológica*. Rio de Janeiro: Universidade Federal do Rio de Janeiro, 2010.

MAIA, V. *Térmitas*. 17 dez. 2013. Disponível em: <http://hortaaporta.blogspot.com.br/2013/12/termitas.html>.

MAINIER, F. B. *Curso de corrosão e inibidores*. Porto Alegre: Instituto Brasileiro de Petróleo e Gás; Abraco, 2005.

MARINI, A. *Legno*: caratteristiche fisiche e meccaniche. Università di Bergamo, [s.d.].

MEDEIROS, M. H. F.; ANDRADE, J. J. O.; HELENE, P. Durabilidade e vida útil das estruturas de concreto. In: ISAIA, G. C. *Concreto*: ciência e tecnologia. v. 1. São Paulo: Ipsis, 2011. Cap. 16, p. 773-808.

MEDEIROS, M. H. F.; HOPPE FILHO, J.; HELENE, P. Influence of the slice position on chloride migration tests for concrete in marine conditions. *Marine Structures*, v. 22, p. 128-141. 2009.

MEHTA, P. K. Performance of concrete in marine environment. *ACI SP-65*, p. 1-20, 1980.

MEHTA, P. K.; MONTEIRO, P. J. M. *Concreto*: microestrutura, propriedades e materiais. 3. ed. São Paulo: Ibracon, 2014.

MESEGUER, Á. G.; CABRÉ, F. M.; PORTERO, J. C. A. *Hormigón armado*. 15. ed. Barcelona: Gustavo Gili, 2009.

MORAES, J. E. *Estudo da corrosão microbiológica no aço inoxidável 316 em* Na_2SO_4 *0,5* $mol.L^{-1}$. 2009. Dissertação (Mestrado) – Universidade Estadual do Centro-Oeste, Guarapuava, 2009.

MOREIRA, M. F. J. *Reabilitação de estruturas de madeira em edifícios antigos*. 2009. Dissertação (Mestrado) – Curso de Engenharia Civil – Departamento de Engenharia Civil, Faculdade de Engenharia da Universidade do Porto, Portugal, 2009.

MORESCHI, J. C. *Biodegradação e preservação da madeira*. Curitiba: Departamento de Engenharia e Tecnologia Florestal da UFPR, 2013.

NEGRÃO, J.; FARIA, A. *Projecto de estruturas de madeira*. Publindústria: Porto, 2009.

NERY, G. *Boletim Técnico 05*: monitoração na construção civil. Alconpat Internacional: Mérida, 2013.

NTSB – NATIONAL TRANSPORTATION SAFETY BOARD. Collapse of I-35W Highway Bridge Minneapolis, Minesota. Highway accident repport. Washington, 2008.

NUNES, L. Bases para a monitorização do risco de degradação na construção de casas de madeira. In: SEMINÁRIO CASAS DE MADEIRA, Lisboa, 2013. Lisboa: LNEC, Departamento de Estruturas, 2013.

NUNES, L.; VALENTE, A. A. Degradação da madeira aplicada na construção: a ação dos fungos. *Construção Magazine*, v. 20, p. 64-69, 2007.

OLIVEIRA, J. T. S.; TOMAZELLO FILHO, M.; FIEDLER, N. C. Avaliação da retratibilidade da madeira de sete espécies de Eucalyptus. *Revista Árvore*, v. 34, n. 5, p. 929-936, Viçosa, 2010.

OLLIVIER, J.-P.; TORRENTI, J.-M. A estrutura porosa dos concretos e as propriedades de transporte. In: OLLIVIER, J.-P.; VICHOT, A. (Eds.). *Durabilidade do concreto*: bases científicas para formulação de concretos duráveis de acordo com o ambiente. 1. ed. São Paulo: Ibracon, 2014. p. 41-112.

PADHI, S. *How protect concrete from sulfate attack?*. 2015. Disponível em: <http://civilblog.org>. Acesso em: 24 jan. 2017.

PANNONI, F. D. *Manual de construção e aço*: projeto e durabilidade. Rio de Janeiro: IABr/CBCA, 2009.

PANNONI, F. D. *Princípios da proteção de estruturas metálicas em situação de corrosão e incêndio*. 5. ed. Gerdau, 2015.

PANNONI, F. D. *Projeto e durabilidade*. Rio de Janeiro: Instituto Aço Brasil/CBCA, 2017.

PELLIZZER, G. P. *Análise mecânica e probabilística da corrosão de armaduras de estruturas de concreto armado submetidas à penetração de cloretos*. 2015. Dissertação (Mestrado) – Escola de Engenharia de São Carlos, São Carlos, 2015.

PEREIRA, F.; HELENE, P. Guía para el diagnóstico y la intervención correctiva. In: HELENE, P.; PEREIRA, F. *Rehabilitación y mantenimiento de estructuras de concreto*. São Paulo: Paulo Helene & Fernanda Pereira, 2007. p. 93-140.

PERSY, J. P. *Le guide stress n° 1 de la famille metal*: réparation et rénovation des structures métalliques. STRRES: Paris, 2008.

PERSY, J. P. *Réparation par soudure d'AO métalliqueques anciens*. BLLPC, 1990.

PINHEIRO-ALVES, T.; GOMÀ, F.; JALALI, S. Um cimento mais sustentável frente a um ataque severo por sulfatos. In: CONGRESSO CONSTRUÇÃO – 3° CONGRESSO NACIONAL, 17-19 dez. 2007, Coimbra, Portugal. Coimbra, 2007.

PINTO, E. M. *Determinação de um modelo de taxa de carbonização transversal a grã para o eucalyptus citriodora e eucaliptos grandis*. 2005. Tese (Doutorado) – Universidade de São Paulo, São Carlos, 2005.

POLDER, R. B.; PEELEN, W. H. A. Characterization of chloride transport and reinforcement corrosion in concrete under cyclic wetting and drying by electrical resistivity. *Cement and Concrete Composites*. v. 24, n. 5, p. 427-435, 2002.

PORTAL VITRUVIUS. Estádio Olímpico João Havelange. Projetos, São Paulo, ano 07, n. 082.01, *Vitruvius*, out. 2007. Disponível em: <https://www.vitruvius.com.br/revistas/read/projetos/07.082/2836>.

POURBAIX, M. *Atlas of eletrochemical equilibria in aqueous solutions*. Houston: NACE, 1974. p. 63-70.

PREZZI, M.; MONTEIRO, P. J. M.; SPOSITO, G. The alkali-silica reaction – part I: use of the double-layer theory to explain the behavior of reaction-product gel. *ACI Materials Journal*, v. 94, n. 1, p. 10-17. 1997.

PUEL, A.; COELHO, J. *Engastamento entre laje e viga*. 2010. Disponível em: <http://faq.altoqi.com.br/content/194/510/pt-br/engastamento-entre-laje-e-viga.html>.

RAICHEV, R.; VELEVA, L.; VALDEZ, B. *Corrosión de metales y degradación de materiales*. Editor: SCHORR, M. Universidad Autónoma de Baja California, 2009. p. 281-284.

ROCHA, S. M. S. *Avaliação da utilização de nitrato por cultura mista enriquecida com bactérias redutoras de sulfato (BRS) em efluente contendo sulfato*. 2006. 177 f. Dissertação (Mestrado em Engenharias) – Universidade Federal de Uberlândia, Uberlândia, 2006.

RODRIGUES, R. M. S. C. O. *Construções antigas de madeira*: experiência de obra e reforço estrutural. 2004. Dissertação (Mestrado) – Universidade do Minho, Braga, 2004.

RÜSCH, H. Researches toward a general flexural theory for structural concrete. *ACI Journal*, july, 1960. p. 1-28.

SANCHEZ-SILVA, M.; ROSOWSKY, D. V. Biodeterioration of construction materials: statue of the art and future challenges. *Journal of Materials in Civil Engineering*, v. 20, n. 5, may 2008.

SANTOS, A. Patrimônio da arquitetura de SP, prédio FAU será restaurado. *Cimento Itambé*, 2011. Disponível em: <http://www.cimentoitambe.com.br/>. Acesso em: 19 jan. 2017.

SANTOS, D. *Alburno e cerne*. 26 set. 2010. Disponível em: <https://djalmasantos.wordpress.com/2010/09/26/alburno-e-cerne/>.

SCHEFFRAHN, R. H.; SU, N.-Y. West Indian Drywood Termite, *Cryptotermes brevis* (Walker). *Featured Creatures from the Entomology and Nematology Department*, UF/IFAS Extension, University of Florida, april 1999.

SHIRAKAWA, M. A. *Estudo da biodeterioração do concreto por Thiobacillus*. 1994. Dissertação (Mestrado) – Instituto de Pesquisas Energéticas e Nucleares (Ipen), São Paulo, 1994.

SILVA, P. *Durabilidade das estruturas de concreto aparente em atmosfera urbana*. São Paulo: Pini, 1995. p. 1-166.

SILVA, P. N. *Reação álcali-agregado nas usinas hidrelétricas do Complexo Paulo Afonso/ CHESF*: influência da reação nas propriedades do concreto. 2007. 220 f. Dissertação (Mestrado) – Curso de Engenharia de Construção Civil e Urbana, Escola Politécnica, Universidade de São Paulo, São Paulo, 2007.

SILVA FILHO, L. C. P. *Durabilidade do concreto à ação de sulfatos*: análise do efeito da permeação de água e da adição de microssílica. 1994. Dissertação (Mestrado) – Universidade Federal do Rio Grande do Sul, Porto Alegre, 1994.

SILVEIRA, A. L. Z. P. *Estudo da reação álcali-agregado em rochas caronáticas*. 2006. Dissertação (Mestrado) – Universidade de Brasília, 2006.

SITTER, W. R. Costs for service life optimization. The "Law of fives". In: DURABILITY OF CONCRETE STRUCTURES – CEB-RILEM INTERNATIONAL WORKSHOP. *Proceedings*... Copenhagen, p. 18-20. Workshop Report by Steen Rostam. Copenhagen, 1984.

SOUZA, V. C. M.; RIPPER, T. *Patologia, recuperação e reforço de estruturas de concreto*. São Paulo: Pini, 1998.

THE CONCRETE CENTRE. *Concrete and fire*: using concrete to achieve safe efficient buildings and structures. 13 f. Camberley: The Concrete Centre, 2004.

THOMAZ, E. *Trincas em edifícios*: causas, prevenção e recuperação. [S.l.]: Pini, 2007.

TUTIKIAN, B. F.; PACHECO, M. *Boletim Técnico 01*: inspeção, diagnóstico e prognóstico na construção civil. Alconpat Internacional: Mérida, 2013.

TUUTTI, K. *Corrosion of steel in concrete*. Stockholm: Swedish Cement and Concrete Research Institute, 1982.

UFSC – UNIVERSIDADE FEDERAL DE SANTA CATARINA. *Ciclo de vida do bambu*. [s.d]. Disponível em: <https://materioteca.paginas.ufsc.br/bambu/bambu-ciclo-de-vida/>.

VALLE, A.; BRITES, R. D. Uso da perfuração controlada na avaliação de degradação da madeira em edificações antigas – estudo de caso. In: 10° ENCONTRO BRASILEIRO EM MADEIRAS EM ESTRUTURAS DE MADEIRAS, 2006.

WALD, M.; CHANG, K. Minneapolis Bridge had passed inspections. *The New York Times*, 3 ago. 2007. Disponível em: <https://www.nytimes.com/2007/08/03/us/03safety.html>.

ZAMIS, H.; ORTOLAN, V.; BOLINA, F.; PACHECO, F.; GIL, A.; TUTIKIAN, B. Avaliação da resistência residual de lajes alveolares em concreto armado em uma edificação industrial após incêndio. *Revista Matéria*, v. 22, 2017.